国家社科基金
后期资助项目

人才与宜居驱动全球科创中心成长的理论探索与上海实践

姜炎鹏 著

科学出版社
北京

内 容 简 介

本书以人才区位论与宜居理论等为基础，聚焦创新人才与上海科创中心建设的互动关系与作用机制科学问题，深度刻画上海科创中心建设的发展态势及"三生"基底、创新人才集聚及创新平台投入产出，系统阐释人才与宜居驱动上海全球科创中心成长的理论路径，丰富和发展了创新要素集聚与互动及其催化科创中心建设的理论。

本书可作为人文地理学、经济地理学等相关专业科研人员的研究参考用书，也可供产业发展、城乡规划等相关行业从业人员阅读。

审图号：沪S（2024）078号

图书在版编目（CIP）数据

人才与宜居驱动全球科创中心成长的理论探索与上海实践/姜炎鹏著. 一北京：科学出版社，2024.10
国家社科基金后期资助项目
ISBN 978-7-03-077349-4

Ⅰ.①人…　Ⅱ.①姜…　Ⅲ.①科技中心-建设-研究-上海　Ⅳ.①G322.751

中国国家版本馆CIP数据核字（2023）第253191号

责任编辑：石　珺／责任校对：郝甜甜
责任印制：赵　博／封面设计：陈　敬

科学出版社 出版
北京东黄城根北街16号
邮政编码：100717
http://www.sciencep.com
北京市金木堂数码科技有限公司印刷
科学出版社发行　各地新华书店经销
*

2024年10月第 一 版　开本：720×1000　1/16
2025年 1 月第二次印刷　印张：18 3/4
字数：388 000
定价：178.00元
（如有印装质量问题，我社负责调换）

国家社科基金后期资助项目
出版说明

　　后期资助项目是国家社科基金设立的一类重要项目，旨在鼓励广大社科研究者潜心治学，支持基础研究多出优秀成果。它是经过严格评审，从接近完成的科研成果中遴选立项的。为扩大后期资助项目的影响，更好地推动学术发展，促进成果转化，全国哲学社会科学工作办公室按照"统一设计、统一标识、统一版式、形成系列"的总体要求，组织出版国家社科基金后期资助项目成果。

全国哲学社会科学工作办公室

前　言

　　创新是推动社会进步和经济发展的重要驱动力，伴随科技革命与产业变革加速，全球科技创新进入密集活跃期。20世纪80年代以来，西方发达国家逐步引入创新城市发展战略，形成了一批世界或区域级创新中心，如美国波士顿、硅谷，英国伦敦、牛津和剑桥，法国的蒙彼利埃和日本东京等，并逐步成为国家乃至全球经济发展的火车头。在创新活动中，人才是创新的核心驱动力，也是知识经济时代最重要的资产，党的二十大报告提出"人才是第一资源"，人才的创新思维、专业知识、团队合作、创业精神和持续学习能力大大推动了创新的发生和实现。相较于其他创新资源，人才资源的特殊性在于其具有高度流动性。因此，如何营造适宜人才生活工作的环境，进而吸引和留住人才，发挥人才集聚对创新活动的强劲推力，是建设全球科创城市的重要任务。

　　新一轮科技革命与产业变革为中国特大城市（群）成长为世界科创中心提供了难得的"机会窗口"，在此过程中学者围绕中国科创中心建设展开了系列研究。围绕科技创新产业发展、人才政策、金融支持、创新创业环境培育等因素，学者们凝练先发国家科创中心建设与发展路径，为中国科创中心建设提供经验参考和路径借鉴。尽管现有研究对于人才要素的关注度持续上升，但其侧重点在人才政策服务、人才培养策略等领域，而对科创中心建设过程中人才软环境营造的作用及其机理关注较少，且尚未充分关注城市内部创新人才集聚及其居住环境需求分析。这有待城市地理学界进行多学科、多方法交叉研究和探索，并重点解答以下问题：一是全球科创中心的"人才—产业—平台—空间"互动机制是什么？二是宜居城市框架下全球科创中心的宜居因素及其作用创新主/客体集聚机理是什么？三是全球科创中心的土地配置、空间和制度响应是什么？

　　为回答上述三个问题，在理论方面，本书在分析科技创新与宜居城市内涵关联基础上，探讨二者内在逻辑，厘清全球科创中心人才集聚机理，尝试提出一个"全球科创城市建设—宜居驱动—人才集聚—空间响应—政策推进"理论分析框架，构筑"人才—产业—平台—空间"互动逻辑链，以探究宜居城市框架下全球科创中心城市的宜居因素对创新主/客体集聚作用机理。在实证层面，纵观纽约、伦敦、东京等典型全球科创中心城市发展历程，制造业中心城市—贸易中心城市—金融中心城市—全球科创中心城市是其共性发展路径。上海从近代开始就是中国近代制造业重要根据地，且其居长江口面向太平洋的战略区位使其成为中国对外贸易的重要港口，并逐渐发展成为中国乃至全球的贸易中心城市之一。二十世纪末，浦东开发开放以来，上海以其深厚的产业、贸易实力为基础支撑金融服务行业发展，架起国际国内资本、服务、技术流动的重要桥梁。2015 年上海提出加快建设具有全球影响力的科技创新中心，成为后发国家核心城市向全球科创中心城市建设发起挑战的典型样本，但与此同时，上海与全球科创中心城市仍存在一定差距。本书以上海为例，从区域创新角度刻画长三角一体化背景下上海全球科创中心建设态势，诊断上海"三生"（"生产—生活—生态"）用地格局及科创核心要素的协同水平，甄别上海全球科创中心建设问题，主要研究内容如下：

第一，一体化背景下上海全球科创中心建设态势。通过数理统计和案例比较分析，综合分析创新活动特性，解析长三角高质量一体化背景下上海全球科创中心建设需求，比较上海与我国同战略等级梯队科创中心建设存在的问题，对标全球一流科创中心寻求重点产业发展瓶颈突破路径和培育科创政策，进而为全球科创中心建设的"上海方案"与"上海经验"的形成提供指引。

第二，上海建设全球科创中心的"三生"基底评估。城市用地结构演化是城市功能调整的空间表现，城市功能调整是城市用地结构演化的直接驱动力。利用城镇扩展强度、斑块密度、边缘密度等景观生态学指数，多空间尺度分析上海"'三生'空间"，宏观解析城市建设用地结构，多维度分析上海"生产—生活—生态"空间结构特征，解构其如何调整 "三生"基底以适应科创功能发育和人才集聚需求，并对标国际典型科创城市的土地利用格局特征，为上海用地格局进一步优化提供调整方向。

第三，上海核心科创要素集聚态势及空间协同评估。创新要素（人才、创新平台）集聚及其空间协同发展是上海全球科创中心建设的重要驱动力。基于科创中心人才依赖、创新平台关系理论，运用区位熵、相对熵、区域差异指数等区位刻画指数，以及空间自相关分析方法，刻画上海高学历人才、国际人才的规模及行业集聚状况，剖析高新技术企业、学科及重点实验室等创新平台集聚态势。运用核密度分析、双变量莫兰指数等空间分析方法，解析创新平台与宜居性的空间耦合态势与空间分异，为提升上海市人才吸引力，积极塑造人才宜居环境，优化人才发展环境提供空间指引。

第四，人才与宜居驱动下上海全球科创中心建设路径。与北京的国家科技创新中心以及深圳的国家自主创新示范区的定位不同，上海定位为全球层面的科技创新中心，致力于建设"迈向卓越的全球城市"。通过多案例比较与政策分析等方法，识别上海建设科创中心关键要素与空间资源配置的协同问题，解析上海融入全球科技创新网络战略，揭示科创核心节点空间孕育机制，提出人才与宜居驱动全球科创中心成长的上海道路，为上海全球科创中心建设提出空间资源统筹优化规划指引。

综合以上分析，本书的结论及展望如下：

（1）全球科创中心城市建设应重视人才集聚及其宜居性。学界当前对全球科创城市建设的研究主要侧重要素投入与环境建设，未能系统整合环境、娱乐、开放性与包容性等集聚人才的重要宜居因素及其日益突出的效用。人才集聚与宜居之间良性互动及其空间耦合是推动城市科技创新发展源泉，因而需要聚焦宜居和人才驱动科创城市成长机制，借助大数据、空间分析等技术方法构建人才集聚与宜居关联模型，基于上海实证检验相关假设，为后发国家全球科创中心建设与发展提供"弯道超车"的路径。

（2）上海建设全球科创中心亟待破解战略、科创要素投入产出、人才集聚与创新活动的空间基底等方面障碍。系统分析上海科创中心战略的梯度性、上海科创要素投入与转化效率、重点科创产业地位及人才集聚能力等方面，指出上海亟待立足长三角提升上海科创核心能级，核心路径在于优化"三生"空间结构服务创新经济，以缩小与伦敦、纽约等国际科创中心的空间配置差距，为迈向具有全球影响力的科创中心建设提供空间指引。

（3）上海科创主/客体集聚已初具规模、科创能级实现跃升，但亟待提升人才利用效率、创新人才集聚与城市宜居格局耦合水平等难题。未来，应充分重视科创中心建设的土地配置、基础设施配套等宏观问题与微观氛围营造，着力提升核心片区的原创能力与创新空间溢出水平。可行路径在于科创要素布局应多链协同、多主体协调以及简化行政审批、适当放权、优化科创关键要素空间协同水平。

本书以人才区位论与宜居理论等为基础，聚焦创新人才与上海科创中心建设的互动关系与作用机制科学问题，深度刻画上海科创中心建设的发展态势及"三生"基底、创新人才集聚及创新平台投入产出，系统阐释人才与宜居驱动上海全球科创中心成长的理论路径，丰富和发展了创新要素集聚与互动及其催化科创中心建设的理论。本书既为后发国家城市锚定全球科创中心战略的创新要素集聚与宜居驱动提供理论路径,又识别了上海市人才集聚困境及政产学研联动创新障碍,为上海科创中心建设储备人才及提升创新效率提供解决思路。同时,对标具有全球影响力的科创中心建设经验,反思并合理应用于上海全球科创中心建设路径,为中国科创中心如何与具有全球影响力的国际科创中心接轨提供思路和方向。

目　录

前言

第一章　绪论 ·· 1
 第一节　研究缘起 ··· 1
 第二节　全球科创中心成长的研究进展 ··· 4
 第三节　本书架构 ··· 12

第二章　全球科创中心的创新驱动与人才汇聚响应 ································ 17
 第一节　全球城市到全球科创城市的理论透视 ··································· 17
 第二节　创新驱动机制及人才主体地位 ··· 21
 第三节　创新人才的区位选择 ·· 29
 第四节　本章小结 ··· 34

第三章　宜居与创新人才驱动全球科创中心成长的机制 ·························· 36
 第一节　城市宜居性及创新人才居住区位选择 ··································· 36
 第二节　全球城市的人才环境感知与营造 ··· 44
 第三节　宜居与创新人才的互馈 ··· 51
 第四节　本章小结 ··· 54

第四章　一体化背景下上海建设全球科创中心态势 ································ 56
 第一节　区域竞争中长三角高质量一体化的需求 ······························· 56
 第二节　上海建设全球科创中心的障碍 ··· 63
 第三节　上海奋力推进全球科创中心建设进度 ··································· 71
 第四节　本章小结 ··· 83

第五章　上海全球科创城市建设的"三生"基底 ······································ 84
 第一节　上海城镇化扩张时空特征 ··· 84
 第二节　上海科创中心城市建设"生产-生活-生态"基础 ···················· 90
 第三节　国际典型科创城市对标分析 ··· 108
 第四节　本章小结 ··· 117

第六章　上海科创中心城市建设的创新人才集聚 119

  第一节　面向科创中心的人才范畴与测度方法 119
  第二节　世界主要科创中心建设的人才依赖与上海现实 124
  第三节　上海建设全球科创中心城市的人才规模现状与结构 132
  第四节　上海建设全球科创中心的人才质量 142
  第五节　本章小结 148

第七章　上海科创中心建设的创新平台 149

  第一节　创新平台构成与分布影响因素 150
  第二节　学科及实验室平台的行业与区域结构 152
  第三节　高新技术企业发展结构与区域特征 162
  第四节　创新平台投入产出特征 173
  第五节　本章小结 195

第八章　上海科创平台与城市宜居的耦合性 197

  第一节　科创平台集聚演化逻辑、建设模式及耦合需求 197
  第二节　上海市宜居性环境要素空间集聚 211
  第三节　上海核心科创平台与城市宜居性耦合特征 219
  第四节　本章小结 229

第九章　上海科创中心的建设路径 231

  第一节　科创中心建设路径的锁定 231
  第二节　融入全球科技创新网络的上海市科创中心战略 233
  第三节　上海科创中心的核心节点及其空间孕育机制 238
  第四节　本章小结 242

第十章　人才与宜居驱动全球科创中心成长的上海进路 244

  第一节　提升上海集聚全球科创人才的路径 244
  第二节　打造多链深度融合的空间布局 246
  第三节　全面构建契合科创中心成长的空间规划体系 250
  第四节　本章小结 256

参考文献 257

附录 276

  附录一　政策目录 276
  附录二　数据表 283

第一章 绪　　论

20世纪80年代以来，科技创新中心建设成为英美等发达国家推动科技创新、培育新兴产业、吸引人才和投资以及培育国家核心竞争力的关键举措。近年来，随着全球科技竞争的加剧和科技创新重要性不断凸显，建设具有全球影响力的科创中心对于推动大国乃至全球的科技发展至关重要。相较于发达国家上百年科技创新积累沉淀基底，中国作为后发大国建设全球科创中心培育创新优势既面临挑战，也存在机遇，如何探索出一条全球科创中心建设的中国路径成为社会和学界关注的焦点。人才是兴国之本、富民之基、发展之源，党的十九届五中全会明确了到2035年我国进入创新型国家前列、建成人才强国的战略目标，习近平总书记于中国共产党成立100周年提出"深入实施新时代人才强国战略，加快建设世界重要人才中心和创新高地"。为此，明晰中国全球科创中心建设的实际需求，重新审视全球科创中心建设研究范式，对于探索全球科创中心建设的中国道路尤为重要。

第一节　研究缘起

2008年金融危机席卷全球，纽约、伦敦等以金融业为主导产业的城市经济受到重创，暴露出经济结构虚化的脆弱性。自此，发达国家纷纷进行科创转向，强调科技创新在城市发展中的重要性。在创新驱动的新城市发展战略的引导下，部分全球城市顺利将其在世界城市网络中的权力地位和经济控制力升级为关键战略领域核心技术把控者。美国的波士顿和加州硅谷；英国的伦敦、牛津和剑桥地区；法国的蒙彼利埃和日本东京等城市相继成长为全球或大洲的科技创新中心，科技创新逐步成为支撑城市发展的核心动力，成为城市或国家参与全球竞争的关键要素，成为区域、国家乃至全球发展的驱动力，成为后发国家实现创新能级和全球城市网络节点地位跃升的关键突破口。基于此，全球科创城市的培育和塑造的研究既是学界关注的热点话题，亦能为政策制定者提供有效的理论基础和实践指导。

一、实践指导：从人才主观需求出发的宜居城市建设成为上海建设科创城市的突破口

对于中国来说，自加入世贸以来，中国多次遭遇来自以美国为首的发达国家阵营的技术壁垒和知识产权摩擦，中美贸易摩擦将技术封锁推向顶峰。关键战略性领域的自主创新能力培育成为中国突破技术封锁的唯一破解路径。科创中心城市是科技创新活动的策源地与集聚高地，也是中国实现自主创新能级跃升的突破点。为此，中国中央政府及各省/市级政府积极布局中国多层级、多节点的科创中心城市网络。部分较为发达城市如北京、上海、广州—深圳—香港、武汉、成都等将打造面向全球的科创中心城市作为城市总体竞争战略。

全球科创中心建设的核心任务是培育在全球范围内具有领跑能力的城市科创能力。该话题是当前学界研究的热点话题，大量研究尝试从现有全球科创中心城市的发展路径中进行科创能力提升的规律总结，从科创城市发展的产业基础、生产要素投入、政产学研主体合作、人才集聚和流动等多个方面剖析科创中心城市建设路径。但相关研究在政策实践指导和落实方面相对滞后，多数地方政府政策实践逻辑是基于城市社会经济数据解析科创城市建设基底和优劣势，从科研经费投入、平台建设密度、产学研园区建设等角度提出科创培育政策，此类政策在科创城市培育初期和中期能够产生一定的撬动和催化作用，但对于此类基本要素已经达到较高水平的城市而言，难以实现科创能力的进一步突破。

人才作为科创活动主体的最小单元和前沿技术知识的载体，该群体的集聚和互动能够将隐性知识转化为可编码的知识、技术和产品，是科创水平提升的源头。因而如何吸引人才、留住人才并有效发挥人才集聚效应是从更深层次解决全球科创中心潜力城市实现科创能级跃升问题的路径之一。在诸多人才的定居城市选择偏好影响因素中，城市宜居水平或宜业潜力占据较大比重。诚然，宜居水平并非吸引人才集聚的唯一充要条件，但以上海、北京、深圳为代表的相对发达城市在产业基础、研发投入、硬环境建设、核心战略平台打造等方面均已达到较高水平，配置符合人才生活习惯和偏好的环境是支撑上海在与同等经济发展水平城市的激烈人才竞争中脱颖而出的关键。因此，本书从人才集聚区位选择偏好和需求出发分析上海科创基底和生产生活宜居水平，剖析上海如何借助宜居城市建设吸引人才集聚进而驱动城市科创能力提升。

二、理论意义：科创要素、人才集聚与宜居建设交叉研究丰富全球科创城市研究

当前科创中心建设的研究大多从科创发展的驱动要素出发，尝试通过解析创新驱动机制为科创中心建设提供理论指导基础，点明高校、科研机构和企业在科技创新活动中的主体地位，并将多个主体之间的合作互动共同完成科创活动的过程总结为三螺旋理论、国家创新理论等。还有学者将经济地理学科的集聚经济和规模经济等理论应用于科技创新驱动机制研究中，提出集聚效应是创新的重要作用路径，创新要素集聚和互动中形成知识溢出和碰撞，进而将知识转化为可见的创新技术和产品。同时，还有一部分学者关注到人才在提升城市科创能力中的重要地位。早期人才集聚影响因素重点关注城市宏观社会经济发展水平以及就业形势。随着研究深入，自然人文环境、社会包容度、文化氛围及居住环境等非经济因素也逐渐进入人才集聚要素研究重点。

与此同时，随着社会和学界对城市生活品质、人民生活幸福感以及城市生态环境建设的重视，宜居城市也成为研究热点话题之一。宜居城市或城市宜居性的传统研究，注重城市人才居住选择因素与控制变量解析。如经济学侧重工作机会等效用解释，地理学与规划学重点分析生活便利性解释，社会学重点考察文化多样性与包容性如何影响人才集聚。如何综合城市发展阶段、城市规模及职能本底差异，系统破解常住创新人群因环境污染、交通拥堵、就学就医难等诸多不宜居因素诱发的人才迁居，甚至跨国移民等阻碍城市创新驱动发展障碍也是研究重点。

由此可见，从科创、人才和宜居的角度对科创能力提升的驱动作用研究已经较为深入，但几个维度的作用力研究均呈现出相对独立的状态，实际科创中心城市的发展情况更为复杂，将科创要素基底、人才集聚的宜居需求相结合对指导科创城市建设更具有现实指导意义。值得注意的是，与一般城市科创能力培育不同，全球科创中心城市的形成根植于全球城市的资源积累、网络地位、要素控制力及其发展腹地等因素与科技创新驱动要素的结合。因此，全球科创中心是知识经济时代下全球城市核心功能的演化产物，全球科创中心城市建设研究可视为全球城市成长研究的延续，其研究可建立在全球城市研究范式的基础上，进一步融入科创要素、人才集聚与宜居建设等要素，构建全球科创中心成长研究新范式。

第二节　全球科创中心成长的研究进展

随着全球科技竞争的日益加剧，全球科创中心成长的理论与实践研究也日益完善。全球科创中心成长的解析范式与全球城市成长的研究发生了新的转向，全球城市的研究方法也经历着定性研判到定量识别的转向。

一、全球科创中心成长解析范式转向

伴随着知识经济时代的到来，创新日益成为城市经济发展的新动力，科技创新逐渐成为主要全球城市的核心功能。在此背景下，全球科创中心成长的研究解析范式也随之转向：在成长机制解析上，从自然孕育视角转变为注重政策育成路径；在网络体系中，则是从关注科创中心网络节点地位转为聚焦网络控制力；在空间尺度上，从城市—区域延伸到全球城市—区域。

（一）自然孕育到政策育成

以全球科创中心为核心功能的全球城市按照成长阶段可被归类为成熟的全球城市、崛起的全球城市和新兴的全球城市。在这些全球城市崛起路径研究中，全球科创中心成长的研究解析范式出现了明显的转向，除了成熟的全球城市，如伦敦和纽约被赋予与生俱来的全球城市地位、被认为是产业和特殊的历史时期的自然孕育外，其他崛起和新兴的全球城市，如东京、新加坡、香港和上海都或多或少地含有政策育成成分，特别是现在面临激烈竞争的全球科创中心城市，政策配套和扶持发挥越来越关键的作用，全球科创中心的解析范式也出现了政策培育的转向（表1-1）。

表 1-1　全球科创中心城市的自然孕育与政策催化

国别	自然孕育	政策催化
英国	伦敦（混合体）	—
美国	纽约（混合体）	硅谷
法国	—	巴黎
德国	—	柏林
日本	—	东京
中国	北京、上海（混合体）	深圳
新加坡		新加坡

资料来源：参考纪慰华（2001）、刘清和李宏（2018）、胡彬（2017）、杨培雷（2003）、盛垒等（2015）、孟祺（2018）等学者的成果整理而来。

（二）网络节点地位到网络控制力

全球化时代，以国际资本为主导的产业在全球范围内布局、分工、细化和专业化，逐渐形成了全球生产网络（GPN）和全球价值链网络（GVN）。全球城市作为这两个网络节点的最高端，在经济要素和金融资源配置中处于控制和分配的地位。对于全球科创中心的解析范式更多借鉴了全球城市的研究，以跨国公司总部为指标去研究城市在全球城市网络中的节点地位，描述和总结全球科创中心网络体系结构和单个城市的功能和地位，如今则更多地转向全球城市在网络中的控制地位和创造控制能力，特别是全球科创中心的创新能力和控制力（表1-2）。

表1-2　全球城市到全球城市网络研究范式转换

	主要研究对象	核心作者	主要观点与研究方法	研究范式
全球城市	全球综合影响力	Hall (1984)	全球城市在政治、贸易、通信、金融、文化等领域均具有全球性的影响力	基于公认的全球城市为案例，分析其异于其他城市的经济、文化、产业指标，将其作为全球城市评判标准
	全球经济控制力	Friedman 和 Wolff (1982), Robinson 等 (2002)	全球城市对全球经济活动具有控制能力，企业总部是对全球经济具有核心控制权的部分，将企业总部数量作为判定城市所处的城市等级地位的标准	
	城市多样性	May 等(2007)	全球城市作为全球经济核心控制节点，集聚来自全球的人才与企业，因而在全球城市具有劳动力多样、文化包容等软环境特征	基于城市中的静态指标发展水平及其与全球其他城市的横向对比，确认其全球城市地位及特征
	产业结构演化	Persky 和 Wiewel (1994), Jones (2002)	全球城市的产业结构中服务业，尤其是交易性生产者服务业占比大	
全球城市网络	全球产业链网络	Sassen (2018), Taylor 和 Derudder (2004), Beaverstock 等(1999)	全球城市在全球产业链网络中作为管理服务功能的重要节点，以金融、法律等先进生产性服务业企业集聚度表征	将全球城市的地位置于全球城市网络中讨论，认为对"流"的控制能力是全球城市区别于其他城市的关键构建全球网络体系，识别其中处于核心节点地位城市，将其判定为全球城市
	跨国公司企业组织网络	Neal (2013), Watson 和 Beaverstock (2014)	全球城市网络由跨国企业主导，全球城市在其中起主导控制作用，借助跨国企业总部及其子公司的组织网络对全球城市进行识别	
	全球交通网络	Derudder 和 Taylor (2016), Guimera 和 Mossa (2005)	由于在全球范围内对人、财、信息等"流"的主导能力使得全球城市成为全球交通网络的核心枢纽，因而以交通网络连接性作为全球城市评价标准	

（三）城市—区域到全球城市—区域

经济地理学研究中城市与区域（city and region）是一对孪生兄弟，区域作为城市发展的经济腹地，能够支撑城市的发展，而城市的发展必然对周边区域同时产生涓滴和虹吸效应等正向、负向的影响。在城市研究特别是网络研究领域，城市在全球、洲际、国家和区域尺度中作为网络中的不同等级的节点存在，城市和区域互动关系成为城市研究中一个重要的部分。随着全球城市的兴起，以全球城市为主导的全球城市—区域逐渐成为城市研究的重要解析范式（图 1-1）。整体而言，全球城市—区域探究是对城市—区域研究的深入探索，城市—区域领域的相关理论、研究思路、研究方法、研究内容等为全球城市—区域领域的发展和完善奠定了重要的理论与实践基础，而全球城市—区域领域的研究成果也为城市—区域领域开展广泛且深入的研究提供了重要的参考借鉴价值。

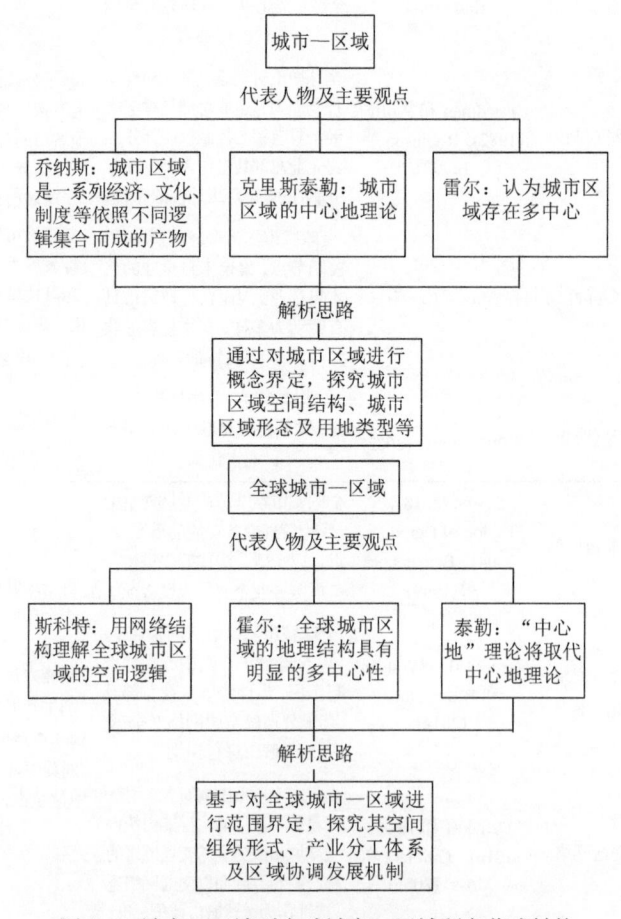

图 1-1　城市—区域到全球城市—区域研究范式转换

二、全球科创中心成长解析理论标靶

科技创新逐步成为全球城市的新驱动力，全球科创中心逐渐成为全球城市的重要核心功能之一，也成为学界关注的热点话题。随着研究深入，学界关于以科创为主要功能的全球城市成长研究和解析理论也逐渐发生了转向，从关注全球城市特征到聚焦全球城市成长动力；从关注全球城市成长阶段到探究全球城市育成路径；从关注全球城市成长的国际影响力到如何链接国际与国内腹地资源。

（一）解析全球城市特征到诠释全球城市成长动力

除去科创中心网络的研究，关于全球科创中心的解析理论研究更多是从全球城市角度切入，20 世纪 80 年代后，多从全球城市概念及其识别指标，特别是功能的识别梳理出全球城市的类型和核心体系。随着全球化的进一步推进，全球城市或区域逐渐代表国家参与全球经济要素和金融资源的争夺，特别是金融体系的控制力，越来越多的国家和区域都想成为全球城市网络的重要节点，成为经济要素和金融要素的控制性节点，由此对于全球城市的研究慢慢向全球城市成长动力体系转向（表 1-3）。

表 1-3 全球城市研究的关键学者及其思路转变

核心作者	主要观点与研究方法	视角聚焦
Godfrey 和 Zhou（1999）	跨国公司是世界城市的关键特征，通过全球 500 强企业总部集聚度指标来划分世界城市等级体系	全球城市的特征指标和功能识别，及其等级和类型评估
Beaverstock 等（1999）	依据金融、会计、广告、法律四种生产者服务业布局进行世界城市的等级识别	
顾朝林和孙樱（1999）	依据三次产业结构、金融资本等要素特征对中国和其他全球城市进行比较分析	
蔡建明和薛凤旋（2002）	构造世界城市六维模型标准：城市综合形象、生活环境质量、能动性基础设施、经济活力/控制力、人口和人才、政治经济环境，进而对全球城市进行分类	
Friedmann 和 Wolff（1982）	全球城市是世界经济金融和服务部门的控制中心，依据经济命令和控制权力进行全球城市类型划分	全球城市在经济要素和金融体系等重要竞争网络的节点控制能力
Friedmann（1986）	关键城市成为全球资本流动的重要节点，而资本流动形成的网络构建了复杂的城市等级体系	
Sassen（1991）	以高度发达的金融和商业服务中心为全球城市的核心特征，全球城市对金融资本流具有强大的指挥和控制能力	
周振华（2020）	全球城市是具有全球资源配置功能的核心节点城市，其有 5 个基本构成要件：高度聚集全球功能性机构、全球业务操作的大平台、大规模流量、充满创新创业活力、实行全球性标准和准则	

（二）关注全球城市成长阶段到探究全球城市育成路径

全球城市的分类和功能与全球城市的成长阶段密切相关。金融功能一直是全球城市的核心功能，随着全球城市在功能上不断演进和细化，科创功能成为另一个重要的核心功能。早期的全球城市研究大多停留在对全球城市/世界城市特征的描述及城市属性分析上，未能深入挖掘其本质内涵和发展规律，与以城市网络、城市群为基础的世界城市/全球城市研究（2010年至今）。最近，科创功能的育成成为全球城市的一个重要研究点，特别是区域创新融入全球城市网络中的全球科创中心的育成。全球城市研究逐渐由其功能与作用、比较与评价转到全球城市科创功能的育成研究（表1-4）。

表1-4 全球城市研究的关键案例城市及其剖析思路转变

核心作者	关键案例城市	视角聚焦	剖析思路
Sassen（1991）	纽约、伦敦、东京	全球城市的经济中心指挥功能转变	
顾朝林和孙樱（1999）	广州、北京、上海	全球城市的三次产业结构、金融资本等水平比较	
Godfrey和Zhou（1999）	纽约、伦敦、东京	跨国公司是世界城市的关键特征，通过跨国公司总部数量指标来划分世界城市等级体系	全球城市/世界城市特征的描述及城市属性分析
杨亚琴和王丹（1999）	纽约、伦敦、东京	服务业集群和主导产业的发育是全球城市的重要特征	
Derudder和Notteboom（2012）	纽约、伦敦	城市交通网络反映世界城市的连通度与等级体系	城市网络、城市群为基础的世界城市/全球城市研究
尹德挺和史毅（2016）	美国东北部城市群和京津冀城市群	人口结构属性是识别全球城市群孵化阶段研究的重要因素	
王丹等（2018）	纽约、伦敦、东京	着力提升城市科技创新服务功能已成为全球城市打造科技创新中心的重要载体和抓手	全球城市的科创功能育成
盛维等（2018）	纽约、伦敦、上海	科技创新作为重要的服务功能，在知识经济时代日益成为城市及全球发展的主要驱力	

（三）刻画全球城市影响力到比较国际国内腹地链接能力

在城市研究中，许多学者基于"流空间"搭建了全球城市网络/全球生产网络分析框架并通过实证指出全球城市的形成和发展不仅取决于城市本身，还主要取决于城市所处"区域"及其与其他城市的联系网络，特别是全球城市及其依托的区域在全球城市网络中的功能地位和国际影响力,而这种国际影响力更多依靠全球城市背后的腹地资源、网络的联系度。关于全球城市成长的研究也就逐步转向如何构建和增强全球城市与全球城市网络、全球生产网络和全球价值链网络的连结性和控制性,以及增强与周边城市区域的一体化和融合程度。

三、全球城市成长理论研究方法构建

从20世纪初全球城市的概念提出到20世纪80年代全球城市研究的兴起,全球城市的研究方法经历着定性研判到定量识别的转向。本书在方法上着眼于以全球科创中心为核心功能的全球城市成长理论方法构建,致力于采用对标研究实现个案研究范式的突破,进而实现从关键要素研究到成长动力体系研究,以及从现象理论透视到政策实践研究。

(一)个案研究到对标研究

以往全球城市研究更多侧重于具体案例解析,通过对案例的具体深入剖析,识别全球城市的成长经验、路径和主导因素,从中梳理出可借鉴经验(表1-5),但这类分析忽视了具体城市本身的特征和时空背景。本书侧重对标研究,从评估城市自身特征出发,对标目标城市的时空背景和优势,进行主动标靶对比,实现成长的路径探究和障碍识别。

表1-5 全球城市个案分析相关文献梳理

作者	对标城市	主要观点
姚永玲等(2012)	北京、首尔	对决定北京、首尔两个城市联系能级的产业、城市和国家经济等因素进行比较,发现国家腹地对全球城市在网络中的地位比城市和行业因素的动力作用更加突出
Wang等(2011)	北京、纽约、伦敦、东京	从社会发展、生活水平和环境质量三方面对比分析北京与其他三个全球城市的宜居性,指出北京的环境质量与其他城市存在较大差距,北京需要重视大气质量和水质以提升其城市宜居性
马剑平和赵国亮(2015)	北京、伦敦、纽约、东京	对比分析北京与东京、伦敦和纽约在经济、政治和文化上的发展差距,指出北京应以创新功能建设为动力,以产业结构优化和布局调整为中心,进行经济、政治和文化方面的变革,以建设具有社会主义特色的世界城市
Lee和Ducruet(2009)	中国香港、新加坡	对比分析了全球城市中国香港和新加坡如何在转变为主要经济中心的同时维持其港口功能,发现跨境一体化是全球枢纽港口城市发展的主要差异性因素,香港需为内陆市场提供有效的腹地通道以维持其全球枢纽港口城市的门户功能

续表

作者	对标城市	主要观点
吴冠岑等（2016）	纽约、伦敦、东京、中国特大型城市	总结中国北上广深等特大型城市城市更新的背景及存在问题，对标纽约、伦敦、东京三个全球城市在城市更新的行动战略目标、合作主体、实施重点和法规保障方面的发展规律，提出中国城市要从理念、体制、实施和制度上构建城市更新发展机制
刘怀宽等（2018）	中国和德国的世界城市	对比分析了中国和德国世界城市全球化的过程、格局、规模、产业和动力，认为可从重视高级生产服务业和科技创新部门对城市全球化的推动作用、城市内部福利制度的建设和市民社会的发展及创意文化培育三个方面借鉴德国城市的成功经验

（二）关键要素研究到动力机制研究

在以往的全球城市研究中，全球城市成长的关键要素是各个时期的研究侧重点，特别是金融要素、以资本为主导的全球区域的产业分工和跨国公司的总部等关键因素，通过关键要素能够识别和推导全球城市的路径和动力机制（表 1-6）。然而，以全球科创中心为核心功能的全球城市的成长更多依赖于系统性的机制，而非个别关键要素（表 1-7）。全球城市的形成具有相似背景条件，全球城市在内在动力与外在动力双轮驱动下逐渐发展壮大。内在驱动因素主要体现在基础设施日渐完善、城市分工专业化及信息化。硬件基础设施与软件信息科技服务的发展完善促进了区际贸易、投资、信息、人才等要素的流动与集聚，为区域城市融入全球产业链提供机会，区域城市被赋予全球化特征。外在驱动因素集中体现于城市发展规划及政策制度等。政府通过制定城市规划及颁布政策，定位城市发展目标，调整区域经济结构，优化城市空间布局，打造人才集聚高地，完善市政基础设施，加强对外经贸联系等，促进城市国际化、多元化发展（表 1-6）。

表 1-6　全球城市崛起关键要素案例研究相关文献

作者	年份	主要观点
Sassen	2001	基于纽约、伦敦、东京梳理全球城市特征，提出全球化背景下生产空间分散带来服务节点的集中化，纽约、伦敦、东京的崛起源于其在高层管理和协调中的突出作用
杨亚琴和王丹	2005	对伦敦、纽约、东京的现代服务业典型发展模式进行分析后从提出全球城市产业集聚形成途径、布局和结构的特征
刘波和赵继敏	2012	通过对比纽约、伦敦、东京的住房保障政策提出我国建设全球城市应当强化对住房市场的宏观调控、完善住房金融政策构建中国特色住房保障模式

续表

作者	年份	主要观点
Taylor 等	2002	运用 100 家全球性服务公司数据，基于容纳力、支配力、通道三方面对全球 316 个城市的网络作用力及等级体系进行测度
Friedmann 和 Wolff	1982	根据经济命令与控制权力，利用模糊分类法将伦敦、纽约、东京等全球城市分为四种类型：全球金融节点、跨国节点、重要的国家节点、次级国家或区域节点
陈强和刘笑	2015	通过分析东京官产学协同创新系统，提出上海的官产学协同创新体系中产业参与度不足导致三螺旋系统协同效应无法充分发挥

表 1-7　全球城市动力机制研究文献

作者	年份	全球城市	全球城市建设驱动因素
Kalltorp 等	1997	纽约	世界经济枢纽、跨国与金融机构高度集中、创新活动活跃
杨培雷	2003	伦敦	区域经济中心、基础设施完善、国际市场体系及运作体系完善、科教文卫事业发达
赵霄伟和杨白冰	2021	东京	城市规划与产业升级的战略导向、市场主导的分工机制、发达的国际金融体系、高质量人才资源
胡彬	2015	新加坡	政府间多边合作协定、跨国贸易及投资网络、营商环境优越、金融体系功能完善
周振华	2020	上海	国际贸易重要控制节点、金融业发达、城市与区域规划政策引导、对外开放度高、基础设施完善

（三）现象理论透视研究到国家政策实践研究

全球城市的定性研究中多以透过现象识别与揭示全球城市成长的核心要素和机理为核心关注点（表 1-8），侧重现象的理论透视，通过现象和特征归纳总结全球城市成长的发展路径与经验教训，强调历史机遇、自身特征和地缘关系，忽视了在激烈竞争背景下的全球城市培育，特别是现在全球化不确定性增强及次区域化（subregionalism）的背景下，国家逐渐取代了资本成为全球城市建设的主导力量，所以本书将侧重于国家的实践政策育成研究。

表 1-8　全球城市定性研究核心关注点

关键案例城市	核心作者及年份	核心关注点
纽约	Sassen（1991）	关注经济中心指挥功能转变；关注跨国公司总部数量、服务业集群、主导产业等全球城市衡量指标总结全球城市特征
	Godfrey 和 Zhou（1999）	
	Van Ham 等（2020）	关注劳动力专业化带来的绅士化、郊区化、种族隔离等全球城市发展问题

续表

关键案例城市	核心作者及年份	核心关注点
东京	Fujita（1991）	关注东京作为全球和区域分工的中心的职能需求（包括新型混合产业和新型服务业）；强调东京灵活的生产体系造成的与其他全球城市的差异；关注东京与日本其他地区的发展不平衡
	Van Ham 等（2020）	关注职业结构和社会经济居住隔离；关注劳动力专业化；关注绅士化以及郊区化
伦敦	Graham 和 Spence（1997）	关注制造业的变化（包括建筑面积、就业和土地使用）；以及全球城市概念能否解释制造业变化现象
	Jordan（2017）Beaverstock 和 Hall（2012）	关注移民、人口、服务、住房、工作不稳定性等在城市内部的空间重叠；关注伦敦移民政策在伦敦全球金融中心地位方面的作用

第三节 本书架构

本书以"人才与宜居驱动全球科创中心成长的理论探索与上海实践"为题，通过解析全球城市的科技创新驱动与创新人才宜居理论，构建了宜居与创新人才驱动全球科创中心的路径与作用机制的理论框架，并以上海全球科创中心建设为案例展开实证研究，力求在人才与宜居驱动全球科创中心的理论探索与实践层面取得重大突破。

一、撰写思路和研究内容

本书撰写过程中，着重突出以下几个特点：

第一，聚焦全球科创中心建设本质需求——人才与宜居。创新作为城市经济发展的主要驱动力，要求城市产业结构高级化、尖端化，其核心践行主体是高质量人才，通过各行各业创新人才集聚实现城市创新的繁荣。同时，吸引人才集聚的关键因素中，宜居性日益成为不可忽视的拉力。据此，本书以人才和宜居作为全球科创中心成长培育的两大关键词，分析其驱动机制与实践导向。

第二，构建"全球科创中心建设—人才集聚—宜居驱动—空间响应—政策推进"理论进路，明晰全球科创中心城市培育和发展路径。创新的主/客体集聚需求是解析全球科创中心发展机制的突破口，人才集聚是企业、高校及科研院所的创新源泉，人才的就业、居住环境的感知和需求是其决定居留城市的新兴要素，而城市宜居环境空间营造、核心创新要素布局是城市吸引人才的空间决策响应。因此，本文理论分析框架从全球科创中心城市建设的创新机制分析出发，聚焦人才集聚区位选择影响因素，进一步关注宜居驱动效应，最终落点政策推进逻辑，系统剖析全球科创中心成长机理。

第三，从全球城市—区域互动关系出发，分析全球科创中心城市建设的必要性、紧迫性及其可链接的腹地资源。区域和城市的关系互动是经济地理学的热点话题，全球科创中心的建设需要区域作为经济腹地提供资源和市场，同时区域需要借助全球科创中心这一强有力增长极实现能级跃升。因而，本书从全球城市—区域角度入手，剖析长三角实现高质量一体化背景下上海建设全球科创中心城市的时代要求和资源优势。

第四，跳出全盘吸收的案例经验借鉴逻辑，从实际建设基础和发展导向出发，进行主动标靶对比。城市科创发展除了受到创新主体集聚、研发投入等普适性因素影响外，还受自身产业基础、劳动力素质、城市性格等历史积淀影响，照搬成功案例经验常导致"水土不服"问题，这也是全球范围内再无第二个硅谷的原因。因此，本书从区域、城市两个维度综合分析上海建设全球科创中心的用地、产业、人口基础、城市文化特色和时代背景，明晰上海全球科创中心城市建设方向，进而选择合适的成功案例为标靶进行对比研究。

第五，注重研究结论的政策转化，立足城市提出具体政策导向和优化意见。本书注重上海全球科创中心建设中空间与非空间要素的多维度解构与多情景组合的实践路径探索，通过比较研究国内国外案例，基于创新要素维度与空间规划维度提出了人才宜居与创新平台载体协同路径、适应科创功能发育与人才宜居需求的城市土地利用方式，最终立足上海放眼全球，探讨上海全球科创中心建设的未来方向与整体路径，提出科创中心建设中人才宜居的优化政策。

基于上述考虑，本书采用理论分析与案例分析相结合、定性推理与定量演算相结合的研究方法，形成"基础调研—理论构建—实证分析—路径确立"的研究路径（图1-2），主要研究内容如下：

（1）系统梳理了全球城市的科技创新驱动力转向及创新人才集聚的理论脉络，阐述了城市宜居性与创新人才集聚的互馈关系及其驱动全球科创中心成长的理论进路，从而搭建宜居与人才驱动全球科创中心成长的路径与机制分析框架，为全球科创中心建设提供基础理论支撑。

（2）以上海全球科创中心建设为案例，深入分析了长三角高质量一体化背景下上海全球科创中心建设总体态势，以人才的工作、生活和游憩三类宏观空间载体为切入点解析上海"生产—生活—生态"空间基底特征，在此基础上进一步聚焦承载人才活动的创新平台集聚态势及其与城市宜居性的空间协同特征，为探索上海全球科创中心成长的实践路径提供实证依据。

（3）梳理与总结了上海全球科创中心的发展瓶颈及建设需求和案例对标结论，从全球科创人才集聚、产业布局与空间规划体系三方面，探讨与提出了人才与宜居驱动全球科创中心成长的上海路径及相关政策建议。

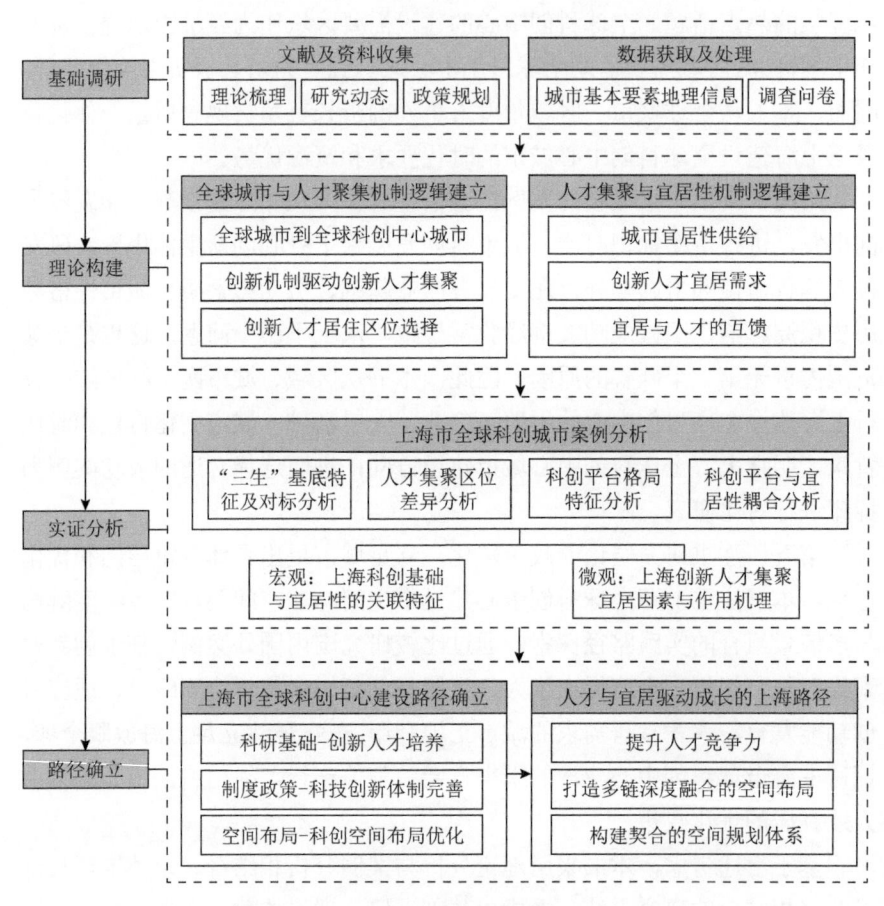

图 1-2　研究技术路径图

二、章节结构安排

本书通过 10 个章节展开论述，章节的结构安排与主要内容如下：

（一）问题的提出

第一章"绪论"对本书的研究缘起进行详细阐述、并系统回顾了全球科创中心成长研究转向，进而提出了本书的主要研究问题与框架结构，奠定了本书的方法论基础。

（二）全球科创中心成长的人才与宜居驱动解析逻辑

第二章"全球科创中心的创新驱动与人才汇聚响应"系统梳理了全球城市、全球科创中心城市相关定义及理论的演化脉络，总结了创新驱动关键要素、主体和作用机制，重点分析创新活动中创新人才居住、就业区位选择的影响因素，进而提出了"全球科创城市建设—宜居驱动—人才集聚—空间响应—政策推进"理论分析框架。

第三章"宜居与创新人才驱动全球科创中心成长的机制"阐述了全球科创中心建设背景下城市宜居供给与人才环境需求，探讨了宜居环境与创新人才集聚互馈机制及其驱动全球科创中心成长路径与机制，为以上海为例的实证分析提供理论基础。

（三）全球科创中心成长的上海案例

第四章"一体化背景下上海建设全球科创中心态势"论述了长三角高质量一体化背景下上海建设全球科创中心的必要性，剖析了上海全球科创中心建设总体现状与短板，审视了上海全球科创中心的总体建设方案、高新技术产业发展以及政策聚焦等方面推进态势。

第五章"上海全球科创城市建设的'三生'基底"从土地利用结构视角观察上海全球科创中心建设进程，解构其如何调整其"三生"基底以适应科创功能发育和人才集聚需求，对标国际典型科创中心城市的土地利用格局特征，为上海用地格局进一步优化提供调整方向。

第六章"上海科创中心城市建设的创新人才集聚"剖析了世界主要科创中心建设的人才依赖路径，明晰了上海市人才规模与质量现状，识别了上海市建设全球科创中心的现实困境，并据此提出驱动上海集聚全球科创人才的建议。

第七章"上海科创中心建设的创新平台"深入探究了上海创新平台建设现状，总结了现阶段上海市创新平台建设取得的成果及存在的不足之处，以期为推进上海科创中心建设进程提供借鉴。

第八章"上海科创平台与城市宜居的耦合性"构建了城市宜居性环境场势能指标，分类分析上海城市宜居性环境空间集聚特征，解析了上海市科创平台集聚特征及其与城市宜居性环境场耦合特征。

（四）路径与空间响应

第九章"上海科创中心的建设路径"基于科创中心建设路径锁定的背景，从科研基础、制度政策与空间布局三个方面总结与归纳了上海在建设全球科创中心过程中的战略路径,解析了上海科创中心建设的核心节点及其空间孕育机制,为构建契合上海的全球科创中心成长路径提供在地支撑。

第十章"人才与宜居驱动全球科创中心成长的上海进路"基于上述理论与实证研究结果,从全球人才集聚、产业空间布局以及空间规划体系构建三个方向提出了人才与宜居驱动下全球科创中心成长的上海路径及相关措施建议。

第二章　全球科创中心的创新驱动与人才汇聚响应

全球城市是全球网络体系核心节点（林坦等，2019），是控制与协调全球经济、文化、政治的关键性国际大都市。随着经济全球化的不断深入和科技竞争的日益激烈，全球城市不断演变。1980年以来，西方发达国家逐步引入创新城市发展战略，形成了世界创新中心，如美国波士顿、加州硅谷，英国伦敦、牛津和剑桥地区，法国的蒙彼利埃和日本东京等全球或区域创新中心，这些创新中心逐步成为支撑城市产业发展的核心动力，成为国家乃至全球经济发展的火车头，科技创新逐步成为城市参与全球竞争的核心和关键要素。与之相伴，国家竞争逐步转向全球城市对经济社会发展核心要素集聚及其创新能力的竞争，各国政府都在积极确立本国主要城市的全球竞争目标及能力培育方案（姜炎鹏等，2019），全球城市研究已成为城市地理学、区域经济学、城市规划与城市管理等学科关注的热点之一。

纵观全球城市研究的相关成果，虽然既有研究对把握全球城市发展动向、推进全球城市建设具有积极推动作用，但仍存在亟需解决的难题。一是已有研究较为侧重全球城市理论梳理、全球城市对比分析及建设路径探讨等内容，缺乏对全球城市的研究力量、前沿热点的全面分析；二是在既有研究的基础上，有待探究世界形势变革背景下全球城市的未来发展方向。鉴于此，厘清新形势下全球城市的研究脉络与走向显得尤为重要。

第一节　全球城市到全球科创城市的理论透视

随着经济全球化的不断深入及科技全球竞争的日益激烈，全球城市的驱动力出现了新趋势，全球城市之间的联系和全球城市格局也发生了新变化。随着全球城市的不断发展，全球城市及其相关理论也随之不断演进。

一、工业化时代全球城市源于交通/贸易且长于工业驱动

前工业化时期，即工业化转型之前，天然良港的区位优势为城市对外

贸易提供了得天独厚的条件。随着商品运输集散能力的不断强化,丰富的农产品和手工业商品进一步集聚,商品要素的大量集聚使得建城初期的伦敦、纽约和东京成为国家乃至国际商贸枢纽或中心城市,进而带动资本和劳动力的快速集聚,促进了金融业和制造业的兴起。

这一时期,"世界城市""全球城市"等概念尚未被提出,然而围绕城市发展的相关研究并不在少数。其中,"以港兴城,以港促业,以城促港"是全球港口城市经济发展的成功经验。国内外学者一直关注"港产城"融合协调发展研究,从早期港口界面演化理论（Hoyle,1989）,逐渐转向定量分析港口与城市经济发展关系（Ducruet,2006;Jung,2011）,采用协调发展度模型（姚桃桃和王磊,2019）等方法分析港城互动关系。随着制造业不断发展并逐渐占据国民经济的主要份额,城市迈入工业化时期,劳动密集型、资本密集型和技术密集型制造业企业部分或全部在伦敦、纽约和东京逐渐建立并迅速发展,这些城市继续承担着工业资本、商品和劳动力要素集聚地的角色,同时技术这一新兴生产要素也开始涌入。制造业的繁荣促使城市物质财富日益积累,增强城市综合经济实力,并逐步确立起地区、国家、区域甚至全球经济中心的地位,具有了一定的国际经济控制能力。

二、后工业化时代全球城市长于金融力量驱动

随着全球生产网络的扩展,为压缩成本,制造业的低附加值环节逐渐从发达国家向发展中国家转移,发达国家保留其附加值高的研发、管理、营销和品牌部分。此时,服务业尤其是金融行业成为控制全球生产链的主要环节,在全球范围内的金融控制力成为衡量全球城市的关键因素。

这一时期,全球城市相关理论不断涌现。1915 年,Geddes 在 *Cities in Evolution* 书中将世界城市界定为在全球商业活动中占据主导地位的城市（Geddes,1915）。1966 年,Hall 在 *The World Cities* 一书中进一步将世界城市定义为在全球政治、贸易、通信、金融、文化和科教等领域对世界或大多数国家具有较大影响的大城市,并将纽约、伦敦、莱茵—鲁尔、阿姆斯特丹、东京、洛杉矶定位为世界城市（Hall,1984）。1982 年,Friedmann and Wolff（1982）将世界城市定义为世界经济金融和服务部门的控制中心,认为世界城市之间通过电讯和金融业务往来而相互紧密连接。此外,1981 年,Cohen 首次定义全球城市为新的国际分工协调和控制中心,并引入"跨国指数（multinational index）、跨国银行指数（multinational banking index）"予以衡量（Dear and Scott,1981）。1991 年,Sassen（1991）在 Friedmann

和 Wolff 的基础上着眼历史和功能区分世界城市与全球城市，进一步将全球城市描述为高度发达的金融和商业服务中心，对经济要素特别是金融资本流具有强大的指挥和控制能力，认为生产者服务业发育状态是界定全球城市的主要决定因素，其国际化程度、集中度可作为全球城市等级划分标准。Castells（2011）于 1996 年提出全球流动空间（Global Spaces of Flows）理论，认为全球城市系统呈网络结构而不是金字塔结构，它是一个具有全球性广泛联系和影响区域发展的城市网络。Sassen 在 20 世纪 90 年代初出版的 *Global city：New York，London，Tokyo* 一书中指出全球城市除了具有作为国际贸易和银行业中心的悠久历史外，还扮演着世界经济组织高度集中的控制点、金融机构和专业服务公司的主要集聚地、高新技术产业的生产和研发基地等角色。21 世纪美国学者 Abrahamson（2004）基于经济和文化融合视角论证全球城市发展过程，指出全球城市是在去工业化和全球化过程中发展起来的后工业化城市，核心特征之一是存在一种后现代文化。

三、知识经济时代世界/全球城市以科技创新主导驱动

19 世纪中期以来，伦敦、纽约和东京相继过渡到以信息化、知识化和服务化为主要特点的后工业化时期。在此过程中，金融资本、信息、知识、文化创意、技术、人员和商品等要素更高强度地集聚过来，并大幅度流入服务业特别是高端生产性服务业，金融保险业、房地产业、会计、咨询和法律服务等高端商务服务业异军突起。全球城市竞争力越来越取决于其对技术、知识、人才等创新要素的集聚能力。

这一时期，科技创新已经成为大都市产业升级的驱动力，国内外相关学科从不同视角对科技创新、人才集聚与宜居建设进行了较多探索，研究成果主要集中在：①后福特主义时代发达国家创新经验以及发展中国家高新区的产业集群和知识体系（Schmitz and Nadvi，1999）；②社会资本、大学、企业研发设施与创新的关联，如专业化研发资源的网络、企业文化、全球创新人才供应、劳动力流动和金融、法律和商业服务配套设施促进创新发展（Camagni，1991；Castells，1992；Amin and Thrift，2000；Fernandez and Castilla，2000）；③制度与创新区域成长的路径依赖和演化（Malecki，1991；Amin and Thrift，1992；Markusen，1996）。关于某一城市或区域如何成长为全球科创中心的相关研究聚焦在：①以金融资本力量评估为评价与塑造全球城市的基本思维，其具体量化指标通常为金融、保险、房地产业发展水平（Sassen，1991），继而在此基础上培育与集聚应用科学类人

才、众创空间及其网络、控制商务成本与强化全球联系（盛垒等，2015；段德忠等，2015）；②全球创新链的链接机制（楚天骄，2015；杨波和邓智团，2016）；③青年科技人才培养链（付丙海等，2015）；④城市宜居性或舒适度对创新人才的吸引（张文忠，2016；吴瑞君等，2015）。

　　综上，已有研究聚焦在城市的部分功能区如何成长为创新中心，如高新区创新集聚机理、创新与大学/企业研发的联系和培育全球科创中心的条件评估等。虽然已有学者提出区域创新系统、社会资本创新、创新的根植性、网络化与制度孵化等新理念，但是仍未能系统评估以上海、北京为代表的发展型全球城市在建设全球科创中心过程中亟待破解的创新主客体短板，并未解答如何系统规划建设全球科创中心主体认同的宜居城市，如何基于全球科创中心城市的主体感知及其国际比较视角理解北京、上海、广州等特大城市创建全球科创中心的优势与特色，能否系统诊断、提出全球城市竞争格局下推进中国全球科创中心建设的战略方略与政策建议等问题。这需要从嵌入"全球—地方"创新网络视角对中国大都市在争夺全球"引擎"型创新人才时的城市魅力营造障碍及其突破政策方面进行深入研究。

　　基于此，在全球城市的动力视角下，未来全球城市研究的重点领域应当涉及：首先，创新主导城市的全球控制力与全球城市的创新要素集聚和腹地支撑，一方面，在知识经济和全球化时代，创新已成为提升城市能级和核心竞争力的根本动力，未来全球城市的控制力和影响力的提高仍需以创新作为主导力量；另一方面，人才、科技等创新要素是全球科创中心建设的核心要素，腹地区域中的资源、信息、金融、基础设施等方面的衔接服务，则为其提供强有力的支撑，未来全球城市建设的推进将主要围绕创新要素集聚与腹地区域建设两个层面展开。其次，生产者服务业塑造城市的全球活力与全球城市的金融行业群集及空间组织，生产者服务业是全球城市的主导产业之一，其发展水平关系到经济运行效率、经济增长与结构调整和优化，对推动产业、贸易等转型升级以及增强竞争力具有重要推动作用，全球城市今后的产业发展战略仍要以激发生产者服务业活力展开；同时，金融业仍是全球（科创中心）城市的主导产业，今后仍需加强对金融行业群集及其空间组织形式的深入探讨，从而提升全球城市的金融影响力。最后，国内外一流人才集聚与全球城市的宜居、宜业、宜游。人才是全球城市建设的核心要素，促进高端人才集聚已成为驱动全球城市建设的重要条件。未来全球城市人才集聚的相关研究需主要围绕宜居、宜业、宜游三个层面展开，通过塑造城市宜居环境、打造与人才发展相适应的宜业环境、完善人才娱乐休闲所需的宜游环境,进一步提高全球城市的人才吸引力,从而打造全球城市人才高地,推进全球城市建设进程并提高全球城市竞争力和影响力。

第二节 创新驱动机制及人才主体地位

创新能力是全球科创中心的核心竞争力,厘清创新驱动机理,聚焦创新驱动核心要素是了解科创中心城市建设路径的关键,其中人才是知识经济时代最重要的资产,是维系城市经济持续增长的引擎(Palmer,2003;Verginer and Riccaboni, 2021),深入剖析人才集聚带来的创新效应是解析科创驱动机制的重要一环。据此,本节首先系统梳理创新驱动机制,其中着重梳理关键创新主体在创新过程中发挥的作用;随后进一步聚焦各类创新主体内部的最小创新单元——人才,在厘清人才概念的基础上,深入分析其推进创新活动的过程机制。

一、关键创新主体及其协同创新

(一)关键创新主体驱动创新路径

在新古典主义经济学流派中,"创新"被视为带有浓厚市场色彩的一种市场活动,市场竞争压力能"迫使"企业进行创新(王德华和刘戒骄,2015),企业被视为进行创新活动的行动主体。Schumpeter 的"创造性破坏"理论更是将企业家个体添加到创新主体的队列之中(吕拉昌,2017)。而后在硅谷成功经验研究中,学者们普遍发现高等院校对于创新活动产生与进行的重要性不可忽视。随着创新系统研究的不断推进,与创新活动关联的创新主体网络日趋复杂化与泛化,政府、科研中介机构、金融服务机构等在创新系统中的主体地位逐渐得到关注与认可。然而,创新系统中主体网络日益泛化也引发了学者们的思考,例如李婧等(2009)在分析多个创新主体对创新驱动作用中发现,尽管创新主体类型愈加多样化,但依据贡献和作用方式来看,企业、高校以及政府、中介机构在创新活动中分别是创新活动的直接作用和间接作用主体。本部分将聚焦企业和高校、科研机构两大关键主体,梳理其对创新活动的作用路径(李婧等,2009)。

1. 企业

企业作为创新活动网络中作用较为突出的主体,既是创新活动的产出者，也是创新活动的主要投入者。创新现已成为企业提高自身竞争力与综合实力的重要方式，企业通过创新生产工具提高生产效率降低成本以提升市场份额或通过创新产品开拓新产品分支率先发现蓝海进而占据市场先机等方式在激烈的竞争中存活（万道侠和胡彬，2018）。当前学界对企业创新能力影响因素分析主要集中在地方产业集聚及企业规模、企业性质及生命周期等方面对企业创新能力影响。

产业集聚被视为影响创新水平和效率的重要因素，一方面，集聚形成的信息网络、集群内部合作网络和竞争压力刺激企业创新，信息网络为企业发现新知识、开发新产品提供基础条件，这也是企业家倾向于集聚、抱团的原因（庄子银，2005；李宏彬等，2009），同时集群内部的竞争效应、合作效应也是提升企业创新效率的重要影响因素；但另一方面，产业集聚水平过高时，区域竞争压力过大，易诱发恶性竞争，反而损害了企业的创新效率（谢子远和吴丽娟，2017）；此外，马歇尔外部性、雅各布斯外部性所代表的专业化集聚和多样化集聚，均有利于企业的创新（沈能和赵增耀，2014）。

在企业规模与创新能力的关系中，由于研发活动具有高技术、高风险性特征，需要承担较大的失败风险及"沉没成本"，因此大企业对于研发风险的承受能力更强，从一定程度上更具备创新能力（Evangelista et al.，1998）。然而，学者进一步研究发现企业规模对创新能力的影响具有异质性，其正向关系需建立在合理的治理结构或所有制结构上（周黎安和罗凯，2005）。

在企业性质与创新能力的关系方面，所有制差异被视为影响企业创新投入的关键因素（Lin et al.，2010；周立群和邓路，2009），但学界仍存在长期的争论。即讨论国有、民营和外资企业的创新能力孰强孰弱，目前尚未形成统一的认知。以国有制为例，学者认为其企业体制僵化、较小的市场竞争压力是其创新动力不足的主要原因（吴延兵，2014；李文贵和余明桂，2015）；但也有学者持不同意见，强调国有企业肩负国家任务和社会责任，具有来自国家与地方政府的指标压力（李政和陆寅宏，2014）。此外，国有企业依托政府承担着重要的研发创新工作，尤其是在军工等涉及国家安全的和长周期投入领域，国有企业创新效益高于其他的所有制类型企业（李春涛和宋敏，2010；刘和旺等，2015）。目前对于外资企业的研究尚不丰富，国际研究中主要认为外资企业创新能力突出（Luong et al.，2017）；但国内研究主要侧重于FDI对于企业创新能力激励作用分析（王红领等，2006）。

企业的生命周期是企业创新能力的重要影响因素。与成熟企业相比，初创企业新产品挖掘和开发能力更强、创新效率更高，人力资本更能促进企业创新（Acs and Varga，2005）。在企业创业期和成长期阶段，其科创投入相对成熟企业比重更大，但绝对数额较小（文芳，2009），这一阶段密集的创新投入是企业提升竞争力的主要策略；处于成长期和成熟期的企业，R&D（即研究与试验发展）投入能显著提升短期增长绩效，这一阶段企业更愿意创新，创新投入具有较强的累积效应，成熟期 R&D 投入的绩效累积作用期限较短（梁莱歆等，2010）。此外，还有学者进一步发现企业金融化程度在企业生命周期影响创新能力过程中存在"挤出效应"，具体表现为金融化对非金融上市企业的长期研发产生"挤出效应"，但随着时间推移，该效应相对于创新投入的蓄水池效应此消彼长（肖忠意和林琳，2019）。

2. 高校、科研机构

高校或科研机构是科技创新活动的重要"发祥地"（孔祥浩等，2012），科学家、知识工作者等是知识和技术创新的中坚力量与核心投入要素，而高校与科研机构自然而然地成为容纳科学技术人员的创新主体，其通过增进合作、促进多学科领域交流、建立激励体制等方式促进创新发展，对提升本地的创新能力具有重要作用（Anselin et al.，1997）。高校、科研机构与创新活动关系较为直接，因而这一方面文献较少，国内研究更多侧重高校如何培育与市场需求、创新活动相适应的人才（李家华和卢旭东，2010）。从现有创新研究文献中梳理高校、科研机构的创新驱动路径：其一，高校、科研机构与企业间的互动程度影响主体的创新能力，这些创新主体间的互动有利于提高整个系统的创新能力和创新效率（郭树东等，2004；白俊红和蒋伏心，2015）；其二，大量研究从 R&D 投入切入，发现研发经费投入均显著提升了高校和科研机构的创新能力和创新效率（余冬筠和金祥荣，2014；李健和鲁亚洲，2019）。

（二）协同创新研究

创新链由多个创新主体组合而成，创新活动作为一个系统性工程，需要各个主体之间高度协同配合，因此协同创新成为创新研究的热点议题之一。协同创新强调将多个创新主体有机整合为一个复杂系统，该系统的高效运作依赖于多主体间的高效配合与互联互通，包括互通创新资源、共享创新成果（杜兰英和陈鑫，2012）。因此，在协同创新研究领域，创新系统内部主体协同作用关系及其在指导城市或区域创新活动中的有效性成为该领域重点讨论话题之一。

1. 三螺旋理论

产—学—研三螺旋理论、国家创新系统理论等理论构成了协同创新研究的理论基石。借鉴生物学中基因、生物和环境之间的相互依赖的思想，三螺旋结构（the triple Helix of university-industry-government）在应用于创新研究领域"高等院校—产业—政府"的螺旋互构时（方卫华，2003），也被称为"政产学研"。三螺旋理论认为，政府、大学、企业以追求创新收益为共同的目标，进而进行协同创新，在此过程中三者作用边界较为灵活，存在身份转变与兼顾多重身份等变化的可能性（陈红喜，2009），突破了主体间价值体系差异所形成的壁垒、提供了主体间互通有无的平台，进而各取所长，将基础研究（高校与科研院所）、市场灵敏度（企业）和资源配置、政策调控（政府）能力有机整合，实现高效的创新产出。相关学者从该理论出发，探讨了政产学研对于创新的影响作用，庄涛等（2015）基于 DEA-Tobit 两步法分析政产学研合作对高新技术产业创新效率的影响，发现合作的综合技术效率低，该影响主要表现在部分高精尖战略性行业。然而，该类产业关乎国家长远发展，往往具有高投入、高风险、回报周期长的特征，进而倒逼政府在该创新领域中肩负起主要职责、发挥主导力量。因此，三螺旋结构并非适用于所有创新活动场景。

2. 国家创新系统理论

与三螺旋理论聚焦于多个主体间互动关系不同的是，国家创新系统理论强调政府对科技创新活动的主导。该理论由克里斯托夫·弗里曼（2008）提出，其在对日本如何实现经济和技术飞跃的案例分析过程中，发现政府的"引导之手"（guiding hand）是引起日本经济结构转型的关键，日本政府通过颁布法案、科研设备购置补贴、研发投资税收减免等方式，逐步引导低端加工业向高技术含量的机械制造业、军工重工业转变。政府力量亦在我国科技发展历程起到"开路人"的作用，例如建国至今，从"两弹一星"成就、大型重工业设备的技术飞跃，到近期世界领先的高铁、航空航天技术，均离不开政府的积极推动。

除上述产业领域外，政府在创新系统中还发挥创新方向引导、创新要素配置和创新激励等作用。经济学、管理学者们聚焦于政府支持对企业创新绩效的作用，基于企业发展阶段和类型的异质性，对政府支持可能产生"挤入"和"挤出"两种截然相反的效应。一方面，政策补助为企业提供资金支持，能够缓解处于创立初期的科技企业的融资困境，对促进其创新具有较大帮助（熊和平等，2016；Audretsch et al.，2002），方远平和谢蔓（2012）基于 ESDA-GWR 模型分析中国省级创新要素空间分布对创新产出的作用，结果表明 R&D 对当地专利授权量具有显著正相关；另一方面，政府在科技创新产业的补贴和财税优惠措施，体现了政府的市场干预并弱化了市场对于资源配置的作用，进而为企业营造出创新压力低的生存假象，由此引发企业的"投机行为"和"创新惰性"，不利于企业创新（胡彬和万道侠，2017；万道侠和胡彬，2018）。但对高校、科研院所而言，一方面，政府通过一系列财政支出手段来为创新活动和人才提供资金支撑，有助于营造良好的科研硬件环境，有利于吸引科技创新人才集聚，进而产生知识溢出、学科融合、良性竞合等效应，能够提升城市创新水平；但另一方面，政府对于此类主体的创新支持并不均衡，政府通常倾向于向本身具备丰富资源的高校提供更多支持，加剧了平台垄断现象和创新的马太效应，不利于整体的创新产出。

（三）创新环境关键要素作用

除了上述创新主体外，创新环境要素也对区域创新能力具有广泛而重要的影响，包括产业开放、市场竞争、金融化及人力资本等因素（图2-1）。其一，产业的开放程度：主要体现为外商直接投资的吸引能力。在产业经济学中，FDI对地方创新水平的影响是恒久争论的话题之一，目前尚未形成统一的认知，主要的观点可以归纳为正向、负向和两种效应兼顾三类。持促进观点的学者认为FDI通过对产业链纵向间的知识溢出，以及加大横向间同行企业的竞争压力迫使企业发展两种路径促进本土创新（王红领等，2006）；而另一派学者认为FDI的进入不利于本土企业的市场占有与本土人才的吸引，同时加剧了企业对外来技术的依赖。其二，市场竞争：熊彼特认为企业享有超额利润来源于其垄断优势，从而企业具有丰裕的资本进行创新，进而扩张其垄断优势，但也有部分学者通过实证发现充分的市场竞争是提升创新效率的必要条件（朱有为和徐康宁，2006）。其三，金融化程度：金融化发展水平对科创能力具有非线性影响，在一定的金融化水平下企业融资渠道更加多样化，其获取资本的成本更低，从而为企业营造具有资金保障的稳定的创新环境（Gehringer，2013），但过度金融化将挤压实体经济的生存空间，造成城市经济结构"脱实向虚"，打击制造业科创活动（张成思和张步昙，2016）。最后，人力资本结构：劳动力结构对企业和城市创新的正向促进作用这一结论已取得较为一致的认知，人力资本作为创新活动中关键的投入要素之一，优质的人力资本能够显著促进区域创新（池仁勇等，2004）。

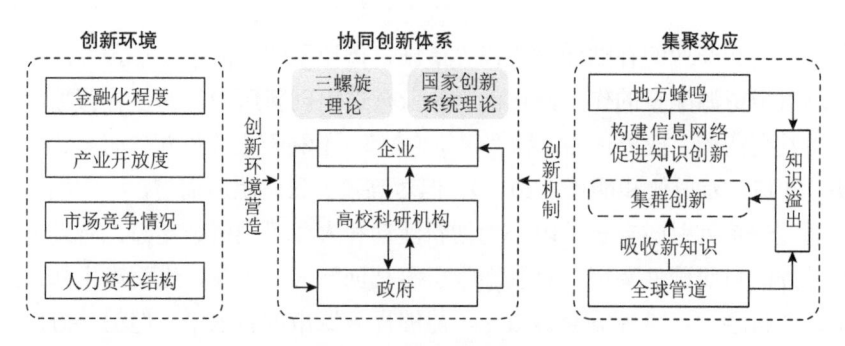

图 2-1　创新驱动路径图

二、集聚的创新驱动效应

在新古典主义理论框架下，经济增长要素分析着重突出资金投入、劳动力规模以及外生的技术变革等变量的作用，但这一理论体系无法解释经济增长的初始动力如何产生、创新的起源等问题（Romer，1996）。硅谷的成功将"创造性机构、网络以及风投高度集聚的小范围地区产生更多创新机会"的故事带到学者面前，"创新主体集聚"的重要性被经济学者广泛关注。"集聚"概念早期研究重点落在产业集聚，Marshall 提出知识的空间临近性能够促进知识转化；Hoover 最早将集聚经济分解为规模经济、地方化经济和城市化经济（朱英明，2003）；新经济地理学尝试从要素的空间结构、空间集聚角度解释技术变革、经济增长（Fujita and Thisse，2002）。Krugman 是其中代表学者，他将空间区位理论引入经济分析模型，考虑运输成本、报酬递增、空间集聚和路径依赖四个命题（段学军等，2010），提出企业为了最大程度压缩运输成本倾向于集聚在一个市场需求较高的地区，进而形成"核心—边缘"结构（Krugman，1991），但这一理论仅考虑要素集聚的外部性，忽视城市空间结构、城市自身属性特征等其他类型的外部性和集聚不经济情况（陈良文和杨开忠，2008）。随后在此基础上深入研究，其中与创新系统、知识溢出等理论集合是后来集聚经济研究关注的重点方向之一。Feldman 和 Audretsch（1999）基于美国小企业管理创新数据库（United States Small Business Administration's Innovation Data Base），分析美国产业集聚与创新活动集聚格局，研究发现只有不到 4%的创新活动发生在四大都市圈（波士顿都市圈、纽约都市圈、旧金山都市圈和洛杉矶都市圈）外，即美国主要创新活动都发生在产业高度集聚的四个都市圈中。Carlino 和 Kerr（2015）基于多种计量模型，从专利、引用、工资等多个维度衡量创新，验证了集聚对创新的驱动作用及其内在机制。国内也有大量实证论证要素集聚具有创新驱动效应。余泳泽（2011）发现区域研发投入产出要素集聚对企业创新效率有正向作用，企业创新要素集聚进一步提升地区创新效率。胡军燕等（2022）发现中国众创空间在省级层面的集聚对区域创新能力具有明显的促进作用。王文成和隋苑（2022）借助空间杜宾模型实证探究发现生产性服务业和高技术产业协同集聚下，地方拥有更高的创新效率。

企业/产业集聚带来的知识溢出（knowledge spillover）、集体学习（collective learning）、地方蜂鸣（local buzz）和全球化管道（global pipeline）等效应是促进技术变革和创新活动开展的主要渠道。知识溢出效应分析中，Jaffe等（1993）从专利引用网络切入，分析发现专利引用网络具有一定地域限制，即企业更多引用本地专利，印证了知识传递的地域临近性特征。然而在互联网通信技术的飞速发展以及全球化的深刻影响下，地理空间距离的限制被弱化，有学者甚至提出"世界是平的"（Freidman, 2005）、"地理已死"（Gottmann and Richard, 1992）等议题，尽管大量学者对此观点进行批驳，但全球化背景下，要素流动、知识交流更为便捷、传播范围更广，世界网络扁平化是不可否认的事实。Bathelt等（2004）在全球化和地方化背景下分析经济活动集聚与知识创造和相互学习之间的关系和机制，提出集群内部的信息、小道消息交流等形式会形成一个复杂多维的信息交流网络（即地方蜂鸣），在这种信息交流网络中，一方面，集群内部企业之间逐渐形成合作网络和相对固定的信息沟通，进而促进集群内部相互学习、共同攻关，最终产生技术创新；另一方面，集群需要与外部建立联系（即全球管道）以获取新知识、新信息，仅依靠地方蜂鸣，集群信息会形成"茧房"滞后于其他集群，通过全球管道不断更新前沿信息并通过地方蜂鸣解构前沿难题，才能实现持续性创新。这一研究成果在创新研究中产生较大影响，大量学者对其进行验证，并以此为基础提出区域创新集群培育政策意见（Visser and Atzema, 2008）。但这一理论并不适用于所有案例，Moodysson（2008）通过对瑞典梅迪康谷（Medicon Valley）生命科学区中企业和科研团队（academic research group）的合作创新过程案例的深入分析，发现尽管集群内产业和团队都在同一学科下，但具体研究方向差异导致相互之间存在专业知识壁垒，且缺少官方组织学术会议交流，导致"地方蜂鸣"失效，但专业领域内"全球通道"带来的信息对创新活动有明显的作用。

无论是哪一种知识传播和知识创造理论，都关注到知识存在显性和隐性两种形式（Leonard and Sensiper, 1998）。显性知识也被称为编码知识（explicit knowledge or coded knowledge），是较为成熟的知识，已经能够通过语言、文字等结构化形式表达和传播（赵士英和洪晓楠，2001），因而显性知识对空间距离的限制较小，能够通过互联网在全球范围内进行传播，而隐性知识（tacit knowledge）或称缄默知识，是难以形式化的知识，储存在人的大脑中，并非公共可得的知识，只能通过人与人之间沟通和交流传递，受地理空间限制突出。在集群中，隐性知识镶嵌在信息交流网络中且不易模仿，因而隐性知识才是集群竞争力的主要源泉（Leonard and Sensiper，1998）。员工或集群内活动的个体是知识和技能的载体，而高技能型劳动力的流动为企业间知识的流动和转化提供通道（Beerepoot，2008），因此集群内人才的集聚及其产生的正式与非正式的交流是产生新观点、推进创新的核心动力，人才是创新驱动的最小单元。

三、人才在创新驱动中主体地位

（一）人才的概念与范畴

不同功能的人才集聚是本文的主要研究对象，"人才"和"功能异质性"的内涵是本文需要视角聚焦、理论梳理和概念界定的两大核心领域。学界对于人才的研究由来已久，其定义随着学界研究的深入和时代背景的变迁中迭代演进。在国际研究中，Talent，Genius，Skilled Worker 等关键词常用于表征"人才"这一概念，美国经济学家、教育学家 Schultz（1961）最早关注到经济增长中技能型、知识型劳动者的作用，他将其统称为"人力资本"（Human Capital），即劳动者所拥有的知识、技能和体能等非物质资本是其核心价值，并认为这些非物质资本解开经济增长谜团的重要视角。而后，大量学者证实了人力资本在推动城市和企业发展中的主导地位（Glaeser et al.，2001；Lucas，1988），进而人才开始受到广泛关注，主要聚焦于微观层面的企业组织和管理领域，分析人才识别和培养如何实现企业收益回报与推动企业发展。在人格特征方面，独立的人格、坚定的理想抱负、较强的适应能力是人才的主要特质（Ulrich and Smallwood，2012）；人才具备高潜力（high potential）和强表现（high performing）的能力特征（Collings and Mellahi，2009）。Florida（2002）将科学家和工程师、大学教授、艺术设计师、现代社会思想领袖者及知识密集型产业工作者定义为创意阶层（the Creative Class），并实证分析出这一阶层对于推动城市经济发展的效用。

国内对人才概念的界定经历了萌芽期（1979~1982 年）、基本形成期（1983~1990 年）、丰富和完善期（1991~2002 年）三个阶段，在科学人才观提出后（2003 年后）对人才的界定基本达成一致（张波，2018）。总体而言，中国学界对人才的界定主要关注道德素质、知识技能、社会贡献等方面，2010 年中共中央、国务院印发的《国家中长期人才发展规划纲要（2010—2020）》是中国人才队伍建设的关键性文件，文件中再次强调"人才是我国社会经济发展的第一资源"，明确将人才定义为"具有一定专业知识或专门技能功能，进行创造性劳动并对社会作出贡献的人，是人力资源中能力和素质较高的劳动者"。随着研究不断深入和聚焦，科技人才成为主要研究对象，但目前研究中出现科技人才、科技人力资源、科技活动人员等多个名词（杜谦和宋卫国，2004）。

（二）人才集聚驱动创新

Lucas（1988）最早关注到人的作用，将人力资本作为经济增长的内生变量分析，由此形成人力资本与经济发展这一新研究热点，人力资本存量与经济增长速率、绩效的正相关作用得到广泛的证实（Romer，1990）。随后研究逐渐聚焦劳动力群体中相对高素质群体——人才，人才通过创造新知识、开发新产品等方式直接促进经济增长，同时进行知识传播提升全社会知识存量，间接带动经济增长（刘璇和张向前，2015）。人才集聚通过压缩人才之间时空距离，强化人才之间的信息共享、知识溢出、集体学习效应从而实现创新（牛冲槐等，2006）。

对企业而言，集聚一定规模的、不同专业的人才有利于集聚多样化的前沿知识，同时不同思维和专业的人才思想碰撞能够产生新观点、创造新产品（裴玲玲，2018）。在宏观层面上，人才集聚促成了区域内的产业集聚，提高了产业集群的创新能力（曹威麟等，2015；曹雄飞等，2017；李敏等，2019）。此外，不同类型人才的创新促进作用差异被关注，学者们主要将企业家、青年人才、国际人才进行单独研究。产业集聚在企业层面上看是企业家的集聚（张小蒂和王永齐，2010），企业家集聚带来活跃的市场，市场压力是促进创新的关键。

第三节 创新人才的区位选择

经济科技竞争力乃至综合国力竞争力的提升归根结底皆是人才的竞争，人才资源已成为最重要的战略资源（宋鸿和张培利，2010）。人才资源相较于其他资源的特殊性在于其具有自主流动性，受到迁出地推力及迁入地拉力的双重作用，人才资源倾向于流向经济社会水平较高、科技创新环境优越、居住环境优美且便捷的区域中心城市及次核心城市，人才流入地因人才集聚提升了经济社会科技发展的竞争力。鉴于人才集聚对于区域竞争力提升的重要作用，探究创新人才的流动模式及集聚区位指向、辨析国内外创新人才流动与集聚影响因素研究的异同点，有助于明晰创新人才的空间集聚区位及其动因，准确把握影响区域创新人才吸引力大小的关键因素，对于推动区际创新人才有序自由流动及打造区域人才高地具有一定指导借鉴意义。

一、创新人才流动模式及集聚区位指向

在全球化与信息化不断深入发展及国际劳动分工格局发生变化的背景下，创新人才流动模式及集聚区位也呈现出一些新趋势与新特征。20世纪70年代，发展中国家人才因追求经济收益而外迁，导致母国人才流失严重（Docquier and Rapoport，2012）。21世纪以来，中印等发展中国家发展前景趋于向好，留住国内人才、吸引人才回流能力提升，同时全球各国均日益重视人才驱动科技强国建设及其对经济社会发展的作用，相继推出各类政策吸引人才流入，全球范围内的人才争夺战打响。此外，随着信息科技及全球化发展，跨国公司劳务派遣使得人才在不同国家间循环流动（姜乾之，2020），人才流动呈现出人才回流、人才环流等新流动特征。综上，依据人才流动方向将人才流动的一般模式分为4类，即人才流失、人才流入、人才回流及人才环流（姜炎鹏等，2021）（图2-2）。人才流动受多种因素驱动，不同人才流动模式的影响机制具有明显异质性。人才流入地发达的经济社会科技水平、市场需求及人才政策是驱动人才流入的主导因素（Gu et al.，2021），人才流失地落后的经济社会条件（Docquier and Machado，2016）及人才自身发展需求（马海涛和张芳芳，2019）是推动人才流出的主要因素，人才回流地良好的发展前景及就业形势、人才吸引政策及人才家庭因素和文化归属感等个人因素是影响人才回流的重要因素（Song et al.，2016），地区间相似的社会文化环境、相近的人才需求类型等是驱动人才环流的重要因素（Williams，2007）。

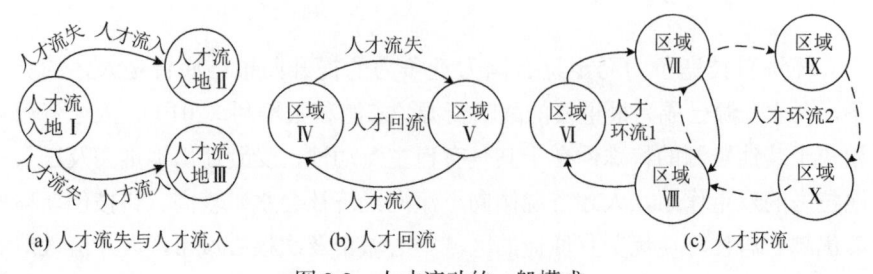

图 2-2 人才流动的一般模式

人才空间分布具有显著的地域指向性，空间集聚特征较为明显。就全球尺度而言，具有资源或经济优势的全球城市更能吸引创新人才的流入及聚集，创新人才高度集聚于发达国家及新兴工业化国家的世界城市中。就中国尺度而言，创新人才主要集聚于经济社会环境较为优越的大城市群以及国内一些核心城市及大都市地带。就城市群尺度而言，创新人才主要流向经济社会基础雄厚、科技水平较高、创新平台优越、生态环境宜人的核心城市及次核心城市，边缘城市创新人才集聚程度较弱，在空间上整体呈现"核心—边缘"结构，且在中心城市之间呈现由单核向多极转变的发展趋势（姜炎鹏等，2021）。就城市尺度而言，鉴于市场需求、创新人才个人关系网络、环境熟知度及资源获取便利性等原因，创新人才主要集聚于创新产业发达地区及高校和科研院所周边。

二、创新人才集聚与扩散的影响因素

区域创新人才集聚与扩散受到迁出地推力及迁入地拉力等多种因素影响，系统梳理国内外创新人才集聚与扩散影响机制研究的差异性，有助于明晰相关研究进展，为促进区域创新人才有序流动与集聚等提供相应参考借鉴。国外学者对影响人才集聚的非经济因素关注较早，认为人才集聚与扩散既受地区经济发展水平、就业机会、薪资待遇等经济因素驱动，也受地区自然人文环境、社会包容度、文化氛围等非经济因素驱动。经济因素层面如由于发展中国家在薪资水平、就业机会及发展前景等方面存在劣势，导致其人才大规模流向发达国家（刘晔等，2013）。非经济因素层面如身份认同、文化冲突、社会关系网络、权利平等成为影响人才集聚与扩散的热点话题（Tseng，2011）。整体而言，国外有关区际人才集聚与扩散的相关研究主要聚焦于宏观层面上的经济社会科技水平、劳动分工格局、地区盛行文化等区域经济政治文化背景（Peixoto，2001），中观层面上跨国或跨地区经营、专业中介调控及政府政策制定等影响人才流动的机构与组织（Iredale，2000），微观层面上个人发展机会、城市宜居环境、社会关系网络等个体决策因素（Tseng，2011）。

就国内创新人才集聚与扩散的影响研究而言，研究初期国内学者多聚焦于地区经济发展水平、就业机会、薪资报酬等经济因素。随着人们生活质量提高及人才对地区经济社会科技实力发展驱动作用的日益凸显，国内学者对影响人才流动与集聚的非经济因素的关注度相应提高，地区人才政

策、宜居环境、社区认同感等非经济因素逐渐成为国内学者探究人才集聚影响机制关注点。就不同研究尺度而言，国家内部创新人才集聚与扩散的影响因素主要关注地区经济实力、个人发展机会及生活成本等经济因素，高校层次及规模等高校因素，户籍制度、人才引进等政策因素，教育、医疗、住房、交通等公共服务因素，宜居环境、文化包容性等环境因素，年龄、家庭关系等个人因素（罗守贵等，2009；古恒宇和沈体雁，2021）。城市群内部创新人才集聚与扩散主要聚焦于地区经济科技实力、区域政策制度、高等教育机构以及地区舒适物环境，人才对居住环境周边的基础设施便利性、自然环境舒适性、宜居环境可得性的要求明显提高，对于高质量生活追求的非经济因素的重视程度明显提升。城市内部创新人才集聚与扩散主要关注社会关系网络、个人发展规划等个人因素，宜居环境、教育医疗条件等生活环境因素、地区经济社会发展水平、人才政策等经济制度因素以及外迁交通成本及心理成本等流动成本因素（徐茜和张体勤，2010）。整体而言，国内学者对影响创新人才流动与集聚的经济因素关注较早，而对非经济因素关注相对较晚，当下居民尤其是创新人才等高收入群体越来越注重自身的生活品质和环境质量，城市宜居环境打造成为提升城市发展活力及吸引人才集聚的重要议题。

通过对国内外创新人才集聚与扩散的影响因素比较发现，学界日益重视创新人才区位选择、空间集聚与扩散机制等，已经初步揭示多重尺度背景下创新人才空间集聚格局及动因（图2-3）。国内外研究相同点在于二者皆较为关注地区经济发展水平、就业机会、薪资报酬、生活成本等经济因素，不同点在于国外学者对以设施便利度、气候环境舒适性、社区认同感、文化包容性等宜居环境为代表的非经济因素的关注相对较早，而国内创新人才集聚相关研究早期主要聚焦于经济因素。随着生活质量提升，人们对迁入地的宜居环境等非经济因素的要求有所提高后，国内对影响创新人才流动与集聚的舒适物环境、文化包容性等因素的研究才广泛开展。虽然国内对非经济因素的关注较晚，但综合国内外学者对宜居环境与人才集聚互动关系的认识，亦形成城市宜居环境对创新人才集聚具有正向影响的共识。整体而言，相比于国外，国内通过户籍制度、人才引进政策等宏观调控手段影响创新人才流动与集聚的效应更为明显，以塑造地区舒适环境和提供高质量服务为核心的宜居环境建设已成为国内外推进创新人才流动与集聚的重要解析路径。

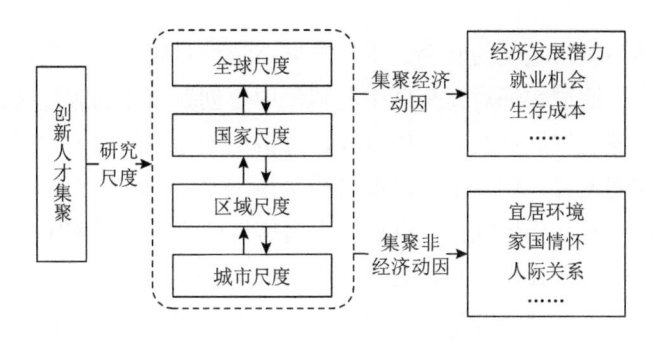

图 2-3　创新人才集聚动因分析框架

三、宜居建设催化创新人才集聚的科学问题

人才大战背景下，为实现城市"聚才"目标，国内外城市相继提出打造能够有效吸引人才集聚的城市宜居环境，为地区经济社会科技发展提供强有力的人才支持。打造城市宜居环境有助于推进创新人才有序流动与集聚，解析全球城市创新人才集聚的宜居机制已成为城市地理与城市规划学亟待突破的理论课题。人才的居住与工作空间选择是城市地理学研究的重要领域。居住空间作为城市空间的重要组成要素，其分异格局与动力体系直接影响城市的规划与管理，因而受到国内外学者广泛关注。传统研究注重人才居住区位选择与影响因素解析，如经济学侧重工作机会、生活成本等效用解释，地理学与规划学重点关注包括住房、交通、教育、医疗等基本公共服务在内的生活便利性解释，社会学重点考察文化多样性与包容性、社会关系网络如何影响人才集聚。虽然人才集聚既有研究成果较为丰硕，但如何根据城市发展阶段和城市规模及功能本底差异，系统破解常住创新人群因环境污染、交通拥堵、就学就医难等诸多不宜居因素诱发的人才迁居甚至移民等阻碍城市经济社会快速发展的城市创新驱动发展障碍仍迫在眉睫。在宜居城市框架下系统研究宜居因素对创新人才集聚作用机理，有助于揭示城市有机发展的内在动力机理，对完善具有中国特色的城市人才集聚理论具有重要的学术意义。

城市因人才的富集而获得发展，人才因城市的特质而被吸引（宋鸿和张培利，2010），城市宜居环境与人才之间存在较为紧密的关系。那么，城市的哪些宜居环境属性决定着其对城市所需创新人才吸引力的大小呢？基于既有人才集聚相关理论及实践基础，识别、探析、评价、解耦与规划全球城市创新人才集聚的关键宜居因素已成为中国科学培育全球科创中心城市的实践难题。当前国内外基于宜居视角研究城市创新人才集聚的相关成果主要围绕创新人才居住区位选择及影响因素、宜居性空间差异展开，缺乏基于个体与城市尺度的联合分析以及城市特征对创新人才集聚影响机制的综合考虑。通过实证对比全球主要科创中心创新人才的居住区位选择及行业差异、城市宜居性及其空间分异，分析不同行业创新人才居住区位选择概率的空间差异，识别不同发展阶段全球主要科创城市创新人才集聚的关键宜居因子及其作用规律，继而为上海等以建设全球科创中心为目标的城市在人居环境建设路径与宜居规划政策方面提出可行建议。这将有助于破解困扰城市持续健康发展的诸多"大城市病"问题，提升城市宜居水平，提高创新人才的全球吸引力和国际竞争力，对中国特大城市建设全球科创高地有着紧迫的现实需求和长远的战略意义。

第四节 本章小结

全球城市可谓是全球城市网络中的顶端城市，是控制和影响全球政治经济文化的关键节点。随着知识经济时代的到来，科技创新越来越成为全球城市参与国际竞争的核心竞争力。全球城市逐渐衍生出全球科创中心功能，全球科创中心建设成为全球范围内发展水平较突出的一批城市的未来发展目标。全球科创中心建设关键在于强有力的、持续的创新能力。因而解构创新活动的内在机制和关键影响因素成为培育全球科创中心城市需要破解的重要议题。据此，本章系统梳理了全球城市、全球科创中心城市相关定义、理论的演化脉络，随后进一步梳理创新驱动关键要素、主体和作用机制，并最终聚焦创新活动的最小单元——人才，关注创新人才的居住、就业的区位因素（图2-4）。

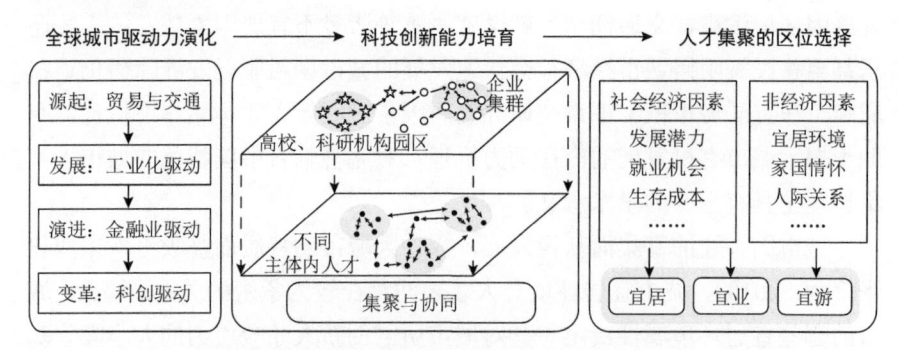

图2-4 全球科创中心的创新驱动与人才响应

全球城市起源于全球范围内交通和贸易的兴起，优良港口成为早期全球城市繁荣基础，随后全球城市主要驱动力经历了"工业驱动—金融驱动—创新驱动"三次迭代：工业革命时期强有力的工业基础和港口促使全球城市成为全球贸易网络中重要节点地位；后工业化时代，全球生产网络中高端服务业尤其是金融业发达的城市成为网络权力中心；知识经济时代科技创新成为全球城市的关键竞争领域，并由此延伸出全球科技创新中心城市的分支，受到社会和学界的广泛关注。全球科创中心城市培育核心在于梳理科创机制，大量文献从创新驱动路径角度入手，提出高校、科研机构和企业是关键创新主体，企业是创新活动的主要投入者和产出者，其创新能力受地方产业集聚、企业规模、企业所有制及其生命周期等因素影响；高校、科研机构为论文和专利产出的主要承担者，其创新能力和创新绩效受研发资金投入影响较深。"硅谷"的崛起让学界关注到创新活动各主体之间并非单打独斗，而是相互合作形成网络以推进创新活动，典型的理论有三螺旋理论和国家创新系统理论。此外，集聚效应是创新产生的重要作用路径，集聚带来知识溢出，创新要素集群内部基于日常正式与非正式信息交流形成地方蜂鸣，同时受到全球化影响通过与集群外主体建立全球管道获取新知识，在二者共同影响下实现创新。值得注意的是，知识可划分为显性知识和隐性知识，显性知识能够通过语言、文字等结构化形式传播，受空间限制小，而隐性知识往往存在于人的大脑中，仅通过人与人之间的交流传播，受空间距离限制大，同时由于隐性知识的不可复制特征，使其成为创新的关键。因此，携带隐性知识的人才是推动创新的关键主体，集聚效应、知识溢出、信息蜂鸣本质上是处于不同创新主体以及同类创新主体之间的人才交流的结果。早期人才集聚主要影响因素研究主要分析经济发展水平、市场需求、人才政策、就业形式等经济因素的作用，随着整体社会经济发展水平的提高，自然人文环境、社会包容度、文化氛围及居住环境等非经济因素在人才居留区位选择因素中影响力增强。

第三章　宜居与创新人才驱动全球科创中心成长的机制

党的十九大报告提出，当前我国主要矛盾已经转化为"人民日益增长的美好生活需要和不平衡不充分的发展之间的矛盾"，经济因素已不再是人才选择居住、就业城市的唯一因素，城市宜居性的重要性不断提升，这也是成都、杭州等新一线城市崛起，在人才争夺战中吸纳大量高素质人才落户的原因。越是高素质人才，其在落户城市上可选择范围越大，在经济发展水平、可提供个人发展空间相似的情况下，城市宜居性成为决策关键，因而在全球科创中心城市培育过程中，势必要通过完善基础设施、打造便捷高效的城市运作体系、营造绿色生态环境等城市宜居建设吸引和留存人才。由此，解析城市宜居性与创新人才的宜居感知两者之间的逻辑关系对全球科创中心建设研究具有重要意义。

本章从宜居供给侧、人才需求侧、宜居与人才的互馈作用三方面探讨城市宜居性与创新人才驱动全球科创中心建设的路径与作用机制。首先明确居住区位选择与宜居性的概念界定、两者之间逻辑关系、衡量方法及对全球科创中心的促进路径；其次从人才的宜居环境感知、全球城市宜居竞争、人才环境关键要素探究全球城市的人才感知环境与营造；最后从宜居性影响全球城市人才集聚的作用机理科学问题、研究方法体系、品质空间规划等探讨宜居与人才的互馈机制。

第一节　城市宜居性及创新人才居住区位选择

目前，注重城市经济增长内涵、居民生活品质和人居环境质量等已成为城市发展规划的基本导向，也是凝聚城市发展所需要的人才智慧、吸引投资、积累创新要素以及实现城市可持续发展的必然要求。满足科创人才所需的舒适宜居环境，是推动城市经济转型升级，促进城市创新能力提升的关键之举。由此，探索居住区位与城市宜居性的概念界定、两者之间的互动关系、衡量方法，能够为促进城市人才集聚、提高竞争力提供支撑。

一、城市宜居性及其居住区位塑造

（一）城市宜居性界定

20世纪初期的城市设计围绕市民展开，各种服务都在步行范围之内，功能建筑都以可步行的路径为主。随着全球性的城市化、工业化以及汽车的普及，现代主义的城市规划逐渐减少了以市民为中心的社会功能设计。20世纪50年代，以北美的环境行为学（environmental-behavior studies）为代表的人居环境研究兴起，他们采用了宜居（livable）的概念，观察人们如何实际使用和感受城市，并将这些信息发展成指南或者建议，试图将居民重新置于城市的中心（Ahmed et al., 2019）。同时，希腊建筑师道萨迪亚斯创立了人类聚居学，他提出"人类聚居是人类为自身作出的地域安排，是人类活动的结果，其主要目的是满足人类生存的需求"，人类聚居主要是指包括乡村、集镇、城市等在内的人类生活环境，他认为人类聚居由自然界、人、社会、建筑物、联系网络这五个基本要素组成，要了解人类聚居规律首先需要研究上述五项要素以及它们之间的相互关系。1961年，世界卫生组织（WHO）在总结人类生存基本条件后，提出居住环境的四项基本理念，即"安全性、健康性、便利性和舒适性"。20世纪80年代和90年代初，"宜居性"（livability）成为流行话题，并开始出现针对宜居城市的排名和年度调查。

有关"宜居性"的内涵始终存在争议。首先，是对"宜居"一词的理解差异。"宜居"的概念从字面上看是适合居住的属性，然而"适合"的程度取决于社区特定的价值观和背景，并受当地主导经济和社会文化背景制约。同时，宜居性也是当地环境特征和个人特征的相互作用，因此许多学者认为"宜居性"是主观体验。尽管有许多宜居城市的排名和报告，但"宜居性"这一术语并不单纯代表生活标准或者质量。城市环境是由一套相互关联的组织构成的，其中包括公园绿地、公共空间、文化产品、管理治安、政策保障以及经济活力（Gehl, 2013）。同时，不同群体不断变化的感知和愿望导致"宜居性"的定义在城市定位的基础上产生了差异。其次，"宜居"与其他相关概念之间存在重叠。与宜居性相关的研究中常常涉及"可持续性"（sustainability）、"生活质量"或者"满意度"等。事实上，可持续性强调长效的、全球性的视角（Abdel et al., 2010），是在不损害后代利益和生活质量的前提下进行发展，重点关注"经济、公平、环境"三者的关系。但在针对可持续性的研究中，常常更关注可量化的环境因素，如碳排放量、耗水量、耗电量等。宜居性则是将公民的社会属性置于同等重要的位置，强调"现在"和个体主观感受，试图通过干预和规划影响当下的人类生存感受。某种意义上说，宜居性是在个体视角下的可持续性的重要组成部分。

纵观国内学界，学者们根据其研究进一步深化了"宜居性"内涵。我国最早系统性研究人居环境的学者吴良镛先生，在整合道萨迪亚斯的"人类聚居理论"后指出，人居环境是与人类活动密切相关的人类生存环境，包括提供人类活动的空间场所、物质、能量及人类活动过程中形成的一切社会经济关系（吴良镛，2001）。我国于 2007 年 5 月 30 日发布的《宜居城市科学评价标准》中将宜居城市概念内涵概括得较为系统和全面，宜居城市应该是经济持续繁荣的城市，应该是社会和谐稳定的城市，应该是文化丰富厚重的城市，应该是生活舒适便捷的城市，应该是景观优美怡人的城市，应该是具有公共安全度的城市。此外，国内学者对宜居城市研究日益增多，如张文忠等（2013）认为宜居城市就是适宜于人类居住和生活的城市，是宜人的自然生态环境与和谐的社会、人文环境有机结合的城市。而李丽萍和郭宝华（2006）则认为宜居不仅指居住方面，还包括就业、交通、教育、医疗、文化等多方面的共同发展。

（二）居住区位选择

西方地理学家、社会学家自 1950 年开始基于个人追求效用最大化假设的前提下，探讨居民购房选择行为的内在机理（Alonso，1964；Huff and Clark，1978）。研究居住区位再选择微观行为模型的先驱者是 Brown 和 Moore，他们将心理学概念引入了居住区位选择行为研究中并提出了迁居决策模型，认为迁居原因来自于内部需求和外部居住环境的刺激（Brown and Moore，1970）。

20 世纪 80 年代末，中国出现了城市居住区位选择的研究热潮。学者们较为系统地分析了计划和市场体制下影响居住区位选择的主要因素，阐释了住宅与区位的内在联系（董昕，2001）。同时，以北京、广州等大城市调查数据等为基础（张文忠和李业锦，2006；刘望保等，2006），利用离散选择模型等方法从微观层次上揭示居民的区位选择偏好的研究大量涌现（张文忠等，2003；郑思齐等，2005）。此类研究多选择家庭、住宅、区位特征和心理因素等变量分析居民区位选择（施鸣炜，2007），影响因素的关注点从区位、房价、就业、居民属性到原居住地的邻里关系（李倩等，2012）、文化氛围、环境污染或邻避设施等。其中，焦华富和吕祯婷（2010）从区位优势度的角度分析得出优势度越强的地区，居民的满意程度越高，择居意愿更强；张文忠（2001）从房价、收入阶层分化、居民社会属性、交通通达度、环境偏好五个方面探讨居民住房选择；周素红和刘玉兰（2010）分析了居住地与就业地的选择关系；杨永春等（2012）以成都市为例发现文化价值观会影响城市居民的住房选择方式和结果；党艺等（2020）发现邻避效应会对住宅房价造成负面影响，居民的居住地选择受其影响；马仁锋等（2015）以宁波市为例表明环境污染是影响城市人居环境的重要因素。

二、城市宜居性与居住区位的关系

伴随知识密集型产业的兴起，城市创意阶层或创新人才空间分布问题受到地理学界广泛关注，"创新"劳动力在特大城市发展中作用尤为显著。Florida（2002a）在有关创意阶层（Creative Class）的论述中指出，柏林经济社会发展及其重组过程依赖于集中城市黄金地段"创意"经济活动的人才，而创造力和才能取决于经济、社会文化和空间的动态相互作用。人力资本是现代经济增长的核心要素之一，在 Romer-Lucas 模型中通过增加人力资本可以实现长期增长，其来源被识别为知识。当代社会科学最复杂的谜团之一涉及城市增长和人口流动的相关空间格局，Florida（2002b）提出吸引和保留"创意阶层"是城市与区域创新增长的基础。

早期文献普遍关注工作和经济机会的匹配对于城市吸引人才的重要性（Gottlieb，1995）。Jacobs（1961）就提出注意城市在吸引和动员有才能和有创造力的人方面的作用；Lucas（1988）称城市增长驱动力是人才聚集；Glaeser（1998，1999）研究提供了人力资本和城市经济增长的经验证据。如今越来越多研究表明生活设施、娱乐和生活方式也是城市吸引企业和人才的重要因素（Glaeser et al.，2001），Florida（2002a，2003）认为区域创新、区域对创造力和多样性的开放性有关。Lloyd 和 Clark（2001）认为生活设施是现代城市的重要组成部分，并将这种以生活方式为导向的城市称为"娱乐机器"。Glaeser（1998）发现生活设施与城市发展之间存在重要关系，指出城市通过城市工作中的市场和非市场力量的相互作用吸引人才。此外，多样性与地方创新人才集聚和创新能力的关系也逐渐得到学界的认同。Quigley（1998）提出多样性在吸引和留住支持高科技产业和促进区域增长所需的各类人才方面起着关键作用。Desrochers（2001）明确了多样性、创造力和区域创新之间的关系，并指出移民开放造就的多样性是创新和经济增长的关键因素。

吸引和保留技术密集型人力资本日益成为促进经济增长和提高区域

竞争优势的重要手段,这使得城市和区域政策制定者开始重视知识城市和知识型城市发展(Yigitcanlar et al.,2008;Yigitcanlar and Lönnqvist,2013)。由于知识工作者被认为是经济增长的驱动因素,因而在试图了解他们的跨地区移民时,Florida(2002a)将创意阶级工作者群体与人才、"波希米亚"(Bohemian)活动、包容度和同性恋相关的区域吸引力指数、文化设施和娱乐联系起来,提出关于文化设施和生活方式在知识工作者的住宅选择中的作用,知识型员工渴望与传统设施不同的设施。Yigitcanlar 等(2007)指出知识型工人的住宅需求重点是富有零售、风景如画的空间,富裕的活动和表演艺术强烈的城市环境,交通丰富,良好的教育和学生可负担的住房。关于文化设施的相关性、多样性和开放性以及知识工作者跨区域选择职业的证据正逐渐被考虑用于制定 KBUD 政策(Niedomysl and Hansen,2010;Darchen and Tremblay,2010)。然而,这些论点因对实际知识工作者的居住偏好知之甚少而受到批评(Lawton et al.,2013;Musterd,2006)。可见,在确保生活质量和知识工作者所需便利设施的基础上建立可持续知识城市是必要的(Yigitcanlar,2008)。

虽然学界对城市内部知识工人的住宅偏好研究较少,但与其相关的住房价格、通勤距离、文化设施与生活方式研究日益成为热点。Tomaney 和 Bradley(2007)研究了居住在英格兰东北部封闭社区的高端住房品质的知识工人的居住偏好,发现住房面积、房产投资、农村认同感和个人安全感是重要影响因素。Van Oort 等(2003)调查了荷兰任仕达地区信息通信技术行业(ICT)工作者住宅设施的重要性,发现他们的住宅偏好靠近市中心和自然区域并且能容忍 45 分钟通勤时间。Lawton 等(2013)研究发现住宅面积成本和工作距离是都柏林知识型工作者住宅选择中最关注的因素。Florida(2002b)和 Yigitcanlar 等(2007)指出生活方式因素的相对重要性。研究表明住房密度、文化和教育混合用地的使用对吸引人才集聚是不可忽视的因素。其中,个人日常生活活动模式日益显示出对文化导向的社区营造偏好,而大都市区外环的居家活动模式则更关注生活设施的便利性。此外,居住在自有住宅、大型公寓或单独独立式住宅的知识工作者也更倾向于选择郊区和大都市边缘地区。分析型-综合型-符号型(ASP)知识工作者的居住区位选择更看重社会经济水平、住房价格和旅行时间,其次是文化设施和生活方式,住宅面积是最不重要因素之一(赵娟娟,2018)。

未来城市竞争力强弱一定程度上取决于城市宜居性的高低,由此,城市依据创新人才的区位选择偏好打造宜居城市,促进创新人才集聚成为必要，从而提高城市创新活力与竞争力，推动城市经济高质量发展，形成"创新人才集聚—城市高质量发展"的正循环。

三、居住区位选择、宜居性与全球科创中心

（一）居住区位选择及宜居性提出

居住区位选择的衡量方法是进行人才区位选择定量研究的重要手段，由此，对方法的总结具有一定必要性。国内外对居住区位选择进行定量研究的主流工具是离散选择模型（武永祥等，2014），如 Prashker 等（2008）利用描述性统计和离散 logit 选择模型，对家庭居住区位选择的影响因素进行研究；此外，国内还有区位选择模型、分异度指数等定量分析的模型工具，如张文忠等（2003）通过问卷调查探究由北京市内部居住空间结构特征与居民社会属性差异而导致的居住区位偏好，郑思齐等（2005）建立支付意愿梯度模型和区位选择模型探索了我国城市居民居住区位的偏好和支付意愿，刘旺和张文忠（2006）采用比奇的分异度指数和 GIS 分析方法对"万科青青家园"的购房者与居住地选择的关系进行研究，李贞和陈晨（2020）通过 logit 模型对影响返迁人口省内居住区位选择的因素进行探讨。

城市内部居住环境的优劣是城市吸引人口流入进行居住区位选择的重要因素，由此城市的居住环境研究成为居住区位选择研究的必要环节。英国工业革命后，城市的居住环境问题开始出现，由此发展了"田园都市运动"，并出现位于伦敦郊区的 Hampstead 田园住宅区，由此学界开始出现对城市人居环境的探索。我国学者对于人居环境的研究始于 20 世纪 90 年代，吴良镛先生最早对人居环境进行理论和实证研究。多数研究将地级市作为案例，构建评价指标体系，进行城市居住环境的实证探索。宁越敏和查志强（1999）以上海市为案例，将人居环境分为人居软环境和人居硬环境，从"居住条件、生态环境质量、基础设施与公共服务业设施"三个方面构建城市人居硬环境评价指标体系评价上海市中心城市的人居环境质量；李王鸣等（1999）对杭州市进行了研究，以地域层次划分，建立了"近接居住环境（住宅、邻里）、社区环境（社区绿化、社区空间、社区服务）、城市环境（风景名胜保护、生态环境、服务应急能力）"三个维度的城市人居环境评价指标体系；陈浮等（2000）以南京市为例，遵循全面性、层次性、针对性、可比性原则，基于"建筑质量、环境安全、景观规划、公共服务、社区文化环境"五个方面构建城市人居环境评价指标体系；

王茂军等（2003）以大连市为例，构建"周边环境、社区文化环境、利便环境"三个方面的城市居住环境评价体系；张文忠（2007）从主观和客观两个方面入手，构建"客观评价（安全性、健康性、方便性、便捷性、舒适性）、主观评价（安全满意度、环境满意度、设施满意度、出行满意度、舒适满意度）"的居住环境评价指标体系。在研究方法方面，部分学者采用构建模型进行定量研究，多数研究采用调查问卷、调研访谈等方式，并结合 GIS 对城市内部空间结构进行研究，由此得出城市内部区域居住环境质量。

环境问题和不断扩大的城市社区推动了全球范围内城市对"宜居性"的追求，使得城市宜居性的测度和衡量成为必要。我国针对宜居性评价方法的研究，主要利用主客观结合的方式，在研究方法上多使用多元统计分析及 GIS 空间分析技术等对具体城市的整体宜居水平进行测度。湛东升等（2016）通过数理统计方法构建城市宜居水平客观评价分析框架，同时结合 GIS 技术对北京市宜居水平进行了综合评价并探讨了其背后的形成和作用机制。部分学者以土地利用、社会经济、高程数据为基础，从绿化水平、公共设施、交通便捷性、绿地空间等方面来评估城市宜居性，并据此引导未来城市建设（张延伟等，2016）。

少数学者关注到了城镇不同环境特点以及不同人群需求，通过问卷调查等定性方法以及非参数检验分析构建出城镇人居环境指标体系，首先根据采样对象的年龄、性别、职业、学历、居住时间以及经济状况等对人群进行分类，并根据生活关联性、便利性、安全性、舒适性和健康性对人居环境指标进行分类，分别研究不同要素、不同主体的需求状况，以此揭示了广州市新塘镇不同主体人居环境要素需求特征（吴箐等，2013）。

尽管这些实证研究已成为全球城市规划和地方城市治理的重要指导和参考，但这样的评价方式依然存在很多缺陷。首先是宜居城市列表的量化打分大多基于个人的主观判断，宜居性所包含的多种要素和多种人群之间的影响程度和各类人群所处的平台之间并没有区分，因此会忽略例如生活成本、产业环境、居民满意度等差异化的因素。其次，基础设施、教育医疗、文化等在宜居性上依赖的应该是居民对这些设施的需求和感知，不同宜居性要素构成的环境场是十分重要的。因此要衡量宜居性指标，需要考虑具体人群及其所处的生活平台，并且要通过系统性、整体性的指标体系对其进行评估。

（二）城市宜居性与全球科创中心建设

宜居环境成为吸引人才集聚的驱动力，为提高城市竞争力打下了良好基础，因此国内外媒体、决策机构和科研院所开始对城市宜居度进行排名和报告，有三个主要评级：经济学人信息部（The Economist Intelligence Unit，EIU）的适宜居住排名、美世生活质量调查（Mercer Quality of Living Survey）和"*Monocle*"杂志的"最宜居城市指数"。其中"*Monocle*"杂志的"最宜居城市指数"是从不同角度测度全球 25 个首都城市的宜居性，而 EIU 宜居性排名是其中最具包容性的指标之一，它对比了全球 140 多个城市，采用可量化数据、公众意见以及对专家、官员和居民的全面采访，把 30 多个定性和定量指标分成稳定性、医疗保健、文化和环境、教育、基础设施五类，对每个城市进行加权打分，其中定性指标打分由内部地理专家分析员和当地通信分析员共同分析得出，最终得出全球范围宜居城市排名（表 3-1）。

表 3-1　2021 年 EIU 全球十大宜居城市

城市	国家	排名	指数	稳定性	医疗保健	文化和环境	教育	基础设施
奥克兰	新西兰	1	96.0	95	95.8	97.9	100.0	92.9
大阪	日本	2	94.2	100	100.0	83.1	91.7	96.4
阿德莱德	澳大利亚	3	94.0	95	100.0	83.8	100.0	96.4
惠灵顿	新西兰	4	93.7	95	91.7	95.1	100.0	89.3
东京	日本	4	93.7	100	100.0	84.0	91.7	92.9
珀斯	澳大利亚	6	93.3	95	100.0	78.2	100.0	100.0
苏黎世	瑞士	7	92.8	95	100.0	85.9	83.3	96.4
日内瓦	瑞士	8	92.5	95	100.0	84.5	83.3	96.4
墨尔本	澳大利亚	8	92.5	95	83.3	88.2	100.0	100.0
布里斯班	澳大利亚	10	92.4	95	100.0	85.9	100.0	85.7

注：根据文献（The Economist Intelligence Unit，2021）整理而来。

日本东京作为全球科创中心在全球宜居城市排名中名列前茅，其稳定性与医疗保健指数均为满分，仅有文化和环境指数得分较低，又因各国自然环境与文化背景不同，则除去该指数外，其余方面均可为其他全球科创中心提高宜居性提供样例。综合而言，全球科创中心不仅要保证自身经济高水平发展，同时要在医疗保健、文化和环境、教育、基础设施四个方面进行高质量建设，维持城市经济与各类建设的稳定性，提升宜居供给质量，塑造宜居环境，吸引人才集聚，为全球科创中心建设提供支撑（图 3-1）。

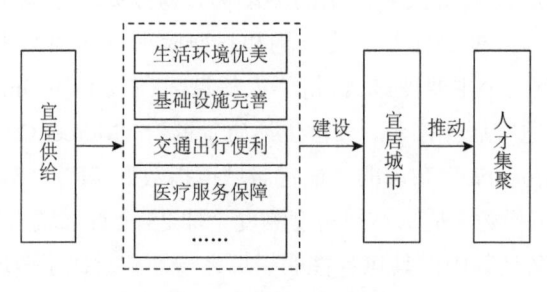

图 3-1　宜居供给侧机制图

第二节　全球城市的人才环境感知与营造

一、人才宜居环境感知研究评析

21 世纪以来，随着全球迈入知识经济和科技创新时代，人才逐渐成为当代社会和相关研究领域热点议题。21 世纪初，美国城市地理学者 Florida 在其《创意阶层的崛起》（*The Rise of Creative Class*）一书中提出了"创意阶层"概念，其被定义为"从事创造有意义的新形式"的一类群体，主要包括科学家和工程师、大学教授、艺术设计师、现代社会思想领袖者及知识密集型产业工作者（Florida，2003），提出了"人的环境氛围"（People Climate）概念（Florida，2002a），强调如何吸引、留住甚至"纵容"这类具有流动性、挑剔的创意工作者，对于塑造城市竞争力、激发城市发展活力、促进经济发展具有至关重要的作用（Peck，2005）。以 Florida 为代表的有关创意阶层的研究激发了关于如何吸引人才、留住人才的持续思索，其中塑造适宜的人才环境成为实现该目标的一大关键点。

人才环境本质上是探讨"人"与"环境"的交互和协同的过程，其理论基础涵盖社会学、心理学和地理学等多学科，不同学科对于人与环境研究的侧重点不同。例如 20 世纪初由美国社会学家 Lewin（1943）构建的用于分析个体与环境相互作用的"场域论"（Field Theory）；美国心理学家 French（1962）提出人与环境匹配理论（Person-environment Fit Theory），强调主客观与需求-供给视角下人与环境的相称关系；我国吴良镛（2001）构建人居环境理论来探讨自然、人类、社会、居住与支撑系统中人与环境的协同问题等。21 世纪以来，关于人才环境的概念探讨主要集中于人力资源管理领域，其主要由人力资源管理（Human Capital Resource Management，

HRM）中的强调个体和组织层面的人才管理（Talent Management，TM）讨论中衍生而来。King（2017）将人才氛围（Talent Climate）定义为通过实施强大的人才系统建立的组织层面的战略氛围，当通过其独特性、一致性、共识性的质量来衡量时，代表了员工对组织重视人才和人才对业务目标贡献的共有感知，支持有才华的员工及人才潜力发展，强调从心理层面构建人才的组织战略环境感知。李玉香和刘军（2009）认为人才环境是一个包含人才生存与发展的物质与非物质条件的综合系统，强调人才环境是影响人才成长与价值实现的外部因素，并依据人才环境的主客体特征划分为战略设定、客观产生和主观感知环境三大层次。

　　人才是推动科学技术进步、实现经济内生增长的重要主体，区域人才环境如何，如何打造吸引得了、留得住人才的环境成为社会和学术界重点探讨的主题之一。不同学者对于人才环境的划分方式不同，整体可以归结为经济、生活、生态、就业、服务几大方面。例如查奇芬（2002）将人才环境划分为经济发展、人才创业和保障、科教和国民素质、城市发展、社会服务及保障、人才中介服务等方面；王顺（2004）认为人才环境由人才市场环境、经济环境、文化环境、社会环境、生活环境、自然环境构成；Weng 和 James（2010）强调人才的企业微观组织环境，将其划分为经济环境、人力资源政策环境和企业人力资源管理三大子环境；黄梅和吴国蔚（2012）基于生态学视角将人才环境划分为生态环境、社会生态环境、文化生态环境。然而，以上人才环境研究主要通过宏观的社会经济数据进行评估，虽可以反映出区域不同类型人才环境的客观情况，但忽略了人才作为人对环境的主观感知与心理映射，包括 Florida 的创意阶层理论一定程度上忽略了"人的行为通常主要受感知和解释的指导而不是所谓的客观现实"这一心理学前提，只有注重人才对环境的主观感知，人才环境研究才能对相关政策实践具有指导价值（李玉香和刘军，2009）。

　　对于人才环境感知而言，自然环境的感知在一定程度上相比于其他环境更为直接和强烈，其中生态景观与生态环境对人才吸引与迁移具有重要影响。Ling 和 Dale（2011）以加拿大的温哥华、盐泉岛和惠斯勒地区为例，探究了生态景观与创意阶层吸引力之间的关系，发现生态景观环境特别是自然边缘景观在促进文化多样性方面发挥着关键作用，生态景观独特的舒适物价值可以吸引创意工作者、提升地区的创意水平。Lu 等（2018）以京津冀地区为研究对象，以雾霾环境为例探讨了环境风险感知与技术工人迁移意愿，发现高技术工人对雾霾风险的感知程度显著影响其迁移意愿。Yao 等（2022）从主观感知的角度调查了中国 987 名青年人才的空气污染感知及其对城市定居意愿的影响，表明空气污染感知对青年人才城市定居意愿有显著的负面影响，且这种影响不会因为人才的地方依恋感而削弱。

人才的工作、生活、社交环境等及其感知对人才的吸引力和创造性也发挥着重要作用。Dul 等（2011）考察并比较了物理工作环境、创造性人格与社会组织环境对知识工作者创造力的影响，结果显示三者都独立影响创造性表现。Poon 和 Shang（2014）以中国 31 个大型城市为研究对象评估了工作、生活方式和城市便利设施对中国大城市创意阶层幸福感的影响，得出真实体验与稳定的社交环境感知是影响其幸福感的重要因素。Verdich（2010）以澳大利亚塔斯马尼亚州的朗塞斯顿为案例，发现与生活方式、舒适性和种族多样性相比，小地方和农村地区的户外设施、慢生活节奏、家庭陪伴、与自然环境的邻近性及强烈的社区意识等特点更能吸引创意和其他专业工作者，辩驳了 Florida 关于以城市为中心（urban centric）的创意阶层吸引论点。陈杰等（2018）研究了广东省海外高层次人才环境感知与流动意愿的关系，发现人才政策环境和生活环境满意度分别对人才省际和省内层面流动产生抑制作用，而事业环境和团队环境满意度均有助于提高人才的居住意愿。Wickramaarachchi 和 Butt（2014）从社区环境、生活方式以及经济与工作环境感知三个方面评估了澳大利亚偏远地区国际技术移民定居决策的影响因素，发现经济和工作场所的满意度对偏远地区国际技术移民定居决策过程有显著影响，居住满意度特别是经济与发展机会对于留住偏远地区的技术移民十分重要。

二、全球主要城市宜居竞争与人才吸引成效

20 世纪 80 年代以来，信息通信技术的提升、全球资本的加速流动与可持续发展理念的不断深入将人居环境深深嵌入到全球城市竞争网络与联系的框架中。世界各地的城市都在不断争夺人力与经济资源，以更好地实现其在全球激烈的竞争环境中的战略定位，其中构建与实践新兴的城市概念及其愿景成为城市提高其在全球竞争中的地位与竞争力的重要手段，例如可持续城市（sustainable city）、韧性城市（resilient city）、创意城市（creative city）和智慧城市（smart city）等（Hatuka et al.，2018）。这些城市概念及其实践的侧重点虽有差异，但都在一定程度上指向了城市宜居环境的塑造与宜居性的提升，特别是 2019 年以来新冠病毒疫情的全球大流行对后疫情时代的城市宜居环境提出了新的挑战与要求。

宜居环境逐渐成为塑造城市乃至全球城市竞争力的重要维度之一，目前主流全球城市竞争力评价机构及其所构建的指数愈发关注城市环境、宜居性、个人福祉等宜居特征（表3-2）。

表3-2 主要全球城市竞争力评价指数及其构成体系

指数名称	指标构成	构建机构
全球城市综合实力指数（Global Power City Index，GPCI）	经济、研究与开发、文化交流、宜居性、环境、通达性	日本森纪念财团城市战略研究所
全球城市竞争力指数（The Global City Competitiveness Index）	经济实力、人力资本、制度效率、金融期限、全球吸引力、物质资本、社会文化特征、环境与自然灾害	经济学人智库（EIU）
全球城市竞争力报告（The Global Urban Competitiveness Report，GUCR），可持续竞争力评价	经济活力、环境韧性、社会包容性、技术创新性、全球联系度	中国社会科学院、联合国人居署（UN-Habitat）
全球城市展望指数（Global City Outlook Index，GCO）	个人福祉、经济、创新、治理	科尔尼咨询公司（Kearney）

数据来源：根据各全球城市竞争力评价报告整理得来。

在这些全球城市竞争力指数中，以日本森纪念财团城市战略研究所构建的全球城市综合实力指数（Global Power City Index，GPCI）较具代表性，其从经济、研究与开发、文化交流、宜居性、环境和通达性六个领域单独与综合评估了全球主要城市的竞争力，其中宜居性（livability）囊括了就业环境、生活成本、治安环境与环境安全、生活幸福度与生活便利性五个子领域共14个细分指标。表3-3统计了GPCI 2020年与2021年中宜居竞争力与综合竞争力得分排名前10的城市，其中2020年综合竞争力前10的城市有4个同时进入宜居竞争力前10榜单，而2021年二者的共现城市数量增加到5个，为马德里、巴黎、柏林、阿姆斯特丹、东京，这在一定程度上表明宜居性对全球城市竞争力的影响具有上升趋势。此外，由科尼尔咨询公司（Kearney）所构建的全球城市展望指数（Global City Outlook，GCO）依据城市的现状和政策评估城市未来成为全球性枢纽的潜力，尤其注重新冠疫情全球大流行背景下城市宜居环境（包括安全，医疗保健，平等性以及环境表现）对于城市发展潜力的影响（Kearney，2021），并评选出在宜居环境领域具有领导力的7个城市，其中伦敦和东京分别是稳定与安全性、平等性领域的领导性城市，同时也是该指数综合排名第1与第7的城市。

表 3-3　2020 年与 2021 年 GPCI 宜居与综合竞争力指数排名情况

位序	GPCI-2020 宜居竞争力	GPCI-2020 综合竞争力	GPCI-2021 宜居竞争力	GPCI-2021 综合竞争力
1	阿姆斯特丹	伦敦	马德里	伦敦
2	马德里	纽约	巴黎	纽约
3	柏林	东京	巴塞罗那	东京
4	巴黎	巴黎	柏林	巴黎
5	巴塞罗那	新加坡	阿姆斯特丹	新加坡
6	多伦多	阿姆斯特丹	伦敦	阿姆斯特丹
7	温哥华	柏林	米兰	柏林
8	维也纳	首尔	布宜诺斯艾利斯	首尔
9	布宜诺斯艾利斯	香港	东京	马德里
10	伦敦	上海	多伦多	上海
共现城市	阿姆斯特丹、柏林、巴黎、伦敦		马德里、巴黎、柏林、阿姆斯特丹、东京	

数据来源：森纪念财团城市战略研究所，《全球城市综合实力指数 2020》《全球城市综合实力指数 2021》。

宜居环境不仅成为塑造城市全球竞争力的关键维度之一，其在吸引和留住人才方面也发挥着重要作用。以表 3-3 中的共现城市伦敦为例，近年来伦敦的人才吸引成效较为显著，2013 年伦敦知识密集型产业的从业者数量为 147 万人，而 2016 年该数量达近 171 万，增幅达 16%，2016 年知识密集型从业者占所有从业者的 30.6%（Deloitte，2016）。根据英国牛津大学移民、政策和社会中心的移民观察网统计数据显示（表 3-4），2020 年伦敦成为英国吸引技术移民最多的城市，其中高水平与中高水平技术工人中非英国本地人占比近 40%，而在中低水平和低水平技术工人中该占比更大。

表 3-4　2020 年按出生地与工作技术水平分类的伦敦工人数

技术等级 出生地	高水平 人数/万人	高水平 占比/%	中高水平 人数/万人	中高水平 占比/%	中低水平 人数/万人	中低水平 占比/%	低水平 人数/万人	低水平 占比/%
非欧盟	53.3	28.29	35	25.93	43.2	36.92	13.2	42.44
欧盟	25.5	13.54	21	15.56	14.8	12.65	6.7	21.54
非英国	78.8	41.83	56	41.48	58.1	49.66	19.9	63.99
英国	109.7	58.23	79	58.52	58.9	50.34	11.2	36.01

数据来源：https://migrationobservatory.ox.ac.uk/resources/reports/which-parts-of-the-uk-are-attracting-the-most-skilled-workers-from-overseas/。

三、趋向全球科创中心的人才环境关键要素营造

自 2008 年爆发全球性金融危机以来，以金融资本驱动的全球城市发展模式受到了一定程度的冲击，而创新逐渐成为提升城市能级和核心竞争力的主要动力（姜炎鹏等，2021），纽约、伦敦、新加坡、东京、巴黎等全球城市相继围绕创新中心功能提出相关规划战略（盛垒等，2015）。在传统全球城市向全球科创中心的转型或全球城市的科创中心功能塑造过程中，人才是关键投入要素，如何完善适宜人才的培育、吸引及塑造的发展环境与氛围成为孕育全球科创中心、提高城市创新能级及全球竞争力的重要路径，其中政策支持环境、创新平台环境、城市建成环境是迈向全球科创中心的关键支撑要素。

科创政策作为全球科创中心建设过程中，政府对创新活动进行宏观调控与良性引导的关键手段与措施，良好的政策环境不仅有助于促进创新资源配置优化、引导创新活动有序与健康发展，其在集聚人才与推动人才发展方面也具有十分重要的作用（宋娇娇和孟澂，2020）。在宏观政策层面上，科创政策融入以城市发展、规划战略为载体的顶层战略不仅从城市发展层面奠定了城市科创中心建设的总体基调，同时可通过城市形象（image of city）提升与城市推广（city promotion）向世界诉诸城市新发展理念与定位，强化或重塑外界对地方的期望，加强城市内部与外部的人才凝聚力（Marceau，2008；Braun et al.，2013）。例如，2010 年伦敦提出将东伦敦建设为对标硅谷的全球领先科技之城（world-leading technology city），这些城市战略设计在将科技创新纳入城市核心功能的同时，也向外界传递出城市创新蓬勃发展的环境氛围与信号，奠定了城市科创中心或科创城市形象的总基调。在科创中心建设的政策环境支持中，人才政策环境营造与支持在全球科创中心建设中的重要性日益上升，其涵盖了人才进入门槛、落户、福利等方面，良好的人才政策环境能够通过降低与打破人才流动门槛和壁垒、提高人才回流与环流等途径催化人才集聚形成（郑巧英等，2014）。在国家层面上，设立专门面向高端人才与技术工人的签证与移民途径是塑造全球范围内人才集聚的有效途径，例如美国专门针对在科学、教育、商业或体育领域的卓越人才的 O1-A 非移民签证，英国在脱欧后推出的高潜力人才签证[High Potential Individual (HPI) Visa]。在城市层面上，纽约市于 2014 年提出了"科技人才管道计划"（Tech Talent Pipeline），旨在支持纽约市科技部门发展并为当地人提供优质工作以及为纽约企业输送优质人才。

创新平台作为集聚科创资源、开展科创活动、推广科创成果的关键载体（黄宁生，2005），同时也是推动人才开展科学研究、技术开发、创意变现等创新活动的主要环境，在整个创新体系中起着重要的协调与链接作用。创新平台，特别是起到中介服务作用的平台，例如企业孵化器、众创空间等，能够利用自身的信息集成优势，通过平台与高校、科研机构对接网络，链接起人才与工作岗位的连接通道，实现人才资源的高效配置（李永周等，2016；王康等，2019）；同时，能够为人才信息共享、社交与创业提供服务支持，降低人才价值自我实现的门槛，促进人才获得更多接入创新系统的机会，如纽约的协同工作空间（coworking space）与试验空间（lab space）（盛垒等，2015）。紧密结合、良性互动、共同促进、螺旋上升的发展模式，"政产学研"环境是当今全球科创中心建设中着重打造的创新平台环境（李晓妍，2021），其中政府起到积极引导各项资源流向科技创新平台—高校、科研机构与创新企业的作用，包括提供项目投资、税收优惠政策，高校为企业与科研机构培养与输送大量优质人才，而企业通过校企合作与联合开发为高校与科研机构提供资金与创新设施支持，达到政府支持、产业匹配、高校培养与研发机构成果转换相互支撑与良性循环，为人才的培育、职业发展和价值实现提供了良好的平台环境。

城市是人才工作、居住与生活的主要环境，打造适宜的人居环境是全球范围内城市发展的共同议题，对于全球科创中心建设而言，除了需具备集聚大量的创新要素与产业支撑外，宜居的城市环境塑造在吸引与留住高端人才中也扮演着重要角色（徐茜和张体勤，2010；闫金玲和冉启英，2021）。在城市环境中，如何平衡与协调城市的空间及其功能是从宏观层面上塑造人才宜居环境的空间基础，其中将科技创新这一全球科创中心的核心功能与生活、生态功能有机融合链接，通过住宅、商业、教育和游憩等混合用途环境将研发活动与科创产业聚集在一起形成"知识区"（knowledge precincts）（Yigitcanlar et al.，2008），是营造多创新场景、人才宜居宜业环境的重要途径（图3-2）。城市品质（urban quality）对于趋向全球科创中心的人才环境营造的重要性不断上升，在人才的高流动性与经济环境变化日趋复杂的背景下，城市就业环境并非在吸引人才和留住人才中起到决定性作用，而优化城市公共基础设施，提高人才生活质量与幸福度，培育与文化、创意与知识相关的社区等城市品质日益成为人才环境营造的关键要素（Esmaeilpoorarabi et al.，2016）。

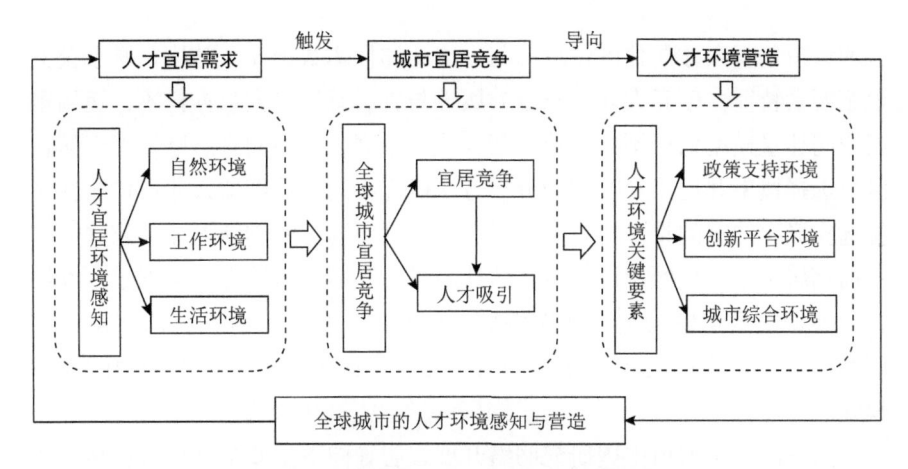

图 3-2　全球城市的人才环境感知与营造机制

第三节　宜居与创新人才的互馈

创新人才及其集聚场域已然成为现代城市高质量发展的重要组成。立足新发展阶段，城市要推动高质量发展，必须把人才资源开发放在最优先位置。而人才的居住地选择与城市集聚很大程度上取决于城市宜居水平或宜业潜力。因此，着力夯实创新人才基础，促进创新人才集聚，"宜居"环境必不可少。然而，当前国内学者在研究如何建设全球科创中心过程中过于注重"政策策略"研究，尤其侧重对区域人才环境的分析和城市创新人才环境指数评价，而未充分重视创新人才集聚的宜居环境及其作用机理这一科学问题，尚未充分关注城市内部创新人才集聚及其居住环境需求分析，这有待城市地理学界进行多学科、多方法交叉研究和探索。

一、宜居性影响全球城市创新人才集聚机理的科学问题

第一，解析宜居性影响全球城市创新人才集聚的逻辑与学科异同比较。立足国内外研究基础，结合城市经济社会发展独特背景，首先按照城市规模与功能系统梳理城市宜居特征，分类提炼案例城市宜居的共性与特性因子，继而剖析宜居因素诱发城市创新人才居住与就业区位指向等问题的生成机制，从而构建全球科创城市创新人才集聚机理研究的理论框架。

第二，基于大数据、微观主体的模型平台对全球科创城市创新人才的居住区位与宜居性进行评价。首先，利用空间微观模拟分析中的精细化人口样本合成方法，整合案例城市人口普查数据、城市居住环境调查数据、已有评价文献，并结合大数据、调查问卷数据，构建与城市创新人才相适

应的城市创新人才居住区位选择与宜居感知样本数据库。其次，基于公共设施要素特征、创新人才（家庭）属性与宜居感知等大数据样本，运用多层空间计量模型估计不同行业创新人才（家庭）在不同宜居感知度下居住区位选择概率并运用 GIS 空间分析方法研究不同行业创新人才群体居住区位选择概率的空间特征与差异。最后，根据不同行业创新人才（家庭）在不同宜居水平居住区位选择概率估计结果，运用宜居性评价数据平台并结合问卷调查数据综合测度各案例城市创新人才居住区位的宜居状态，继而利用双要素空间自相关甄别创新人才居住区位与宜居状态的空间关联模式。

第三，运用城市中国研究网络开展宜居导向下主要全球城市创新人才集聚机制案例。利用官方统计数据与学界相关数据库搭建伦敦、巴黎、柏林、纽约、东京、孟买、上海、北京、深圳等全球城市创新人才与客观宜居评价属性数据库，结合问卷调查数据与 POI 挖掘构建创新人才与主客观宜居评价数据库，共同搭建城市尺度创新人才集聚与宜居性刻画数据分析平台。具体操作上，首先尝试从城市层面刻画中外主要全球科创城市不同行业创新人才居住和城市宜居性的基本状态、内部差异及变化趋势。继而利用双变量空间自相关模型甄别基于不同行业创新人才居住区位——宜居性的空间关联模式。最后通过对比中外案例城市尺度实证结论进行理论诠释。

二、宜居性影响全球城市创新人才集聚机理的研究方法

对于全球城市创新人才集聚与宜居环境的互动机制的探究，可以按照"概念界定→理论建构→实证分析"的研究路径，采用理论分析和实证比较研究相结合、定性推理与定量演算相结合的研究方法，在构建宜居导向下全球科创城市创新人才集聚机理研究的理论框架基础上，以伦敦、纽约、东京、北京、深圳为案例进行实证对比分析。建立集合城市公共设施、交通路网、居住区、创新人才职业结构的地理信息数据库和具有空间信息的创新人才调研数据库，测算主要全球科创城市创新人才集聚的空间差异，构建宜居性客观与主观感知评价指标体系。采用回归模型与多层线性模型检验宜居性配置对不同行业创新人才集聚效应的差异，评估影响创新人才居住区位选择的宜居性影响概率，甄别创新人才居住区位选择与宜居性的空间关联特征与模式，解析影响全球科创城市创新人才集聚的宜居因素及其关键因子作用规律。在此基础上，开展城市宜居因子空间配置对创新人才集聚格局影响模拟，预测并提出中国大城市尤其是北京、上海、深圳等

拟培育全球科创城市的宜居调控策略，形成"文献评述、概念界定与理论框架建构→城市创新人才与宜居数据库构建→主要全球科创城市实证对比分析→情景模拟与调控策略"的研究方案。

然而，碍于当前对城市宜居性探讨方式大多为案例研究，且对宜居城市指标量化打分大多基于城市居民的主观判断，忽略生活成本等因素差异，并未对人群进行划分，缺乏对全球城市创新人才的宜居城市感知研究，故此，本研究广泛收集相关的中英文文献资料，并基于全球城市数据库、人才数据库及各类权威数据库等识别全球城市创新人才的居住区位选择影响因素，解析城市宜居性推动全球城市创新人才集聚的主要原因。

三、适应全球城市集聚创新人才的品质空间规划及其内容

基础设施完善、交通出行便捷、生活环境优美等城市宜居性指标对促进人才居住区位选择具有重要作用，由此，宜居城市能够推动科创人才在城市集聚。同时科创人才集聚能够为城市经济发展水平、科创能力、竞争力提升提供巨大动力，此时，城市宜居环境建设更加完善，进一步提升城市对科创人才的吸引力，从而实现宜居城市与科创人才集聚的互馈（图3-3）。故而，全球城市创新人才集聚的品质居住空间规划探索对全球城市创新人才集聚与宜居环境的互动机制研究具有重要价值。

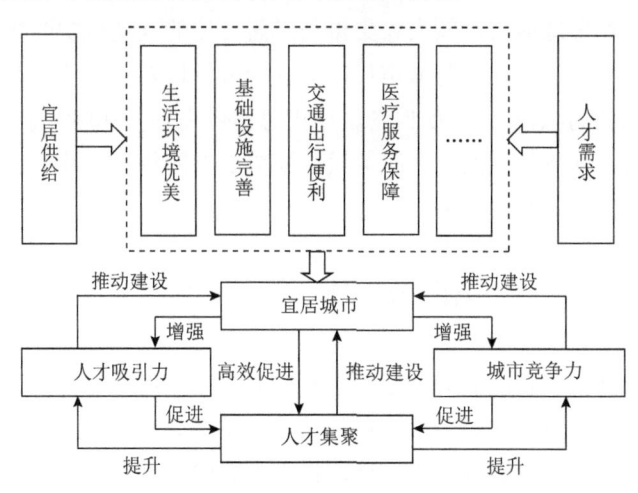

图3-3 宜居城市与科创人才集聚的互馈机制

当前，城市规划学围绕幸福感空间差异展开研究，解读背景环境特征与其关系，并侧重公共服务设施配置研究，主要关注公共服务设施配置的区位选择、可达性、空间公平和社会经济效应等方面，以及公共服务设施

配置的空间格局、居民需求和满意度等内容。如倪鹏飞等（2012）以我国地级以上城市数据为基础，利用空间计量经济模型对幸福感的空间分布状况及其影响因素进行了分析检验。周素红等（2019）在梳理空间规划发展演化的基础上，提出内涵式品质空间规划体系的构想：内涵式空间发展的前提是完善"一张蓝图"基础上"底线管控"的技术体系和实施机制设计；内涵式空间发展的保障是构建和完善满足人类不同层次需求的高品质空间规划体系。吴燕等（2020）从新时代国土空间规划的使命和城市空间治理的新视角出发，结合上海城市有机更新的实践探索，从主体、客体和方法三个维度对城市更新的内涵进行了解构与重塑。与此同时，Alexa 和 Graham（2011）等探讨了在澳大利亚维多利亚州内城、郊区、城市边缘和偏远地区的一项调查中，交通劣势、社会排斥和幸福感的空间差异。有研究人员发现生活满意度和情感幸福感更多地受主观空间变量的影响，而心理健康更多地受客观变量的影响，特别是生活满意度和情感幸福感主要受邻里吸引力和社会安全的影响，而心理健康与较新的住房存量呈正相关。一般来说，邻里特征对不同形式的幸福感的影响似乎大于城市层面的可达性变量（Dick and Marinel，2016）。Sarra 和 Nissi（2020）通过了解综合指标构建过程中涉及的基本指标的空间维度，为评估意大利城市地区的人类和生态系统福祉作出贡献。

然而，对全球城市创新人才集聚与宜居环境的互动机制的探究，已有研究缺乏基于个体、社群与城市尺度的联合分析以及城市特征对创新人才集聚影响机制的综合考虑。如何考量城市总体供需均衡和服务于特定街区、城区及创新人才密集区的公共服务设施配置的空间规律、社会公平、绩效评价和空间优化等亟待探索。

第四节　本　章　小　结

随着科技创新功能驱动全球城市发展的重要性日益显露，全球范围内城市宜居性与创新人才对于城市科创功能以及全球科创中心建设的影响力不断扩张，厘清二者影响与驱动全球科创中心成长路径对于培育全球科创中心具有重要的理论价值与实践意义。本章首先从宜居供给视角入手，回顾了居住区位与城市宜居性的概念界定、两者之间的互动关系、衡量方法，进而阐述了全球科创中心建设背景下城市宜居影响力的演进态势；其次，基于创新人才宜居的需求视角，探讨了人才主观感知下人才宜居环境与全球城市竞争力的关系，进一步提炼了全球科创中心建设过程中关键人才环境要素的塑造及其路径；最后，结合宜居环境供给与创新人才宜居需求，论证了宜居环境与创新人才集聚互馈机制及其对于驱动全球科创中心成长的主要路径。

"宜居性"概念自提出以来被广泛应用于人类活动与行为研究，其中一大热点便是宜居性对于居住区位选择的影响。伴随知识密集型产业的兴起与人力资源重要性的提升，创新人才居住区位选择的影响要素趋向多样化与品质化。创新人才对于自然、工作、生活环境宜居性的主观感知与需求成为吸引与留住创新人才的重要影响要素，且愈发成为塑造城市竞争力、激发城市发展活力、促进经济发展的关键推动力，良好的政策支持环境、创新平台环境、城市建成环境等成为全球科创中心发展中关键塑造的人才环境要素。在宜居环境供给与创新人才环境需求的双向互动下，宜居环境塑造通过提升城市宜居竞争力触发人才集聚，人才集聚通过人力资本的提升强化科技创新的城市核心竞争力，进而形成了"宜居↔人才集聚→科创功能"的全球科创中心成长路径。因此，在上述理论探索的基础上，沿循"城市创新人才与宜居数据库构建—主要全球科创城市实证对比分析—情景模拟与调控策略"，有助于解析人才与宜居驱动全球科创中心成长的实践路径。

第四章　一体化背景下上海建设全球科创中心态势

面对日益激烈的区域竞争与动荡复杂的国际形势，上海建设全球科创中心不仅是代表国家参与全球价值链顶端的竞争，更是落实国家科技强国、科技兴国的高质量发展要求。同时，上海建设全球科创中心是长三角高质量一体化背景下的内在需求与双向促进。在国内科创中心战略趋同背景下，面对北京、深圳和粤港澳大湾区等同等城市的竞争，上海的全球科创中心建设之路障碍重重。在此背景下，上海在科创中心建设中砥砺前行，在实践中不断总结经验，形成"上海方案"，朝着建设具有全球影响力的科技创新中心的目标不断奋进。

第一节　区域竞争中长三角高质量一体化的需求

当前国际环境复杂，贸易保护主义抬头，"逆全球化"浪潮出现，尤其全球疫情暴发导致全球供应链危机的出现，因而在后疫情时代，产业链布局将进一步从全球向区域收缩，2020年8月24日，习近平总书记在经济社会领域专家座谈会中提出，要推动形成"以国内大循环为主体、国内国际双循环相互促进的新发展格局"，各国积极谋求本国产业链完整布局的举措必将导致区域竞争加剧。长三角作为我国经济最发达、开放程度最高、一体化进程最成熟的区域之一，是我国参与国际竞争的重要区域单元，更是连接国内国际双循环的桥梁。而当前全球核心竞争力不再单纯依靠原料、劳动力、资本等基本生产要素，尤其在"知识经济"时代，科技创新能力成为核心竞争力。在当前新一轮的科技革命和产业变革中，加快提高科技创新能力极为紧迫，未来长三角在参与国际竞争过程中科技创新实力将成为制胜关键。本节将具体阐述在长三角高质量一体化背景下科技创新在区域竞争中发挥的作用及其必要性。

一、科技创新促进长三角区域经济高质量增长

改革开放至今，长三角实现了经济上的大跨越，但早期经济增长主要

依靠廉价劳动力、地租以及广阔的经济腹地实现，是以能源的低效消耗以及生态环境的破坏为代价的粗放型经济增长模式。随着人口、资源红利的消失，走可持续发展道路的需求越来越迫切，必须通过科技创新实现产能优化、效率提升，提高经济增长的可持续性。此外，根据约瑟夫·熊彼特对创新的定义，创新是通过新工具或新方法的应用从而创造出新的价值的过程，可见创新是一个经济概念，而非科学或技术上的概念，科技创新有利于大幅度缩短科技成果转化为现实是生产力周期，从而大大提高经济增长速度（张来武，2011）。此外，当前复杂国际情势又赋予了区域科技创新实力更为重要的意义。

一是科技创新成为长三角区域社会经济发展的新动力。与以往依赖于投资和出口驱动的经济增长方式相比，科技创新驱动成为长三角地区经济高质量发展的关键保障与必然选择（刘亮，2017）。自 2010 年以来，长三角"三省一市"的经济增长速率逐渐放缓，GDP 增长率纷纷从 10%以上逐年降低，10 年间上海、江苏、浙江、安徽 GDP 增速分别下降 4.2%、6.5%、5%和 7%。在经济增长速率持续放缓的同时，一方面，长三角地区对科技创新的投入持续加大。2010 年上海研发经费支出为 477 亿元，占 GDP 的 2.83%，而 2019 年该支出达到 1524 亿元，占 GDP 的 4%，财政科技支出占比从 2010 年的 6.1%增长到 2019 年的 8.6%；同时，江苏、浙江、安徽三省的研发经费支出占比、科技财政支出占比和研发人员等的投入力度也呈现增大的态势。另一方面，随着科创投入力度的加大，长三角地区科技创新投入产出收获颇丰。以 2010 年为基期，2019 年长三角地区各省市在专利的申请、授权以及规模以上工业企业新产品销售收入等方面呈现"翻番"的增长态势。其中，安徽省在科技创新产出中表现亮眼，与 2010 年相比，2019 年专利申请和授权总量增幅达 342.14%和 415.39%，规模以上工企新产品销售收入增幅达 385.63%（表 4-1）。

表 4-1　2010 年与 2019 年长三角地区科技创新投入产出对比

科技创新投入产出指标	上海 2010 年	上海 2019 年	江苏 2010 年	江苏 2019 年	浙江 2010 年	浙江 2019 年	安徽 2010 年	安徽 2019 年
R&D 经费支出占 GDP 占比/%	2.83	4.00	2.10	2.79	1.82	2.60	1.32	2.03
科技财政支出占比投入/%	6.10	8.60	3.06	4.55	3.78	5.13	1.70	5.11
R&D 人员折合全时当量/（万人年）	13.50	19.86	31.58	63.53	22.35	53.47	6.42	17.53

续表

科技创新投入产出指标	上海 2010年	上海 2019年	江苏 2010年	江苏 2019年	浙江 2010年	浙江 2019年	安徽 2010年	安徽 2019年
专利申请总量/件	71196	173586	235873	594249	120782	435824	37780	167039
专利授权总量/件	48215	100587	138382	314395	114643	285325	16012	82524
规模以上工业企业新产品销售收入/亿元	5870.20	10140.95	15009.98	30101.94	8352.50	26099.37	1997.12	9698.55

数据来源：根据2010与2019年各省市统计公报、统计年鉴以及《中国科技统计年鉴》整理得到。

随着近年来长三角地区对科技创新投入力度加大与产出效益提升，科技创新对长三角经济高质量发展贡献更加突出（表4-2）。科技进步贡献率是指广义技术进步对经济增长的贡献份额，是扣除了资本和劳动后科技等因素对经济增长的贡献份额，是衡量地区科创驱动水平的重要指标。以江苏省为例，根据2010年和2019年《江苏省国民经济和社会发展统计公报》，2010年江苏省科技进步贡献率为54%，而到了2019年科技进步贡献率已达到64%，科技创新对经济增长的贡献愈发突出。此外，由上海华夏经济发展研究院发布的《长三角高质量发展指数报告（2020）》中根据创新发展、协调发展、绿色发展、开发发展与共享发展五项指标，构建了长三角地区高质量发展综合指数，2019年该综合指数达到127.1，较2013年以来累计提升27.1个点，较2018年提升4.9个点，反映长三角地区高质量发展总体趋势向好，且以2013年为基期，2019年在综合指数的五个分项指数中，创新发展指数达到182.5，高于综合指数55.4个点，对综合指数的贡献度高达60.8%，表明科技创新有效地促进了长三角地区经济高质量增长。

二是科技创新推动长三角重点领域从国内领先向国际领导开拓。目前长三角在电子信息、生物医药、高端装备、新能源、新材料等领域已形成国际竞争力较强的产业集群。长三角地区在相关领域研发投入、规模、收益等方面在全国表现突出，尤其是在医疗仪器制造及仪器仪表制造业产业中，产业规模占全国40%以上，长三角地区高技术产业已占据国内领先地位。

表4-2　2019年长三角地区高技术产业规模相关统计指标

指标	医药制造业	全国占比/%	电子及通信设备制造业	全国占比/%	计算机及办公设备制造	全国占比/%	医疗仪器设备及仪器仪表制造业	全国占比/%
平均从业人员数/人	465051	23.76	2185817	27.12	458539	36.22	463385	40.33
R&D人员折合全时当量/（人年）	40923	33.35	160854	29.70	19259	34.27	48530	46.85

续表

指标	医药制造业	全国占比/%	电子及通信设备制造业	全国占比/%	计算机及办公设备制造	全国占比/%	医疗仪器设备及仪器仪表制造业	全国占比/%
有R&D活动的企业数/个	1251	29.81	3544	33.24	300	25.32	1810	45.48
专利申请数/件	7808	33.37	51693	24.83	3704	21.68	18344	41.70
营业收入/亿元	6559	27.46	25413	25.39	7055	34.23	4212	42.20
利润总额/亿元	910	28.58	1260	23.90	166	25.04	517	45.71

数据来源：根据《中国高技术产业统计年鉴（2020）》整理得到。

长三角地区高技术产业的国内领先并不代表其在国际上也具备领导与影响力，在面临美国对华技术封锁下重点科技创新产业领域"卡脖子""卡链子"的发展现状，长三角区域要进一步代表国家在这些领域中承担起技术开拓者和占领国际高地的使命。2019年12月国务院印发《长江三角洲区域一体化发展规划纲要》，指出到2035年，长三角区域科创产业融合发展体系基本建立，区域协同创新体系基本形成，成为全国重要创新策源地，优势产业领域竞争力进一步增强，形成若干世界级产业集群。在"十三五"期间，上海推动创新型产业成为引领未来发展新动能，集成电路产业打破了5纳米刻蚀机、12英寸大硅片、国产CPU、5G芯片等技术产品的国外垄断，生物医药产业加快向"首发引领"转型，人工智能产业的云端智能芯片取得突破；2021年7月5日上海市人民政府办公厅发布的《上海市先进制造业发展"十四五"规划》中提出发挥三大先导产业的引领作用，建设世界级产业集群。长三角其他区域也在第十四个五年规划中提到关于科技创新产业继续向国际一流水平发展：浙江提出基本建成国际一流的"互联网＋"科创高地，初步建成国际一流的生命健康科创高地、新材料科创高地；江苏提出基本建成具有全球影响力的产业科技创新中心、具有国际竞争力的先进制造业基地；安徽提出重点培育新型显示、集成电路、新能源汽车和智能网联汽车、人工智能、智能家电5个世界级战略性新兴产业集群。长三角地区重点行业纷纷锚定国际领先目标，而在领先行业的探索意味着没有经验借鉴和参考，进而更需要在科技创新方面投入更多资源，为实现核心技术进一步攻关提供强有力支撑，从而保障长三角在国内领先产业向国际领导者地位进发。

三是科技创新促进长三角地区制造业转型升级。2015年5月国务院发布的《中国制造2025》指出制造业作为国民经济的主体，是立国之本、兴国之器、强国之基，面对全球制造业格局重大调整、发达国家科技脱钩及国内经济发展方式转变，以往粗放型、劳动和资本密集型的低端制造业势必难以满足当前我国经济高质量发展。长三角地区作为我国制造业重心，产业门类齐全，制造业实力强大，但大部分产业仍被锁定在低附加值环节，"两头在外"的致命缺陷突出。同时，随着长三角地区人口红利、成本优势的消失，劳动密集型制造业开始向越南、印度等国家转移，长三角地区的服装纺织、家电制造、化工及汽车制造等传统优势产业面临挑战。在经济发展步入新常态，形成"国内大循环，国内国际双循环"新发展格局的时代要求下，创新驱动转向成为长三角地区实现经济高质量发展的关键，其中主要实现手段包括：加快传统行业向战略性新兴产业转型升级、提升改造已有的优势传统制造业、发展生产性服务业以保障产业转型升级等等（张银银和邓玲，2013；邓智团，2016）。

上海作为长三角地区龙头城市，产业转型升级迫在眉睫。2016年6月上海市政府《上海市制造业转型升级"十三五"规划》明确提出上海制造业向高端化、智能化、绿色化和服务化发展的思路，强调"以创新驱动、提质增效"为上海制造业转型升级的主旋律，并部署了加快发展战略性新兴产业、改造提升传统优势制造业、积极发展生产性服务业等产业发展新格局。在加快发展战略性新兴产业方面，确立了由信息技术、装备制造、生物医药、能源产业、汽车制造、节能环保等产业向战略性新兴产业发展的发展格局，提出了8个战略性新兴产业总体门类以及19个细分产业类型。上海作为我国近代工业基地之一，保留下的传统制造业也在积极谋划转型升级，规划中也明确了汽车、钢铁、化工、船舶以及都市等一批具有优势的传统制造业的升级改造路径。

二、科技创新助力长三角高质量一体化

长三角高质量一体化内容包括基础设施联通、流空间畅通、统一市场与功能分工、社会公平与福利均衡以及制度安排五个层级（陈雯，2018），科技创新是推动实现前三个层级的技术前提。首先，科技创新推动下诞生大量革新性技术和场景应用。推进"智慧城市"建设，甚至在打破行政区划壁垒后建成"智慧城市群"，将极大提升长三角内部基础设施、网络信息的串联和传输效率，实现长三角高质量一体化中基础设施联通、流空间畅通两个基础层级。电子政务方面，借助数字化技术，目前长三角城市群内部已实现"一网通办",实行"一地认证、全网通办、异地可办、就近办理",囊括了办件申领、医保社保、档案查询等基本公共服务功能。在交通出行方面,长三角城市群内部实现了部分城市城轨二维码的"一码通行"。医疗服务方面,长三角地区三省一市41个城市实现医保一卡通,居民跨省看病可以实现异地医保互通,门诊直接结算。在此基础上,2021年发布的《长三角生态绿色一体化发展示范区共建共享公共服务项目清单》中包括一体化远程医疗、"互联网+"医院医保结算互联互通等卫生医疗领域9项内容,其中长三角(上海)智慧互联网医院实现与复旦大学附属中山医院、浙江省嘉兴市嘉善县第二人民医院等多所医疗机构对接,支持长三角生态绿色一体化发展示范区三地居民诊疗信息的互联互通,支持三地医保免备案异地结算等[①]。产业联动方面,长三角各地借助互联网技术积极布局建设具有综合性、行业化与区域性的工业互联网平台,其中2020年第五届中国工业互联网大会发布了长三角地区十二大工业互联网平台,标志着长三角地区工业的产业发展进一步走向智能化、高效化与一体化。在网络通信方面,5G通信技术及其在港口物流、数据计算、基础设施共享等应用场景的推广进一步加深了长三角地区一体化进程,助力实现"5G+智能驾驶"、城市治理一体化、区域基础设施互联互通,加速长三角区域一体化进程(赵艳艳,2021)。

其次,科技创新的发展对人才、高校、资金、科研设施资源的需求决定了城市群内部需要强化合作、优势互补,进一步引导区域内生产要素的循环流动及有效配置,实现长三角高效协同发展(表4-3)。上海、南京、杭州、合肥是我国重要的科技创新中心城市,上海、合肥是国家综合性科学中心,南京是国家科技体制综合改革试点城市并正全力推进创新名城建设,杭州聚力打造数字经济第一城(朱筱,2019)。此外,2020年10月科技部、国家发展改革委、工业和信息化部等印发了《长三角G60科创走廊建设方案》,其中科创走廊包括了G60国家高速公路和沪苏湖、商合杭高速铁路沿线的上海市松江区,江苏省苏州市,浙江省杭州市、湖州市、嘉兴市、金华市,安徽省合肥市、芜湖市、宣城市9个市(区),强调科创走廊内区域的联动发展与协同创新。可见长三角各省(市)拥有大量科创资源,这些资源在推进整体科创实力过程中的重组、合作、互动必然同时推进长三角一体化进程。此外,长三角企业在成本分摊、成果共享、风险共担的驱动下,推进产业关键技术攻克方面的合作,实现行业核心技术共同

---

① 智慧互联网医院、医保一卡通……长三角一体化示范区医保同城化亮点多多[EB/OL]. (2021-03-20) [2021-05-06]. http://www.cnr.cn/shanghai/tt/20210320/t20210320_525441612.shtml.

攻坚，在推动科技创新的同时深化长三角内部企业之间的联系交流，也有利于促进统一市场及功能分工形成。

表 4-3 长三角区域主要科创中心城市战略定位

城市	战略定位	相关文件
上海	具有全球影响力的科技创新中心	《国务院关于印发上海系统推进全面创新改革试验加快建设具有全球影响力科技创新中心方案的通知（国发〔2016〕23号）》
	综合性国家科学中心	《国务院关于全面加强基础科学研究的若干意见（国发〔2018〕4号）》
南京	具有全球影响力的创新名城	《关于建设具有全球影响力创新名城的若干政策措施（宁委发〔2018〕1号）》
杭州	全国数字经济第一城	《杭州市全面推进"三化融合"打造全国数字经济第一城行动计划（2018—2022年）》
合肥	全球科创新枢纽	《合肥市国民经济和社会发展第十四个五年规划和2035年远景目标纲要》
	综合性国家科学中心	《国务院关于全面加强基础科学研究的若干意见（国发〔2018〕4号）》
松江、苏州、杭州、湖州、嘉兴、金华、合肥、芜湖、宣城	具有国际影响力的科创走廊	《长三角G60科创走廊建设方案（国科发规〔2020〕287号）》

数据来源：依据上述城市相关政策规划文本整理得到。

三、科创中心城市建设加快长三角一体化创新格局形成

科技创新活动不仅有助于实现长三角区域经济高质量发展与高质量一体化，而且作为区域内部锚定的重要目标之一贯穿城市和区域的发展战略中，长三角城市群内涌现一批为全球或区域级科创中心建设目标所奋力迈进并取得系列成就的城市（上海、南京、合肥、杭州等）。其中，上海建设具有全球影响力的科创中心城市，不仅有助于强化长三角区域科创核心的培育，且其科创中心的创新关联与创新辐射有助于促进长三角一体化创新格局形成。

城市特别是科创中心城市作为创新活动的密集发生地与孵化场所（袁祥飞等，2022），深刻影响着科技创新发展，主要体现在以下方面：①城市的人口集聚有助于科学知识与先进技术的交流与传授，促使隐性知识的转移、扩散与吸收进程加快，带来知识溢出效应，从而提高科技创新的产出绩效（刘晔等，2021）；②在人力资本方面，科创中心城市通过人才引进、人才培育等手段提高本地的人力资本存量，有助于加快人力资本积累转化

与变现,进而降低科技创新机构人力资本门槛(李天籽和陆铭俊,2022);③科创中心城市在建设过程中为科技创新主体提供或营造了更高水平的基础设施与制度环境,通过出台财税补贴、融资优惠、人才引进、平台建设等科技创新政策,积极引导创新资源的配置、创新主体的激励和创新活动(宋娇娇和孟溦,2020)。第七次全国人口普查数据显示,2020 年上海全市常住人口达 2487 万人,人口密度达 3854 人/km^2,居全国领先水平,上海高密度的人口有助于发挥人口集聚效应,促进知识与信息的扩散与交流,提高交易效率和深化劳动分工,进而促进科技创新(王知桂和陈家敏,2021)。人力资本方面,2021 年上海集聚了大量高端人才,上海在沪两院院士 185 人,汇集了一批科技领军人才、青年科技人才和高水平创新队伍。政策激励和营商环境方面,上海针对科创中心建设颁布了优化创新环境、培育与推动科技型企业发展的系列配套政策,有效激励创新产生以及创新成果转换。

除了科创中心城市本身作为科技创新活动"孵化器"外,区域内资源禀赋存在差异,不同城市在科创方面的竞争优势也不尽相同,加之创新活动的空间溢出效应,因此科创中心之间的创新关联与创新合作成为促进与提高区域可持续发展与区域创新能力的重要过程(王腾飞等,2019),从而发挥科创中心孵化器的溢出效应。上海作为长三角区域内关键的科创中心节点,其科创中心建设不仅有助于强化区域内创新极的培育,更重要的是上海科创中心建设能够在依托自身科创优势的基础上,通过创新扩散与辐射带动区域协同创新,进而从区域层面上提升长三角的科技创新水平与竞争力。2019 年国务院印发的《长江三角洲区域一体化发展规划纲要》中将长三角定位为"全国发展强劲活跃增长极",指出长三角一体化发展要坚持创新共建,并将着力推进长三角创新共同体的构建。2020 年科技部印发的《长三角科技创新共同体建设发展规划》再次强调全面提升长三角三省一市区域协同创新能力,明确提出到 2035 年长三角区域全面建成全球领先的科技创新共同体。在诸多规划战略中,上海作为综合性国家科学中心以及建设全球科创中心的核心角色,其凭借丰富的创新要素集聚、技术优势与创新势能辐射周边地区,在推动区域创新主体发展、促进长三角创新一体化中扮演着龙头角色(许学国等,2021)。

第二节 上海建设全球科创中心的障碍

习近平总书记在党的十九大报告中提出的"两个一百年"奋斗目标中

提出，到新中国成立 100 年时建成富强民主文明和谐美丽的社会主义现代化强国。"两个一百年"奋斗目标的提出开启了我国全面建设世界强国的新征程。其中，科技创新是国家综合实力和核心竞争力的关键组成部分，亦是新发展理念奥义之一。在实现科技赶超和科技强国的道路上，科创城市作为科学技术创新的重要载体，发挥着全球创新网络枢纽与节点的作用，以点带面全面提升我国的科技创新实力。在创新驱动和经济高质量发展的需求下，上海作为全球科创中心建设队伍的排头兵与领头羊，担负着引领国家迈向创新型国家行列，实现"两个一百年"奋斗目标的重任。在践行这一伟大使命的过程中，面临着国内全球科创中心建设战略趋同的外部竞争、抢占国际重点科技创新行业高地的态势下，上海挑战重重。本节将介绍在建设全球科创中心过程中面对同等级战略梯队中上海全球科创中心建设障碍、重点科技创新领域中上海的产业发展瓶颈与人才劣势。

一、战略趋同下上海全球科创中心集中度显示度低

截至 2021 年，北京、上海、深圳等一线城市明确提出要建设具有全球影响力的科创中心、创新型城市的战略规划。2015 年中共上海市委、上海市人民政府发文《关于加快建设具有全球影响力的科技创新中心的意见》，意见指出上海未来将努力建设为"世界创新人才、科技要素和高新科技企业集聚度高，创新创造创意成果多，科技创新基础设施和服务体系完善的综合性开放型科技创新中心，成为全球创新网络的重要枢纽和国际性重大科学发展、原创技术和高新科技产业的重要策源地之一，跻身全球重要的创新城市行列"。2018 年中共深圳市委出台《中共深圳市委关于深入贯彻落实习近平总书记重要讲话精神 加快高新技术产业高质量发展更好发挥示范带动作用的决定》，决定明确深圳三阶段的发展目标，在 2022 年基本建成现代化国际化创新型城市、2025 年基本建成国际科技产业创新中心、2035 年建成可持续发展的全球创新创意之都，科技和产业竞争力全球领先（肖意，2012）。2019 年中共中央 国务院印发的《关于支持深圳建设中国特色社会主义先行示范区的意见》中进一步将深圳发展战略定位为粤港澳大湾区综合性国家科学中心主阵地、现代化国际化创新型城市以及具有全球影响力的创新创业创意之都。2016 年《国务院关于印发北京加强全国科技创新中心建设总体方案的通知》中提出"到 2030 年，北京全国科技创新中心的核心功能更加优化，成为全球创新网络的重要力量，成为引领世界创新的新引擎"；2021 年 1 月科技部和北京市会同国家其他部门编制了《"十四五"北京国际科技创新中心建设战略行动计划》，行动计划指出

到 2025 年，北京国际科技创新中心基本形成；到 2035 年，北京国际科技创新中心创新力、竞争力、辐射力全球领先，形成国际人才的高地，切实支撑我国建设科技强国（张泉，2021）。除此之外，作为继上海第二个获批的国家综合性科学中心，合肥在 2020 年 1 月也提出了"锚定全球科创新枢纽"的口号和目标（黎静，2021）。

在科技中心建设战略层级定位均为全球、国际级的城市中，参考相关学者对中国创新型城市的评价指标体系（方创琳等，2014），将科技创新水平划分为要素投入、成果转换、平台建设和企业创新四个评价维度，对比 2018 年上海与北京、深圳、合肥的科技创新实力差异（表 4-4）。

表 4-4　2018 年北京、上海、深圳、合肥科技创新水平比较

维度	指标	北京	上海	深圳	合肥
要素投入	研发经费支出占 GDP 比例/%	6.170	4.160	4.804	3.281
	科技财政支出占比/%	5.700	5.100	12.959	9.152
	R&D 人员折合全时当量/人年	267338	188100	110944	54974
成果转换	专利申请总量/件	211212	150233	228608	65814
	专利授权总量/件	123496	92460	140202	28438
	规模以上高技术制造业产值占总工业产值比例/%	22.501	20.900	—	—
	规模以上工业企业新产品产值/亿元	2182.220	1355.190	2794.684	3256.621
平台建设	国家重点实验室/个	32	79	8	17
企业创新	高新技术企业数量/个	24691	9287	5370	2110
	规模以上工业企业有 R&D 活动占比/%	36.110	26.400	43.887	29.362

数据来源：北京、上海、深圳、合肥 2019 年统计年鉴、统计公报及经济普查数据。

在要素投入维度中，上海的研发经费支出占 GDP 的比例为 4.160%，在四个规划建设国际级科创中心、创新型城市中处于较低水平，与其他两个城市存在较为明显的差距，深圳为 4.804%，略高于上海，合肥为 3.281%，北京的该项指标则高达 6.170%；在科技财政支持力度中，上海公共预算支出中科技财政支出项的占比为 5.100%，仍处于劣势地位，北京较上海略高，而深圳的财政支持力度最大，达到了 12.959%，合肥仅次于深圳达到 9.152%；研发人员作为科技创新要素投入中的重要部分，上海的 R&D 人员折合全时当量为 188100 人年，高于深圳，但仅为北京的 70%，在研发人员投入中与北京具有较大的差距。总体而言，相较于其他北京和深圳，上海在创新要素投入中的资金和人员投入相对薄弱。

在成果转换维度中，深圳的专利申请和授权数量位于首位，但与北京

之间数量接近，上海则与两个城市差距较大，专利的申请和授权总量分别为深圳的 65.71%和 65.95%，合肥专利的申请和授权数量则最低；从规模以上高技术制造业产值占比来看，深圳与合肥在该数据上缺失，上海的这一比例略低于北京；从规模以上工业企业新产品产值看，合肥产值达 3256.621 亿元，在四个城市当中处于领先地位，深圳、北京次之，上海的新产品产值不及深圳一半，差距明显。总体而言，成果转换维度上海基本上全面落后于北京和深圳。

在平台建设维度中，上海拥有 79 个国家重点实验室，遥遥领先于北京和深圳，实力雄厚。在企业创新维度上，北京集聚了众多的高新技术企业，共有 24691 个，在数量上远超上海和深圳与合肥；从工业企业的创新水平来看，上海规模以上工业企业有研发活动的占比最低，仅近 1/4 的规模以上工业企业拥有 R&D 活动，合肥略高于上海，而深圳规模以上工业企业的 R&D 活动则最为活跃，北京次之。总体而言，上海在创新载体上具有一定优势，但其企业创新水平相较于北京与深圳仍处于劣势。

综合以上维度不难看出，上海在科创中心建设上与北京、深圳、合肥存在战略趋同的特征，这些城市都规划建设对标国际和全球等级的科创中心或创新型城市，属于同一战略等级梯队。然而，抛开战略目标的达成度，仅在科技创新水平的横向比较上，北京和深圳两个城市已然超过上海，上海的全球科创中心建设之路并不平坦。除此之外，新兴的城市群——粤港澳大湾区作为中国开发程度最高、经济活力最强的区域之一，也在积极参与国际科创中心建设。

中共中央、国务院于 2019 年 2 月印发了《粤港澳大湾区发展规划纲要》，将大湾区定位为"具有全球影响力的国际科技创新中心"，并指出"到 2035 年，大湾区形成以创新为主要支撑的经济体系和发展模式，经济实力、科技实力大幅跃升，国际竞争力、影响力进一步增强"。在我国全球科创中心建设竞争赛场上，粤港澳大湾区的加入无疑为上海建设国际科创中心带来竞争、压力与挑战。表 4-5 统计了长三角和粤港澳大湾区地区中规划建设国际、国家级科创中心的城市，其中长三角包括上海、南京、杭州和苏州，粤港澳大湾区包括深圳和广州，上海、深圳战略定位为国际级层次，其他城市定位为国家级层次（刘江会和董雯，2016）。在长三角地区中，除了上海以外，南京、杭州、苏州等城市在科技创新方面表现良好，粤港澳大湾区包含了科创实力雄厚的深圳和广州两座城市。上海建设全球科创中心的过程中，面对着在同等级战略定位城市梯队中显示度较低的障碍的同时，也面临着粤港澳大湾区汇集城市群的科技创新力量的挑战，"腹背受敌"

的同时又独木难支。在长三角高质量一体化的需求下，上海应该加快整合长三角区域内现有的科技创新资源要素，深化科技创新活动的区域合作，实现区域科技创新网络的共享共链，充分发挥科技创新在区域和国际竞争中的作用。

表4-5 2019年长三角和粤港澳大湾区中规划建设科创中心城市科技创新水平

科技创新指标	长三角地区				粤港澳大湾区	
	上海	南京	杭州	苏州	深圳	广州
研发经费支出占GDP比例/%	4.160	3.070	3.440	2.820	4.804	2.630
科技财政支出占比/%	5.100	5.255	6.884	7.798	12.959	6.530
R&D人员折合全时当量/人年	188100	97100	109507	—	110944	134000
专利申请总量/件	150233	99070	98396	135862	228608	173124
专利授权总量/件	92460	44089	55379	75837	140202	89826
国家重点实验室/个	79	31	8	1	8	20
高新技术企业数量/家	9287	3126	2844	5416	5370	11000
规模以上工业企业有R&D活动占比/%	26.400	45.400	32.848	43.308	43.887	38.798

数据来源：2019年上海、南京、杭州、苏州、深圳和广州的城市统计年鉴及统计公报。

二、重点科技创新产业地位与全球高地落差明显

上海作为全国改革创新的先行者和排头兵，《上海市科技创新"十三五"规划》中点明其具有经济发展水平高、国际化程度高、科技基础设施完善、高技能人才集聚、沿海临港区位优势突出和产业结构层级高的优势和特点，较早实施了创新驱动发展战略。上海的高新技术发展虽已步入全国前列，具备建设具有全球影响力的科技创新中心的基础和潜力。然而，面对国际科学技术的封锁，特别是美国对中国实施了一系列技术制裁，以及国内关键核心技术急需突破和"卡脖子"瓶颈的共性障碍上，上海仍有较大的提升空间。

在集成电路方面，上海的集成电路产业近年来规模持续扩大，2016年集成电路产业年销售规模首次破千亿，同比2015年增长了10.76%，2017与2018年年销售收入为1180.62亿元和1450亿元，两年的增幅分别达到12.2%和22%，2018年上海集成电路销售规模占到全国的20%；在集成电路的产业链结构变化上，集成电路的设计业、制造业和装备材料业逐渐成为主导产业，成为上海市集成电路产业的龙头环节；在技术研发上，上海

集成电路产业在国内的半导体技术创新上仍较为薄弱，根据世界半导体贸易统计（WSTS）的 2018 年公开的全球半导体技术发明专利申请数量，半导体技术发明专利 100 强企业，中国共有 22 家，其中北京以京东方公司为龙头企业，广东省拥有华星光电、天马微电子、华为等企业，在半导体技术研发上资源雄厚，而上海只有 2 家企业（中芯国际、华虹）上榜，分别位列 15 和 50 位（钱智和史晓琛，2020）。此外，产业集中度方面，上海的集成电路产业集中度不足，集成电路企业涉及生产活动覆盖面较广，产业分布跨度大，上海前十大集成电路设计企业仅占上海设计业总销售额的 40%（朱晶等，2020）。

从全球维度上来看，上海在占领人工智能发展高地上仍有很长的路要走。以计算机视觉领域为例，美国的谷歌、IBM 和微软等全球龙头企业依旧占据着人工智能产业的高地，上海的人工智能企业相形见绌（郑鑫，2019）。在国内维度，上海人工智能企业集群加速壮大，但暂时缺乏本土龙头企业。根据中国信通院发布的《全国人工智能报告（2019Q1）》，截至 2019 年 3 月底，全球人工智能企业数量前 5 的城市分别为：北京（468）、旧金山（328）、伦敦（290）、上海（233）以及纽约（207），上海人工智能企业数居全国第二位。根据联盟理事单位长城战略咨询报告发布的《中国独角兽企业研究报告（2021）》中所评选的人工智能领域独角兽企业榜单（表 4-6），截至 2020 年，北京有商汤科技、地平线、旷视科技等 7 家本土人工智能独角兽企业入榜，而上海仅有依图科技和深兰科技 2 家企业上榜。上海人工智能企业目前仍以外地入驻为主，例如微软、亚马逊、BAT、科大讯飞等行业领军企业，本土企业如智臻、优刻得等还处于成长期。上海初步形成以徐汇、浦东为核心，杨浦、长宁、闵行、静安等特色产业集聚发展的格局（邹俊和张亚军，2020）。总体分布呈现"局部分散、点状开花"的特征，尚未形成规模可观、具有优势的产业集群。

表 4-6　2020 年北京、上海、深圳和广州人工智能独角兽企业

城市	人工智能独角兽企业
北京	商汤科技（11）、地平线（31）、旷世科技（36）、影谱科技（74）、第四范式（78）、云知声（129）、出门问问（198）
上海	依图科技（45）、深兰科技（198）
深圳	平安智慧城市（16）、云天励飞（107）
广州	云从科技（33）

数据来源：联盟理事单位长城战略咨询所，《中国独角兽企业研究报告（2021）》，括号中为企业估值排名。

三、重点科技创新产业人才储备与引进存在短板

上海在建设全球科创中心过程中将目标先锁定在抢占全球重点科技创新产业制高点上,将科技创新与战略性新兴产业发展紧密结合,利用重点科技创新产业的引领作用,全面推动全球科创中心的建设与发展。2021年1月上海市发改委发布的《上海市国民经济和社会发展第十四个五年规划和二〇三五年远景目标纲要》中提出将上海的集成电路、生物医药和人工智能产业打造为具有国际竞争力的三大先导产业创新发展高地。

上海的集成电路、生物医药和人工智能产业发展已取得了一定的成就,但人才作为发展重点科技创新产业的中坚力量,上海在集成电路和生物医药产业人才储备方面取得了一定的成就,但在人工智能领域还存在短板。

2019年,上海市三大产业从业人数均超过10万人,其中生物医药(12万人)和集成电路(17万人)的从业人员规模位居全国第一,但人工智能产业从业人数(10万人)远不及北京(23万人)(叶东晖,2021)。根据清华大学中国科技政策研究中心撰写的《中国人工智能发展报告(2018)》所统计的数据显示,人工智能领域国际人才投入主要集中于高校机构,截至2017年,中国的国际层次的人工智能人才(具备从事领域创造性劳动的研究能力与专业技术知识,近10年内公开发表过专利或英文论文)所属大学及其数量分布中,清华大学以822名国际人工智能人才位居榜首,上海交通大学则以590名位居全国第二;然而,从高等院校机构和人才总量上来看,上海远不如北京,北京地区人工智能领域高校平台较多,包括清华大学、北京大学、北京航天航空大学以及北京邮电大学等理工科院校,四所高校国际人工智能人才总计2253名,远远超过上海;此外,武汉地区以华中科技大学和武汉大学为主要平台,汇集了共911名国际人工智能人才,人才数量和院校平台也多于上海(表4-7)。

表4-7 截至2017年中国国际人工智能人才所属大学及其数量分布

序号	城市	高校机构	数量/人
1	北京	清华大学	822
2	上海	上海交通大学	590
3	北京	北京航空航天大学	525
4	杭州	浙江大学	506
5	武汉	华中科技大学	465

续表

序号	城市	高校机构	数量/人
6	北京	北京大学	463
7	武汉	武汉大学	446
8	北京	北京邮电大学	443
9	西安	西安交通大学	400
10	合肥	中国科技大学	382
11	哈尔滨	哈尔滨工业大学	353

数据来源：清华大学中国科技政策研究中心，《中国人工智能发展报告（2018）》。

此外，报告以过去 10 年公开发表过中国专利或中英文论文的研究人员为口径，进一步统计了 2017 年中国国家层次的人工智能人才的区域分布情况（表 4-8）。其中，北京市的人工智能人才总量达 2.74 万人，位列全国第一；而上海市人工智能人才与西安市、南京市和武汉市同属国内第二梯队，且上海市人工智能人才数量（1.06 万人）少于西安市（1.13 万人）和南京市（1.09 万人）。

表 4-8　截至 2017 年中国国家层次人工智能人才城市分布

人才层级	城市	数量/人
第一梯队	北京	27355
第二梯队	南京	10860
	西安	11284
	上海	10592
	武汉	10198
第三梯队	长沙	7014
	广州	6452
	成都	6415
	哈尔滨	6181
	杭州	5401

数据来源：清华大学中国科技政策研究中心，《中国人工智能发展报告（2018）》。

在生物医药产业方面，尽管上海的生物医药产业从业人员规模位居全国第一，但在人才资源的配置和引进政策上还存在一定的短板（表 4-9）。以生物医药产业中较具代表性的张江药谷为例，上海生物医药产业的人才资源配置和人才引进方面存在三大劣势：①"产学研"结合过程中人才资源分配不合理，张江药谷生物医药科研与产业间联系不够紧密，过于偏重基础性研究，科学研究成果转换效率不高，科研活动对企业的反哺不足，存在研究多于产业、院校多于企业的现象；②全能型、综合型顶端人才引进不足，生物制药企业中以技术岗人才转型为主，缺少对企业的市场运营和资本运作的专业人才，现有的生物医药科研人员主要来自基础科研领域，缺乏对生物制药全过程具有全局统筹和把握能力的人才；③人才工作缺乏针对性，一方面对生物医药专业领域高层次人才的政策倾斜不足，以共性的人才引进政策为主，另一方面人才引进政策更注重对"人"的引进，对团队的政策和支持少，不利于突出企业作为创新主体的作用（吉维，2019）。

表 4-9　上海市生物医药产业人才引进相关政策

政策名称	相关内容
《上海加快实施人才高峰工程行动方案》	围绕生命科学与生物医药等 13 个领域构建高峰人才，建立国际通行的遴选机制，建立稳定长期的经费保障机制，鼓励高峰人才及其团队开展科技成果转化，以现金形式给予个人奖励，探索按照偶然所得征收个税
《促进上海市生物医药产业高质量发展行动方案（2018—2020 年）》沪府办发〔2018〕39 号	面向产业创新发展需求，大力吸引和集聚生物医药领域高端人才，精准实施各类人才计划，完善人才配套支持体系，大力培养基础研究、产业技术、资本投资、市场营销、园区运营等各类专业人才，为产业人才创新创业提供必要的条件和良好环境
《上海市人民政府办公厅关于促进本市生物医药产业高质量发展的若干意见》沪府办规〔2021〕5 号	建立本市生物医药重点企业清单，并实行动态管理，将重点企业纳入人才引进直接落户机构重点支持范围。对重点企业引进或推荐的符合条件的高层次人才，经领导小组办公室审定后向市人才办推荐，支持申报各类人才培养计划。深化推进产教融合试点，支持生物医药重点企业建设高技能人才培养基地

数据来源：根据相关政策文件整理得到。

第三节　上海奋力推进全球科创中心建设进度

上海建设全球科创中心之路并不平坦，面对着重重障碍与挑战，上海砥砺前行，在全球科创中心建设中形成了一系列的实践与经验。在发展模式摸索方面，上海不断将"走出去"和"引进来"紧密结合，对标已具有国际影响力的全球科创中心，广泛借鉴、总结全球科创中心建设的成功经验，立足自身放眼全球，努力打造具有中国特色、上海方案的全球科创中心；在发挥高新技术产业引领作用上，以张江科学城和临港新片区建设积极突破产业发展瓶颈并取得了良好的成效；在政策实践方面，上海一揽子科创政策不断为科创中心建设添加助燃剂。本节提出建设具有国际影响力的全球科创中心目标以来，总结归纳上海对标世界一流科创中心的实践经验，挖掘上海高新技术产业发展瓶颈及其突破方案，剖析上海科创政策体系的构建。

一、上海对标世界一流科创中心的建设方案

全球科创中心建设已成为衡量现代城市尤其是国际化大都市国际竞争力的重要标尺。上海市信息中心在 2018 年 4 月发布的《全球科技创新中心评估报告》旨在深入剖析全球科创中心形成及发展遵循的客观规律（表4-10），定量评价和比较全球主要科创中心城市的客观水平和国内主要城市科技创新的国际地位，有针对性地找出上海科创中心发展短板和对标城市，借鉴先进城市的宝贵经验，在全球科创中心排名 TOP100 中，美国旧金山-圣何塞位列第 1，上海仅排 17 位。

同时报告指出，在建设全球科创中心方面，基于相似的发展范式，硅谷和纽约为上海提供了对标的良好典范。因此，本部分以美国全球科创中心——硅谷为案例，对标上海建设全球科创中心的建设经验与总体建设方案，总结上海在赶超全球知名科创中心中的实践经验。

表 4-10　2017 年全球科创中心综合排名前 10 的城市

排名	城市	国家
1	旧金山-圣何塞	美国
2	纽约-纽瓦克	美国
3	伦敦	英国
4	巴黎	法国
5	波士顿	美国
6	东京	日本
7	洛杉矶—圣安娜—阿纳海姆	美国
8	芝加哥	美国
9	北京	中国
10	苏黎世—巴塞尔	瑞士

数据来源：上海市信息中心. 全球科技创新中心评估报告. 2018.

（一）全球科创中心的产业引擎与园区内核

旧金山湾区是以"硅谷"为核心发展形成的全球科创中心城市带，陆地面积 17955 km^2，行政领土包括旧金山，南湾的圣马特奥、圣何塞和硅谷

地区，东湾的奥克兰和伯克利，北湾的马林与纳帕。其中，以硅谷为首的南湾的高科技产业领先世界；连接旧金山市和南湾的半岛地区地产业发达（张振刚和尚希磊，2020）。湾区产业种类多样，各地区间职能分工明确，形成了优势互补、协同发展的良好竞争合作环境。2017 年常住人口数量约为 781.6 万，GDP 总量约为 8375.4 亿美元，GDP 相比 2016 年增长 6.3%，人均 GDP 为 107157.1 美元[①]。以"硅谷"高科技产业集群作为支撑，自 19 世纪后半期以来，旧金山湾区高速发展，逐渐成为全球知名的科技创新湾区，直到现在，其经济仍然保持平稳较快的增长水平，GDP 增长速度高于美国平均水平，经济总量全球排名第 18 位。2018 年财富世界 500 强企业中有 33 家企业总部坐落于此。创新能力、发展绩效和人均产出位列美国第一、世界首位。

借鉴旧金山湾区国际科创中心建设的经验，21 世纪以来，上海为打造具有中国特色、上海方案的"硅谷"——张江付诸了一系列规划实践。1999 年上海市实施"聚焦张江"战略，张江以创新驱动发展，实现了快速发展；与此同时，"张江园区"作为国内自主创新的主要承载地、中国高科技园区的重要名片，其品牌影响力也快速提升；2006 年 3 月，经国务院批准，上海高新技术产业开发区更名为"上海张江高新技术产业开发区"（简称"张江高新区"）；2011 年初，国务院正式批复张江高新区创建国家自主创新示范区（包括一区十二园），张江园区被列为核心园，规划面积扩大至 75.9 平方公里，包括原张江高科技园区、康桥工业区、国际医学园等区域。2017 年 5 月上海市规划和国土资源管理局以及上海市浦东新区人民政府发布了《张江科学城建设规划（征求意见稿）》，通过对硅谷和纽约、新加坡玮壹科技园、日本筑波科学城等国际知名科技创新中心案例的分析，围绕"上海具有全球影响力科技创新中心的核心承载区"和"上海张江综合性国家科学中心"目标战略（上海市规划和自然资源局，2017）。2021 年 1 月，《上海市国民经济和社会发展第十四个五年规划和二〇三五年远景目标纲要》发布，指出以张江科学城为重点推进科创中心承载区建设。

在产业发展与布局方面，2011 年旧金山湾区的高新技术产业、信息产业、房地产业及租赁业等均高于美国的平均水平；旧金山市的产业结构具有多样性，科学及高新技术产业、娱乐及休闲、金融保险和服务业等齐头并进；以硅谷为首的圣何塞地区高科技产业快速成长，高新技术产业集中度较高，带动了相关高科技产品生产部门，促进了制造业的发展。2017 年，

[①] 数据来源：http://www.bayareaeconomy.org/files/pdf/BayAreaEconomicProfile2018Web.pdf.

旧金山湾区的高新科技产业已经为湾区提供了超过 7.5 万个工作岗位，创造了又一个峰值，并呈现出持续稳步增长的趋势。对比旧金山湾区，上海制定了较为清晰的发展规划，分别提出了"三大先导"和"六大重点"产业的发展规划。在高新技术产业发展上，上海先将目标锁定在抢占全球重点科技创新产业制高点上，科技创新与战略性新兴产业发展紧密结合，利用集成电路、生物医药、人工智能重点科技创新产业的引领作用，全面推动全球科创中心的建设与发展；在制造业和服务业上，重点打造具备产业比较优势、制造服务交互融合、未来发展潜力巨大的六大重点产业集群，包括电子信息、汽车、高端装备、先进材料、生命健康、时尚消费品产业。2019 年上海三大先导产业从业人数均超过了 10 万人，其中生物医药（12 万人）和集成电路（17 万人）的从业人员规模位居全国第一（叶东晖，2021）。

（二）全球科创中心"政产学研"的螺旋结合

硅谷及湾区在政府-产业-高校-研发上形成了紧密结合、协调发展、共同促进、螺旋上升的发展模式。在高校与研发机构层面，众多顶尖高校和科研院所作为基础研究平台为企业培养和输送高级创新研究人才。硅谷及湾区集聚了斯坦福大学、加州大学伯克利分校、加州大学圣克鲁兹分校、加州大学旧金山分校、加州大学戴维斯分校 5 所世界级研究型大学，汇聚了劳伦斯伯克利国家实验室、劳伦斯利佛摩国家实验室、美国航空航天局艾姆斯研究中心、美国农业部西部地区农业研究中心、美国 SLAC 国家加速器实验室五大国家级实验室，为硅谷和湾区不断输送高级科研人才与研究成果。

企业与高校层面，湾区形成了企业与高校双向互动的良性模式。在高校向企业输出人才和技术成果的同时，企业以产学研合作的方式为大学提供科研资金和设施，谷歌、苹果、惠普、基因泰克等高科技企业纷纷在高校设立企业实验室开展专业化的实用型研究。在政府层面，一方面联邦政府积极引导各项资源流向科技创新平台——高校、科研机构与创新企业，例如支撑斯坦福等研究型大学的国家级研究项目，提供投资、税收优惠措施和人才流动的政策；另一方面，政府通过知识产权、法律体系的建立健全来为高科技产业营造良好的发展氛围，美国国会制定了从专利、商标、版权到科技成果转化的知识产权法律法规，如《专利法》《商标法》《版权法》《拜伦法案》，以及为中小企业营造创新和公平竞争的健康环境的《反垄断法》，有效保护了发明者和企业的知识创新权益，优化了创新环境，加快了科创体系建设进程。

上海在政产学研合作方面进行了一系列的探索和实践。在合作平台上，2015年《上海推进科创中心建设22条意见》（以下简称《22条意见》）中，提出对科研院所进行分类改革，"探索建立科研院所创新联盟，以市场为导向、企业为主体、政府为支撑，组织重大科技专项和产业化协同攻关"；2018年《上海市人民政府办公厅关于本市推进研发与转化功能型平台建设的实施意见》《上海市研发与转化功能型平台管理办法》等文件中提出，依托功能型平台的建设，在产业链创新、重大产品研发与转化以及创新创业等产学研方面进行统筹规划。在产学研的人才资源配置方面，《22条意见》提出"拓展科研人员双向流动机制"，旨在促进科研型、企业型人才在科研和创业平台间双向流动，鼓励高校拥有科技成果的科研人员创办科技型企业，允许企业家和企业科研人员到高校兼职；《22条意见》同时对"科技入股"的企业提出了股权转换、税收等方面的激励与优惠政策。

科技开发区（园区）串联与深化政府、企业、高校与研发机构创新互动与协同是上海加快政产学研螺旋结合、提高科技创新水平与成果产出的重要模式之一（何小勤和谷人旭，2014）。其中，漕河泾开发区作为上海建设具有全球影响力科技创新中心依托的六大重要承载区之一，是目前国家级开发区中发展速度最快、单位面积投入和产出最高的区域之一[①]，其较好贯彻了"政产学研"螺旋结合的发展模式并取得了系列成就。在国家层次上，漕河泾开发区在享受全国首例和唯一一例国家级经开区政策支持的同时，又享受国家级高新技术开发区和综合保税区的政策支撑；在市政府层面上，上海市委、市政府以行政立法方式确立开发区的企业化运作模式，并在政策、资金和项目上予以支持，开发区地跨徐汇、闵行两区，总公司与所在行政区联手，探索"区区合作"共建机制；从产业层面，漕河泾开发区顺利完成了由传统制造业向高端制造业和生产性服务业的结构转换，形成了以电子信息为支柱产业，新材料、生物医药、高端装备、环保新能源、汽车研发配套为重点产业，高附加值现代服务业为支撑产业的"1+5+1"产业集群框架；从高校层面，开发区充分依托上海地区高校资源，积极开展与上海交通大学、华东理工大学等著名高校的合作，自主开办"漕河泾开发区管理学院"，进行课题研发和系统教学，服务园区和社区发展（梁积江，2020；温锋华和张常明，2020）。

---

① 漕河泾开发区. 园区简介. https://chj.shlingang.com/chj/yqgk/yqgl/[2021-06-21].

（三）全球科创中心建设的金融支撑体系

科技创新作为风险高、周期长、高投入的复杂系统工程，离不开资金要素的支持。以美国旧金山湾区、日本筑波、印度班加罗尔、以色列特拉维夫等为代表的国际科创中心建设经验表明，在全球科创中心建设过程中，良好的金融体系成为助力全球科创中心发展的重要支撑点（刘恒怡和宋晓薇，2018）。其中，旧金山湾区作为世界著名科创中心与金融中心互动的典型案例（吴滨等，2018），与上海提出的五大中心建设中的"建设具有国际影响力的科创中心"以及"国际金融中心"有一定的相似之处对其全球科创中心建设具有战略参考价值。

美国旧金山湾区建立了一套完善的投资体系，汇集了美国顶级天使投资人和大量风投机构，风险投资规模超过全美的 1/3，为初创企业成长提供了重要支撑。在风险投资的影响下，湾区涌现了一批孵化器、加速器等创新服务机构。斯坦福大学、加州大学伯克利分校等高校均设置了孵化器为学生提供一系列创业服务，成为孕育创新创业人才的肥沃土壤。2014 年硅谷取得风投达 145 亿美元，占到美国当年风险投资总额的 43%。根据 Crunch Base 创新企业大数据分析平台数据，截至 2018 年底，企业总部在旧金山湾区的创新型企业有 34544 家，投资机构 10584 家。投资机构类型覆盖天使投资、投资伙伴、风险投资、私募股权公司、微型风险投资等 21 种，其中数量最多的是天使投资、投资伙伴、风险投资 3 种投资机构（陈雯，2018）。

在全球科创中心建设过程中，上海不断建立健全科创中心建设的金融支撑体系。《关于加快建设具有全球影响力的科技创新中心的意见》中，提出了"鼓励企业主体创新投入的制度"，包括创新活动投资、研发活动的相关税收优惠政策；同时"推动科技与金融紧密结合"，包括支持保险机构与创业企业开展合作、加快上海证券交易所设立"战略新兴板"。2019 年中国证券监督管理委员会发布《关于在上海证券交易所设立科创板块并试点注册制的实施意见》，该意见提出了关于上交所科创板的设立定位、上市条件、基础制度和配套措施等一系列举措，进一步推动了上海在全球科创中心建设过程中的金融保障体系的健全。

二、上海全球科创中心建设中高新技术产业的发展与突破

（一）高新技术产业布局基本成型

2019 年上海市共认定高新技术成果转化项目 822 项，其中，电子信息、

生物医药、新材料、先进制造与自动化等重点领域项目占86.0%（邹磊，2018）（表4-11）。以上几类项目是上海建设科技创新中心的关键领域，取得了显著成果，由创新带动的新兴产业集群优势突出。智能制造装备产业加速发展，上海市拥有的智能制造装备整机、零部件及系统集成企业，形成了从研发、制造到应用的完整产业链，是国内规模最大的智能制造装备产业集聚区之一。发那科、ABB、库卡、安川国际"四大"工业机器人品牌落户上海，新松机器人公司、上海新时达电器股份有限公司等国内知名企业落户上海。上海明匠智能系统有限公司、科大智能科技股份有限公司、上海德梅柯汽车装备制造有限公司等系统集成企业迅速发展。大科学设施、功能型平台和高水平科研机构建设全面发展，全脑神经联接图谱、智慧天网等一批市级科技重大专项启动实施，机器人、低碳技术等16个研发和转化功能型平台全面启动运行，国家集成电路、智能传感器制造业创新中心、张江药物实验室以及脑与类脑研究中心挂牌成立。此外，创新创业环境不断优化，全市500多家众创空间在孵化服务的科技企业数超过2.7万家，覆盖科技创业者超过38万名。

表4-11 科创中心"上海方案"产业布局

类目	产业布局
集成电路	张江高科技园区、漕河泾开发区、松江工业园区、紫竹开发区、上海自贸试验区临港片区、上海微技术工业研究院（上海市嘉定区城北路235号）、示范性微电子学院（上海交大、复旦）、微纳电子混合集成技术研发中心
生物医药	中国科学院上海药物研究所（张江）、中国科学院上海生命科学研究院、上海医药工业研究院、复旦大学、上海交大、张江药物实验室
人工智能	自主智能无人系统科学中心、复旦脑科学协同创新中心、类脑芯片与片上智能系统平台、脑与类脑智能国际创新中心、上海交通大学认知机器与计算健康研究中心、张江科学城人工智能岛（微软、IBM）、马桥人工智能创新试验区（闵行区马桥镇）（在建）

数据来源：根据马勇等（2013）；吴勇毅（2018）；陈爱琳（2018）文献整理。

集成电路产业规模快速扩大集中，产业结构更加合理。2016年上海集成电路产业规模首次突破千亿元，同比增长10.76%，设计业营收首次超过封测业，成为上海市集成电路产业龙头环节；2017年销售收入1180.62亿元，同比增长12.2%；2018年销售收入达1450亿元，占全国1/5，同比增长22%。围绕关键核心技术和"卡脖子"领域，上海全面发力，集成电路的设计业、制造业和装备材料业逐步替代封装测试业成为主导产业。2018年上海集成电路产业销售规模达1450亿元，占全国的1/5。新华网在《全球科创中心建设"上海方案"浮出水面》一则新闻中表明，在集成电路设计领域，部分企业研发能力已达 7 纳米，紫光展锐手机基带芯片市场份额位居世界第三。上海集聚张江高科技园区、漕河泾开发区、松江工业园区、紫竹开发区等多个集成电路产业园区，其中张江高科技园区是目前国内集成电路产业最集中、综合技术水平最高、产业链最完整的园区。此外，由复旦大学、中芯国际和华虹集团共同发起的国家集成电路创新中心现已在复旦大学校内启动建设，将逐步吸纳更多龙头企业和研究机构入驻，打造国家集成电路共性技术研发平台，集成电路功能型平台加快推进。另外，临港片区也开始启动建设集成电路综合性产业基地，凭借自贸区特殊的产业政策和优惠力度，临港片区正快速集聚优质资源吸引超过千亿值的集成电路重大项目和重要企业落户，可能成为上海集成电路产业潜力巨大的增长点。

生物医药领域创新能力优势突出，2017 年，上海获批进入临床的创新药物 50 多个，进入快速审批通道的医疗器械产品 27 个，全国 15 家医疗健康领域标杆企业中的 6 家落户上海。2018 年上海生物医药产业实现产值 3250 亿元，同比增长 7%。浦东新区张江地区精准医疗产业集中度达 90%以上，聚集了超过 310 家生物医药企业；上海国际医学园区汇聚 1151 家企业、26 家第三方医学检测机构、400 多家医疗器械企业和 300 多家生物制药企业；松江区定位高端医疗器械，聚集近百家生物医药企业，2019 年开工的复宏汉霖松江生物医药产业化基地，建成后有望成为中国第一、亚洲前三的生物医药产业基地；徐汇区定位高端医疗服务。此外，张江药物实验室、临床医学研究中心、药明生物全球创新生物药研制一体化中心等研究与转化机构正在加快建设（钱智和史晓琛，2020）。

人工智能企业集群加速壮大，但暂时缺乏本土龙头企业。上海人工智能企业数居全国第二位，核心企业超过 1000 家，泛人工智能企业超过 3000家。各类优势企业协同发展，微软、亚马逊、BAT、科大讯飞等行业领军企业纷纷落地上海，商汤、寒武纪、云从、地平线、云知声、达闼等国内独角兽企业落地发展；依图、智臻、优刻得、深兰、乂学、流利说等本土企业加快成长，极链、图麟、西井、燧原、氪信、虎博等初创企业迅速壮大。初步形成以徐汇、浦东为核心，以杨浦、长宁、闵行、静安等特色产业集聚发展的格局（邹俊和张亚军，2020）。

（二）高新技术产业发展突破——以张江科学城为例

上海市重点科技创新产业以集成电路、生物医药和人工智能为代表的上海重点科技创新产业，在产业规模上已占据了全国的重要份额，具备良好的产业基础和较为清晰明确的产业布局。然而，上海如何充分利用现有的产业基础和相关资源，达成抢占高新技术产业全球高地的长远目标，张江国家综合科学中心的建设与发展为该路径指明了方向。

2016年8月《上海市科技创新"十三五"规划》正式发布，进一步落实和推进上海科技创新、实施创新驱动发展战略走在全国和世界前列，加快建设具有全球影响力的科技创新中心。规划用一章节对张江综合性国家科学中心建设做出说明和部署，提出打造上海"世界级创新重镇"的未来发展目标。在张江国家自主创新示范区、中国（上海）自由贸易试验区、国家（上海）全面创新改革试验区联动的背景下，以"三区联动"为发展契机，打造世界级大科学设施集群和具有国际影响力的高水平研发机构与大学，使上海成为全球公认的创新重镇。

其中具体措施包括：①建设世界级大科学设施集群。在能源、材料、物理、生物医学等若干前沿领域，建设国际前沿科学综合性研究试验基地。②建设具有国际影响力的高水平研发机构和大学。建设微技术工业研究院、量子信息技术中心与产业基地、集成电路研发中心、药物创新研究院、大数据技术研究院、类脑智能技术产业研究院、平方公里阵列射电望远镜（SKA）科学中心等一批世界级新型研发机构，建设教育、科研、创业深度融合的高水平、国际化创新型大学。此外，张江综合性国家科学中心关注国际必争的前沿领域，包括未来通信、未来诊疗、未来人工智能和尖端制造等方面，培育若干科学研究领域的国际"领跑者"和未来产业变革核心技术的"贡献者"。

张江经济保持持续稳步提升。2018年全年完成税收393.24亿元（剔除退税因素后），较2017年增长14.5%；完成一般公共预算收入96.51亿元（剔除退税因素后），较2017年增长14.0%；完成固定资产投资318.44亿元，较2017年增长27.2%。张江园区（含张江镇、康桥、医学园区）引进外资新设项目169个，吸引合同外资55.99亿美元，较2017年下降15.74%；实到外资17.8亿美元，较2017年增长29.27%。引进内资新设项目1870个，吸引内资注册资本456.2亿元，较2017年增长56.74%。在生物医药产业方面，张江生物医药基地在产业规模、生物医药企业数量或研发机构等方面，均居于上海各园区之首。张江生物医药领域已经形成了从新药研发、药物筛选、临床研究、中试放大、注册认证到量产上市的完备创新链，目前全球排名前10的制药企业中已有7家在张江设立了区域总部、研发中心[①]。国际经验表明，世界著名生物医药中心城市大多以研发、创投、总

---

① 张江科学城简介：http://www.pudong.gov.cn/shpd/gwh/023004/023004001/.

部功能突出为创新策源生态的特征。近年来张江生物医药领域取得了系列重大突破性创新成果，2018 年何记黄浦医药在直肠癌靶向药呋喹替尼上取得重大突破，相关成果发表在国际顶尖医学期刊《美国医学会》上，系我国自主研发的抗肿瘤新药首次登上国际一流医学杂志，该药品于同年获批上市；2019 年由中国科学院上海药物研究所研发的治疗阿尔茨海默病原创新药"九期一"正式上市，是国际首个靶向脑—肠轴的阿尔茨海默病治疗新药，填补了全球范围内该领域 17 年无新药上市的空白。

在集成电路产业方面，张江集成电路产业是中国最完善、最齐全的产业链，共有 307 家相关企业，云集了一批国际知名集成电路企业。全球芯片设计 10 强中有 6 家在张江设立了区域总部、研发中心，全国芯片设计 10 强中有 3 家总部位于张江。张江在集成电路领域中取得了系列重大突破。根据 2018 与 2019 年《上海科技进步报告》，2017 年移动通信应用处理器技术水平进入 16/14nm 制程，居全国集成电路设计领先水平；中芯国际 28nm 多晶硅和 HK/MGi 制程已达国内最先进代工制程。2018 年建设了国内首个硅光子工艺平台，初步展露出高端光通信芯片自主生产能力。在创新创业服务体系上，张江正在不断构建和完善"众创空间+创业苗圃+孵化器+加速器"的创业孵化链条，现已形成张江国际创新港、张江传奇创业广场、长泰商圈、张江国创中心、张江南区五大创新创业孵化集聚区。根据上海市 2019 年统计年鉴数据，至 2018 年年末，园区孵化器 96 家，在孵企业超过 2600 家，孵化面积近 60 万 m²；上市企业 45 家，新三板挂牌企业 118 家，上海股权托管交易中心挂牌企业 124 家。

三、上海建设全球科创中心的政策推进与聚焦

上海在全球科创中心建设的过程中，科技创新相关政策作为政府对创新活动进行宏观调控与良性引导的关键手段与措施，在创新资源的配置、创新主体的激励和创新活动引导等方面具有重要的作用（宋娇娇和孟澍，2020）。

（1）在国家层面上，上海作为中国全球科创中心建设的排头兵和领头羊，获得了国家层面政策的大力支持。首先，2016 年国务院发布《国务院关于印发上海系统推进全面创新改革试验加快建设具有全球影响力科技创新中心方案的通知》，批准了《上海系统推进全面创新改革试验加快建设具有全球影响力的科技创新中心方案》。此外，2019 年中共中央和国务院发布了《长江三角洲区域一体化发展规划纲要》，国家在区域层面上对上海"五个中心"中的科创中心建设提出了发展目标，要求加快临港新片区建设，

重点发展跨国公司地区总部经济，积极发展生物医药、集成电路、工业互联网、高端装备制造业等前沿产业，大力发展新型国际贸易，推动包括前沿科技研发在内的多种服务功能集聚，为提升长三角科技创新能力推波助澜。同时，2020年国务院批准在上海浦东新区实行"一业一证"改革试点，以大幅降低行业准入成本，推动创新企业的发展与管理制度的完善。在金融支持方面，2020年中国人民银行、银保监会、证监会、外汇局与上海市政府发布《关于进一步加快推进上海国际金融中心建设金融支持长三角一体化发展的意见》，进一步推动了上海建设全球科创中心中的金融支撑体系的建立健全。

（2）在市域层面上，上海立足自身，锚定全球科创中心的建设目标，出台了一系列政策来推动科创中心的建设。在宏观政策层面，2015年上海发布了《关于加快建设具有全球影响力的科技创新中心的意见》，首先提出"对标国际领先水平，不断提升上海在世界科技创新和产业变革中的影响力和竞争力"，对上海市重大科技创新发展做出重要布局，包括加快建设张江综合性国家科学中心，聚焦张江核心区和紫竹、杨浦、漕河泾、嘉定、临港等重点区域，打造科技创新中心重要承载区。争取成为首批国家系统全面创新改革试验城市。紧接着2016年《上海市科技创新"十三五"规划》正式发布，进一步落实建设具有全球影响力的科技创新中心的目标和框架。2019年5月上海市政府新闻发布会推出了上海下一步建设科创中心的新方案。将形成发展集成电路、人工智能、生物医药的"上海方案"；全力推进张江国家科学中心建设，争取张江国家实验室早日获批；完善以"科创板"为引领的科技金融体系。2021年，上海市发改委发布《上海市国民经济和社会发展第十四个五年规划和二〇三五年远景目标纲要》，纲要进一步明确了上海全球科创中心建设过程中的产业布局要点，提出将上海的集成电路、生物医药和人工智能产业打造为具有国际竞争力的三大先导产业创新发展高地。

（3）在区县层面，各地区积极出台相关配套政策，加快推进国家、区域与市域层面科技创新战略方针与规划政策落地。上海各行政区政府、各高新技术区、自贸区等管委会积极响应各层面科技创新战略及规划纲领等，围绕科技创新资金配置与管理、科创企业金融支持、人才引进、创新政策鼓励等领域陆续制定科技创新相关配套措施。例如，松江区作为上海融入G60科创走廊建设的试点，区政府先后出台了《关于加快G60上海松江科创走廊建设促进科技创新和成果转化的若干意见》《产业创新集群试点认定管理办法（试行）》《松江区关于支持G60科创走廊分析技术产业集群发展的若干意见》《松江区院士专家工作站（院士专家服务中心）管理办法》等政策，涵盖了区域科技创新战略融入、科技创新成果转换、创新产业集群发展、人才引进等方面。

在宏观层面以全球科创中心建设为引领目标的基础上，上海陆续出台了覆盖创新活动各个子部分的一揽子政策。参考相关学者对上海市科创政策的分析方法，通过北大法宝、国家和上海市政府网站等途径，以"科技创新""人才"等为关键词搜索上海市在建设全球科创中心过程中的政策推进实践，表 4-12 展示了上海市科创政策主题词编码情况，上海聚焦企业、高校院所、科技中介、创新平台等创新主体，从供给型、需求型、环境型政策工具以及重点产业布局等方面提出了广泛覆盖、主体多元的支持政策，在推进全球科创中心建设中对引导创新资源配置、创新主体激励以及创新活动引导等方面起到重要作用。

表 4-12　上海科创政策文本的主题词编码

三级编码	二级编码	一级编码
创新主体	企业	中小企业、小微型企业、科创企业、科技企业、重点龙头企业、高新技术企业
	高校院所	高等院校、科研院所、新型科研院所
	人才类型	外国人才、创新人才、外籍人才、科技人才、国内人才、青年人才、紧缺人才、领军人才、高技能人才、浦江人才、学科带头人
	科技中介	金融机构、融资担保机构、企业服务平台、科技公共服务平台
	创新平台	临港新片区园区平台、张江国家综合科学中心、科技创新平台、研发与转换功能性平台、产业园区、高科技园区、众创空间
政策工具	供给型	技术（成果转化、技术应用、基础技术研究） 人才（工作许可、人才引进、人才表彰、职称评定、人才管理、户籍制度） 资金（资金管理、科技创新券、专项经费、财政扶持）
	需求型	政府采购（购买服务、首购订购） 贸易管制（跨境服务、负面清单）
	环境型	金融支持（外商投资、创业投资、科技创新券、引导基金、天使投资、信贷风险补偿、科创板） 财政措施（经费补助、财政科技投入、税收减免、减税降费、税收优惠） 法律规范（知识产权、融资担保监督、技术标准、科研不端） 服务提供（抗击疫情、科研设施共享）
产业布局	重点产业	生物医药、集成电路、人工智能、航空航天、新能源汽车、文化创意产业、生命健康、互联网金融、时尚消费

数据来源：参考宋娇娇和孟溦（2020），根据北大法宝、国家和上海市政府网站等途径搜索整理。

第四节 本章小结

面对日益激烈的区域竞争与变幻莫测的国际形势，上海全球科创中心建设不仅是代表国家参与全球价值链顶端的竞争，更是落实科技强国、科技兴国的国家高质量发展要求。本章首先从区域一体化视域出发，系统检视科技创新活动如何响应长三角高质量一体化需求，在区域尺度上论述上海全球科创中心建设对长三角高质量一体化的必要性和紧迫性；随后，在上海建设具有全球影响力的科创中心的战略定位及其国内战略竞争关系下，剖析上海全球科创中心建设总体现状及其与同战略梯队城市的主要差距与不足之处，着重分析上海重点科技创新产业发展水平与全球高地间的落差；最后，对标世界一流科创中心建设轨迹，跟踪与审视上海全球科创中心总体建设方案、高新技术产业发展以及政策聚焦等方面的推进进度。

在区域高质量一体化需求下，科技创新活动分别从促进经济高质量增长、打通区域互联互通壁垒以及提升区域整体创新水平等途径积极影响与作用于长三角高质量一体化进程，上海作为长三角区域创新要素丰富、创新水平突出的"创新增长极"，其全球科创中心建设对长三角代表国家参与国际区域竞争具有战略意义。然而，应清醒认识到，目前上海与国内同战略梯队科创中心还存在集中度与显示度低，集成电路、人工智能等重点产业地位与全球高地间落差明显，重点行业人才储备与引进存在短板等主要障碍。在此背景下，上海在科创中心建设中砥砺前行，对标旧金山湾区国际科创中心，以张江科学城与漕河泾开发区为代表显示出以产业创新内核、"政产学研"螺旋结合的"上海方案"，高新技术产业布局基本成形，张江科学城在上海高新技术产业发展突破中取得了瞩目的成就。对标世界一流的"上海方案"、重点产业布局发展突破以及科创政策持续聚焦形成合力共同推动上海全球科创中心建设。

第五章　上海全球科创城市建设的"三生"基底

　　科创中心城市建设不仅需要强大的科研基础，密集的创新要素，还需要坚实的产业基础支撑创新观点的实践、宜居的城市环境吸引高质量人才集聚，而这些互动状态映射在空间上表现为城市生产、生活、生态用地的布局结构与变化特征。在城市环境中，如何平衡与协调城市的空间及其功能是在宏观层面上塑造人才宜居环境的空间基础，其中将科技创新这一全球科创中心的核心功能与生活、生态功能有机融合链接，通过住宅、商业、教育和游憩等混合用途环境将研发活动与科创产业聚集在一起形成"知识区"（knowledge precincts）（Yigitcanlar et al., 2008），是营造多创新场景、人才宜居宜业环境的重要途径。

　　基于此，本章将从上海土地利用结构视角观察上海全球科创城市建设进程，解构其如何调整其"三生"基底以适应科创功能发育、人才集聚需求，并对标国际典型科创城市的土地利用格局特征，为上海用地格局进一步优化提供调整方向。

第一节　上海城镇化扩张时空特征

　　城镇化扩张的速度、方向及结构特征是城市经济、产业建设需求，政府政策导向的空间表现。农村用地向城市用地转变是城市化的重要表征之一，考察城市用地扩张情况是评判城市化水平的关键指标。目前学界考察城市建成区范围方法主要有POI数据分析（许泽宁和高晓路，2016）、借助遥感影像解译（赵晶等，2004）、夜间灯光数据（舒松等，2011）以及城市不透水面数据（谢启姣等，2016）提取等。本节以城市不透水面作为上海城镇用地表征，利用宫鹏等（Gong et al., 2019）公开的1978年、1985～2017年上海市城镇不透水面数据对上海城镇用地时空扩张、增长速度及强度等基本情况进行分析，并利用Fragstats平台借助景观集聚度和破碎度等景观生态学分析方法量化上海城镇用地空间格局演变情况，识别上海建设用地结构性问题。

一、研究方法与数据源

为更好地展示上海市城镇用地扩张的阶段性变化，本章将在已获取的1978年、1985~2017年数据中取1985~2015年每隔5年的截面数据及1978年、2017年的数据进行分析。

（一）城镇扩展强度

城镇扩展强度（urban expansion intensity index，UEII）指研究阶段内年均城镇不透水面扩展面积占上海总面积比例（关兴良等，2012）。计算公式为

$$\text{UEII}_t = \frac{S_{t_2} - S_{t_1}}{S_{\text{total}} \times \Delta t} \times 100 \tag{5-1}$$

式中，$S_{t_2} - S_{t_1}$ 表示 t_1~t_2 新增城市不透水面面积；S_{total} 指上海总面积，采用历年《中国城市统计年鉴》公布的上海市行政区域土地面积；Δt 表示研究阶段时间跨度。

（二）斑块密度

斑块密度（patch density，PD）为斑块总个数与斑块总面积之比，景观分析中斑块密度越大表示景观破碎度越高，本章中斑块密度越大表明上海市城镇用地越分散。公式如下：

$$\text{PD}_t = \frac{N_t}{A_t} \tag{5-2}$$

式中，N_t 为 t 年城市不透水面斑块总个数；A_t 为 t 年不透水面斑块总面积。

（三）边缘密度

边缘密度（edge density index，ED）指斑块和不同类型斑块交界处的长度与整体景观面积的比值，在本章中表示城镇用地斑块周长与上海市面积的比值，边缘密度越大表明破碎度越高。具体计算公式如下：

$$\text{ED}_t = \frac{\sum_{i=1}^{m} e_{it}}{S_{\text{total}}} \tag{5-3}$$

式中，e_{it} 为不透水面第 i 个斑块的周长。

（四）集聚指数

集聚指数（aggregation index，AI）基于邻接矩阵计算表示同类型斑块邻接的概率，该指标用于评估上海城镇用地集聚度演化情况，具体计算公式如下：

$$\mathrm{AI}_t = \frac{g_t}{g_{tmax}} \times 100 \qquad (5\text{-}4)$$

式中，g_t 表示 t 年同类像素之间邻接的数量；g_{tmax} 表示 t 年所有同类像元集聚在一起可能的最大邻接数量。集聚指数结果范围为[0,100]，当集聚指数为 0 时表示该类斑块最大程度的分散，指数越接近 100 表示斑块集聚程度越高。

二、上海城镇化扩张活跃但存在无效扩张问题

建设用地是城市活动的空间载体，用地规模体现城市活动在市域空间内的蔓延，空间结构演化则体现其蔓延扩张的模式，而用地产出效益则是衡量建设用地利用效率及用地空间上承载的产业价值。

（一）建设用地扩张趋势与城镇化纳瑟姆曲线相似

1. 上海建设用地规模大，经历缓慢扩张到高速扩张再重新回缓三个阶段

1978 年上海建设用地面积仅 313.9km²，仅占上海行政区划总面积的 4.95%，到 1990 年上海市建设用地占比提升到 8%，这一阶段建设用地扩张呈现规模小、速度慢的特点，1978～1985 年、1985～1990 年两个阶段年均增速为 3.64%和 6.82%（表 5-1）。1990 年浦东开放将上海发展推向新阶段，随之而来的是工商业、居住用地需求的大幅提升，上海建设用地进入高速扩张阶段。1990～1995 年间上海建设用地增加了 37.64%（39.94km²），年均增速达到 8.31%，且 1995～2000 年保持年均 8%的增速。2000 年"入世"给上海带来新一轮增长机遇，大规模的外资引进带来城市用地进一步高速扩张，2000～2005 年间，年均增速跃升至 11.26%，为 1978～2017 年年均增速最高峰阶段，2005～2010 年间年均增速虽略有下降，但仍维持在 9.14%的高速增长水平，2010 年上海市建设用地面积占比已经提升到 22.93%。

过快的建设用地的扩张引起社会和学界的关注，《上海市土地利用总

体规划（2006—2020）》中就明确提出土地集约化利用，"以土地供应的硬约束引导土地利用结构和布局优化"，随后上海开始抑制其建设用地高速无效的蔓延，建设用地扩张速度又逐渐放缓，2010～2017 年上海城镇用地年均扩张速度持续回落，至 2017 年上海建设用地面积已占行政区划总面积的 50.3%，而当前国际上以纽约、伦敦、东京为首的较为成功的大都市的建设用地面积占比仅维持在 30% 以内的水平。总体而言，上海市建设用地扩张曲线与一般城市化推进的拉长型"S"曲线基本吻合。

与增速变化趋势不同，自 1990 年开始，每五年城镇用地扩张面积持续上升，扩张强度由 1990～1995 年间的 0.004 提升至 2015～2017 年的 0.052。可见，近二十年虽然上海城市扩张速度在放缓，但实际上强度仍在上升。

表 5-1 1978～2017 年上海城镇用地扩张基本指标

年份	城镇用地总面积/km²	新增面积/km²	年均增速/%	UEII	人均建设用地面积/(m²/人)
1978	313.9020	—	—	—	28.4332
1985	388.9233	75.0213	3.6362	0.0169	31.5428
1990	506.3994	19.2042	6.8212	0.0043	37.9610
1995	697.0203	39.9402	8.3149	0.0090	49.2942
2000	948.8376	51.9390	8.0156	0.0117	58.9853
2005	1454.0499	98.7417	11.2620	0.0222	76.9233
2010	2063.1771	123.6051	9.1413	0.0278	89.5997
2015	2846.5164	203.5998	8.3788	0.0459	117.8550
2017	3189.2859	231.7428	5.8498	0.0522	131.8797

2. 上海人均建设用地规模持续增加

城市化是土地城市化与人口城市化同时推进的过程，早期工业化主导的城市化阶段中，农业人口大量涌入城市寻求就业，此时人口城市化速度快于土地城市化，人均建设用地规模下降。随着集聚不经济、服务业对市中心地价的抬高、交通路网和小汽车的扩张等多种因素的出现，居住用地向郊区扩张，工业、零售等产业也相继外迁，部分城市伴随着市中心的衰败，这一阶段土地城市化速度快于人口城市化，人均建设用地规模开始上升。后工业化社会，金融化和服务化成为城市经济增长的主要驱动力，市中心回归繁荣，人口再次向市中心集聚，此时人均建设用地面积又有所下降。但我国城市化进程与西方国家的基本规律存在一定差异，城乡二元制带来的就业、居住、社会福利等多方面的差异，时至今日，我国城市仍处于持续扩张状态，且在土地财政、筑巢引凤、基础设施先行等理念、政策指导下，我国大城市长期处于土地城市化快于人口城市化状态。

在人口持续向城市集聚的大前提下，人均建设用地规模的变化一定程度上能够反映上海人口城市化与土地城市化之间的关系。改革开放以来，上海人均建设用地规模以年均 4.0%的速度持续稳定增长，从 1978 年的 28.43 m²/人增长到 2017 年的 131.88 m²/人。国内一线城市中，广州与上海人均建设用地规模在同一水平线上，而北京人均建设用地规模更大。

（二）建设用地绩效稳步提升

上海在 1985~2017 年间建设用地产出绩效维持较为稳定的上升状态，从 1985 年的 1.2 亿元/km² 增加到 2017 年的 10.324 亿元/km²，增加了 7.6 倍（图 5-1）。表明上海建设用地的扩张与其经济增长基本协调，其中也存在一定的土地财政的作用。但地均产出增速则波动较大，总体上可分为 1985~2002 年增速波动阶段、2003~2010 年持续加速增长阶段以及 2011~2017 年增速放缓阶段三个阶段。2003~2010 年加速增长阶段正对应城市建设用地高速扩张阶段，根据《上海市统计年鉴（2004）》统计数据显示 2003 年上海市土地使用权出让中居住和厂房面积分别占总出让地块面积的 45%和 37%，表明这一阶段上海用地扩张是以工业扩张需求及其带动的居住需求为主要驱动力，用地的高速增长与经济增长相匹配，产业需求与用地相互协调实现高效增长。而 2011 年后地均产出增速逐渐放缓，表明用地效益的提升正逐渐减弱，2017 年出现地均产出略有下降的势头，而建设用地仍有 7.8%的扩张，一定程度上表明建设用地存在无效扩张蔓延问题。

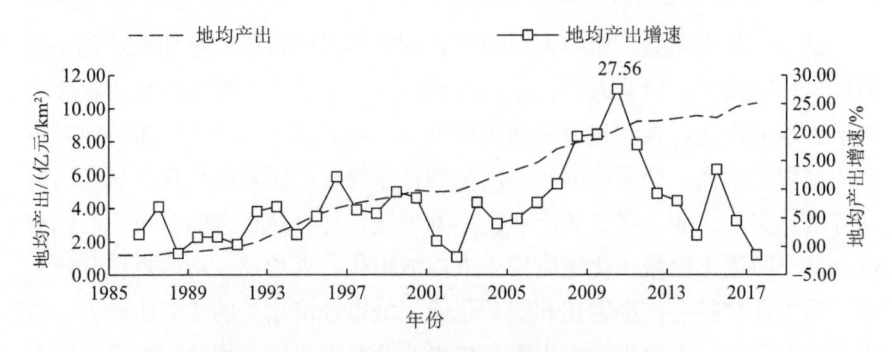

图 5-1 1985~2017 年上海市建设用地产出绩效

三、建设用地形态历经"单核-卫星环绕-团块"三阶段

（一）核心建设用地集聚成核

早期上海城市规划思想受到"有机疏散"、卫星城建设影响深远。早在1946年编制的《上海市都市计划（1946—1949）》就采用了"有机疏散""区域疏散"等城市规划理念，之后在1959年《关于上海城市总体规划的初步意见》提出"压缩市区，控制近郊，发展卫星城镇"。在这些规划的指导下，上海市早期城镇用地分布较为松散，同时注重对中心城周边新城、新镇的培育，但这一阶段上海卫星城暂未发展起来，导致上海建设用地高度集聚形成单核，主要集中在黄浦江与苏州河交界处的浦西部分，其余乡镇零散分布在市郊地区，规模小但斑块数量较多，形成规模的城镇点少，孤立于中心城之外。这一阶段上海建设用地斑块密度、边缘密度大，而集聚指数小（表5-2）。1978～1990年间上海市核心建成区部分变化较小，仅核心建成区浦西部分向外扩张，黄浦江以东部分则呈现出明显的沿江轴向发展模式。

表5-2　1978～2017年上海城镇用地及新增用地景观格局指标

年份	PD	ED	AI	年份	PD	ED	AI
1978	63.1582	344.4862	75.2814	1978～1985	369.9923	885.7748	32.2669
1985	59.8783	327.0978	76.5242	1985～1990	305.1960	833.0128	40.0154
1990	50.1092	285.4135	79.5205	1990～1995	216.0503	719.4394	48.2055
1995	42.4939	278.3202	80.0166	1995～2000	224.9353	741.1549	46.6148
2000	35.7977	265.5217	80.9272	2000～2005	144.7898	617.8765	55.4956
2005	27.2923	266.4516	80.8443	2005～2010	171.2744	634.7400	54.2998
2010	22.2295	237.9498	82.8912	2010～2015	197.6631	681.7368	50.8818
2015	20.3446	221.5586	84.0659	2015～2017	481.8268	1001.6762	27.8017
2017	16.6575	208.888	84.9778				

（二）卫星城建设初见成效

1990～2000年建成区周围点状乡镇数量和规模均有明显增加，闵行、嘉定、安亭、青浦、松江、奉贤等早期以工业园区为基础的新城建设成效明显，呈环状分布在建成区主要团块周围。尤其在1995～2000年间新增建设用地明显呈现出沿交通轴线扩张态势，与中心城形成较好串联。同时上海沿江、沿海发展战略推动杨浦、宝山沿江沿海区域城镇用地扩张。《上海

市城市总体规划（1999—2020年）》中提出"控制中心城人口和用地规模，引导中心城人口和产业向郊区疏解"，在此思想指导下，上海集中建设新城和中心镇，城镇用地扩张主要体现在新城用地以及沿新城与中心城之间交通要道的扩张，卫星环绕放射城市格局明显。

（三）城市建设用地摊成"大饼"

新增部分斑块破碎度整体呈现先减后增，而集聚度先增后减的趋势。转折阶段为2000~2005年，主要是由于这一阶段上海城镇用地扩张速度最快，在这一阶段之前上海中心城面积相对较小，与卫星城之间还有较大可发展空间，城镇扩张能够大片推进。但到2005年，上海城镇用地约占上海总面积的23%，内环已经基本填满，中心城与周边城镇基本链接成片，之后的城镇用地扩张只能在外围地区推进。这一阶段之后上海城镇用地扩张速度开始放缓，《上海市土地利用总体规划（2006—2020）》中明确提出土地集约化利用，"以土地供应的硬约束引导土地利用结构和布局优化"，因而大规模成片的城镇用地扩张减少，从而出现集聚度降低、破碎度提升的状况。

从空间格局看，中心城与新城、新镇之间界限模糊，随着城镇用地的不断扩张，上海城镇用地已摊成一张"大饼"，城镇用地占比较少的区域仅剩青浦、松江、金山等保留大量土地整理复垦开发用地的区域。

第二节 上海科创中心城市建设"生产-生活-生态"基础

生产、生活、生态共同构成了人类实践活动的整体空间，党的十八大报告就提出我国国土空间开发格局应该朝着"生产空间集约高效、生活空间宜居适度、生态空间山清水秀"的目标前进。"三生"空间的协调发展是实现高质量城镇化，平衡好经济效益、社会效益与生态效益的重点（刘燕，2016）。此外上海建设全球科创中心，吸引重点领域科创人才集聚的关键在于产业发展及宜居城市建设，明确"三生"基底布局及规划方向对于明晰上海科创建设方向具有重要意义。本节将以上海全球科创中心建设为导向，分析上海科创载体空间结构及组织模式。

一、城市功能与"三生"空间响应

城市功能的转型在经济上表现为产业结构的转变，而在空间上则是直接表现为城市用地结构的变化。城市化早期，工业化是驱动城市经济增长的核心动力，工业用地为城市用地的主要组成部分，这一阶段生产空间布局在城市核心区位，生活空间更多以员工宿舍为主围绕工厂布局。随着经济发展，城市逐渐进入后工业化时代，以金融业、房地产业为首的产业利润率更高的服务业崛起，这些产业具备更强的地租支付能力，逐渐占据市中心，工业逐渐外迁，这一阶段城市中心地带以商服空间、生活空间为主。

在城市实际发展中，城市功能转型与用地空间响应之间存在一定时间差，需要政府的合理规划以促成城市顺利转型。深圳自改革开放以来依靠"三来一补"与香港形成独特的"前店后厂"模式实现经济快速增长，创造"深圳速度"。但随着廉价劳动力、廉价土地等生产要素红利的消失，以及深圳产业结构转型升级的迫切需求，时任广东省委书记汪洋提出了"腾笼换鸟"，主动引导市中心劳动密集型产业向粤西北地区迁移，为高精尖制造业和现代化服务业引入留出空间，这也成为深圳顺利向更高附加值的产业链环节攀升的重要一环。相应地，上海为建设全球科创城市，其城市用地结构正悄然变化，科创城市的建设需要"三生"空间的配合，因而探查上海"三生"基底，对了解上海科创城市建设现状以及改进空间具有重要意义。

二、市域"三生"空间现状基底

（一）"三生"空间分类界定标准

党的十八大提出的构建"生产空间集约高效、生活空间宜居适度、生态空间山清水秀"的"三生"空间成为国土空间优化的目标和原则（刘彦随等，2014）。目前在概念定义上学界基本形成共识：生产用地为进行直接或间接生产活动的空间，即第一、第二、第三产业空间；生活空间指满足休憩、消费、休闲娱乐的用地；生态用地是以保护和发展区域生态系统可持续为目标的用地（李秋颖等，2016）。但由于土地实际使用过程中具有功能复合性，导致学者在分别对"三生"空间进行界定时存在一定差异，主要争议集中在具有生态维护及娱乐教育功能的农业用地以及具有观赏娱乐功能的生态保护区的归属划分上。大部分学者以用地的主体用地意图作为该类土地利用的主导功能，即耕地尤其是现代农业虽然具备娱乐教育、休闲游憩的生活功能，但其主要意图在于农业生产服务城市发展，因而将其定义为生产功能，与兼具旅游娱乐功能的生态保护区同理（陈婧和史培军，2005；杨清可等，2018）；还有学者采用分级分类综合评价方式进行土地利用功能划分，刘继来等（2017）根据用地功能的主次关系将兼具多功能的用地进一步划分为半用地和弱用地，以生产用地为例，商服、工矿仓储、交通运输、水域及水利设施用地中的建筑用地均为生产用地，而耕地、园地、公共管理与服务等具有两种功能且不分主次的用地称为半生产用地，草地、水库等具有一定生产功能但主要服务于生态功能的用地称为弱生产用地，并分别赋予5、3、1的分值对地区用地功能格局进行综合评价；此外，扈万泰等（2016）关注尺度、研究区域差异对"三生"空间界定的影响，并分别提出适用于城镇和农村的两套"三生"空间归类体系，但该分类体系割裂了城乡关系，不适用于上海市的"三生"空间划定。"三生"空间是对城乡空间内部核心功能的提取，而在国土空间规划实践中难以界定，进而采用"三区三线"的方式进行国土空间规划实践（王颖等，2018）。上述争议均基于遥感影像、现有土地利用分类体系对"三生"空间的界定，也有学者尝试跳出现有土地利用分类争议转而借助大数据，通过POI数据对中心城区进行"三生"空间划分（曹根榕等，2019），但该方法仅适用于开发程度较高的中心城区，而不适用于兼具城乡的城市尺度分析。

综上所述，本章将采用大部分文献的"三生"空间划分标准，以用地主导功能进行上海市生产、生活、生态空间划分（表5-3），并根据上海用地分类方法及科创城市建设需求对划分标准进行微调，调整如下：农村居民点用地属于生活用地，但在上海市域尺度下其分布较为零散且占比较小，对于科创城市的人才吸引和宜居建设影响也较小，因而将其统一归为生产用地；公共设施用地为居民提供生活娱乐场所应归为生活用地，但根据《上海市城市规划管理技术规定（土地使用建筑管理）》（2010年修正）公共设施用地不仅包括文化娱乐用地，还包括行政办公用地、商业金融业用地、文化娱乐用地、教育科研设计用地等，而服务业尤其是金融、商务、科创为上海重点产业功能，因而该类用地归为生产用地。

表5-3 "三生"空间用地分类

生产用地	生活用地	生态用地
耕地	城镇居住用地	林地
农村居民点用地	广场与绿化用地	水域
工业仓储用地	道路与交通设施用地	其他非建设用地
公共设施用地	其他建设用地	

（二）"三生"空间的结构与产出效益

1. "三生"空间趋向霍伊特扇形结构特征

基于《上海市城市总体规划（2017—2035 年）》（简称"上海 2035"）图集中上海市域用地现状图，并结合"三生"空间用地分类表绘制上海 2015 年"三生"空间格局分布图。上海 2015 年"三生"空间布局与霍伊特提出的扇形城市区域空间结构形态相似，生活空间高度集聚于外环以内的中心城区，生产空间主要分布于城郊，同时受到交通主干道影响，生活空间由中心城区沿交通线向新城放射状延伸形成扇形结构，但地块分布较为零散。生态空间则以黄浦江、苏州河为主线贯穿城市，较大规模的生态空间分布在青浦太湖沿岸，松江区黄浦江与支流交会处以及浦东临港自贸区（图 5-2）。

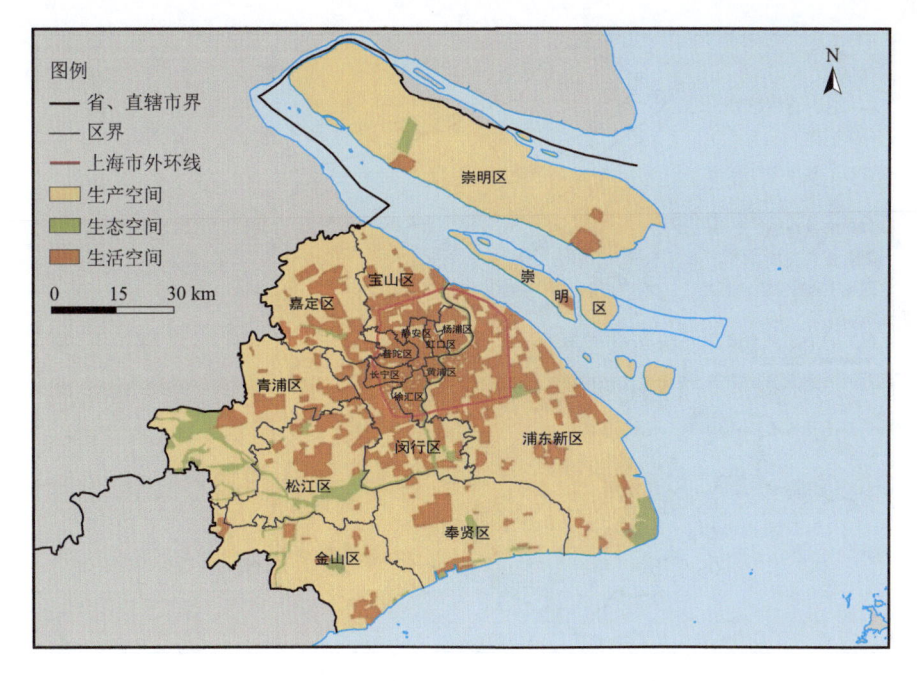

图 5-2　2015 年上海市"三生"空间分布

产业是建成全球科创中心的关键，从上海建设用地扩张分析中看出工业是推进上海土地城镇化的主要产业，2015 年上海市土地使用权出让的 1188.83 万 km² 用地中住宅用地占 55.39%，工业仓储用地次之，占比 27%，而从生产总值构成数据来看，2015 年服务业占比超过 50%，成为上海主导驱动产业。因此，下文的分析中有必要将生产空间进一步细分为耕地、工业仓储用地及公共设施用地，进一步分析上海产业空间格局。按产业细分后，非农业用地格局与2015年建设用地格局基本相似，城市蔓延现象突出，但产业内部布局存在较明显差异。从产业空间结构看，公共设施用地主要集中在外环以内，可见中心城区除了生活功能外，承担了上海大部分的行政、商务服务、科创功能，但内部公共设施用地在徐汇、黄浦等老城区及陆家嘴区域分布较为破碎，靠近外环开始出现以大学城、产业研发中心、企业总部为主的大面积公共设施用地；工业仓储用地主要布局在浦西紧贴外环的近郊地区以及杭州湾北部，且嘉定、青浦、松江、奉贤等新城均呈现出工业仓储用地与生活用地相互嵌套的产城融合基本特征，南汇新城则尚未成型；外围崇明区、奉贤区、金山区、浦东新区北部以及青浦和松江的西部地区为上海主要农业功能区（图5-3）。

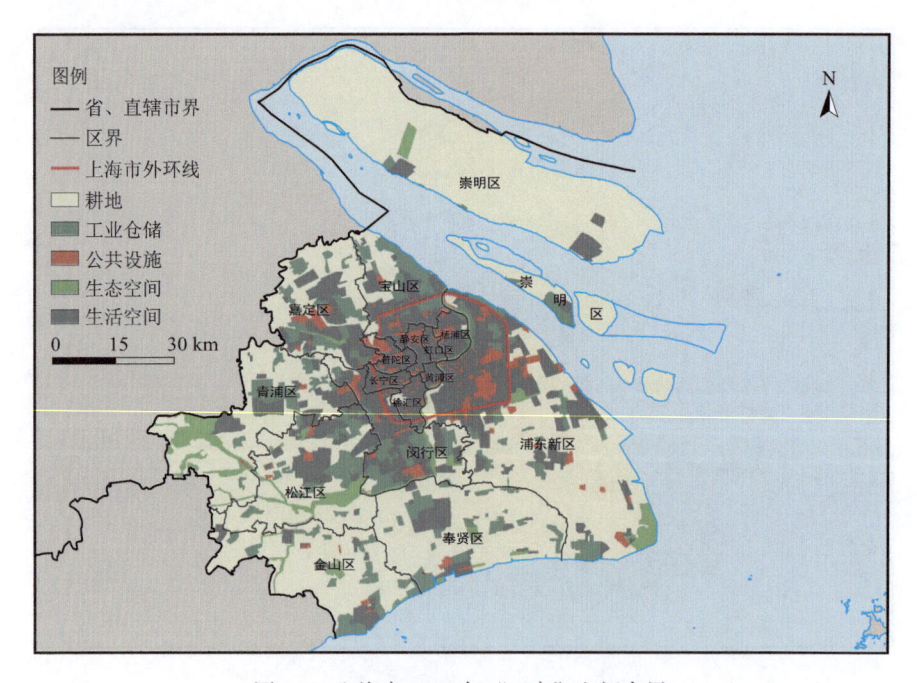

图5-3 上海市2015年"三产"空间布局

2. "三生"空间的组织结构特征

（1）上海市"三生"空间分布不均衡，生产生活为主体。上海市"三生"空间分布极不均衡，生产用地占较大比例，2015年上海市现状用地以生产用地为主，占国土空间面积的74.29%，其中工业仓储用地面积占比达到 11.01%，公共设施用地占比仅为 3.35%，其次是生活用地，占国土空间面积的 21.12%，而生态用地仅占国土空间面积的 4.60%（表 5-4）。但值得注意的是，上海市发布的《上海市推进农业高质量发展行动方案（2021—2025 年）》中提出农业鼓励延伸拓展传统农业功能，促进农业与第二、第三产业深度融合，2015 年休闲农业用地分别占金山区、奉贤区和崇明区土地面积的 42%、27%和 12%（胡亚丹等，2017），即耕地中有一定比例用地兼具生活和生态功能，但受数据限制无法精确获取该部分用地分布具体情况。

表 5-4　2015 年上海市域"三生"空间占比　　（单位：%）

用地类型	占比
生产	74.29
生活	21.12
生态	4.60

从基础"三生"空间用地统计来看，上海市绝大部分用地为生产用地，但其中包含大面积农田；从上海市各类房屋构成来看，1990 年后居住类房屋占比大于非居住类房屋，且二者比例在 1～1.5 波动，近年稳定在 1 附近，可见从房屋构成角度，上海生产与生活空间基本平衡。

（2）生产用地中工厂用地占比最大，办公建筑增速最快。改革开放以后，第二、第三产业是上海经济的主体组成部分，2006 年开始第一产业产值占上海生产总值比例低于 1%，因而本节在生产空间分析部分仅聚焦工业、服务业的用地结构情况。从工厂、仓储和商业办公三类建筑面积占非居住房屋面积比例变化来看，建国至今工厂始终是面积最大的产业用地类型，从 1949 年的 1030 万 m^2 持续扩张到 2018 年的 28306 万 m^2，增加了 26.5 倍，年均增速约为 4.91%，其面积占非居住房屋面积比例在 1986 年达到顶峰，随后占比进入下滑阶段，但仍保持极大比例，至 2018 年其占比仍保持在 41.48%。改革开放前仓储用地占比大于办公建筑比例，改革开放后上海服务职能潜力开始释放，上海逐渐从工业单一驱动的内向型生产中心城市转向多功能的外向型经济，服务业开始得到发展，办公建筑面积逐渐提高，占比开始上升，并在 1986 年超过仓库堆栈面积占比（图 5-4）。在浦东开发开放战略指导下，上海办公建筑用地占比进入高速扩张阶段，1990～2000 年十年间上海办公建筑面积从 599 万 m^2 增加到 2416 万 m²，翻了 4 倍，至 2018 年办公建筑面积达到 8998 万 m²，占上海总体非居住房屋面积的 13.19%，年均增速为 10.56%，为上海市扩张最快的功能用地。与此同时，仓库堆栈用地面积亦维持持续增长，浦东开发开放也是仓库堆栈面积高速增长的重要契机，1990～2010 年从 472 万 m² 增长到 1654 万 m²，年均增速达到 6.5%，但其占非居住房屋面积比例不断下降，1949 年占比达到 8.79%，1970 年占比达到顶峰（10.76%），随后比例持续下降至 2018 年的 3.02%。从用地扩张速度横向对比来看，办公建筑是三者扩张速度最快的用地，表明上海商业服务功能正在快速发展。

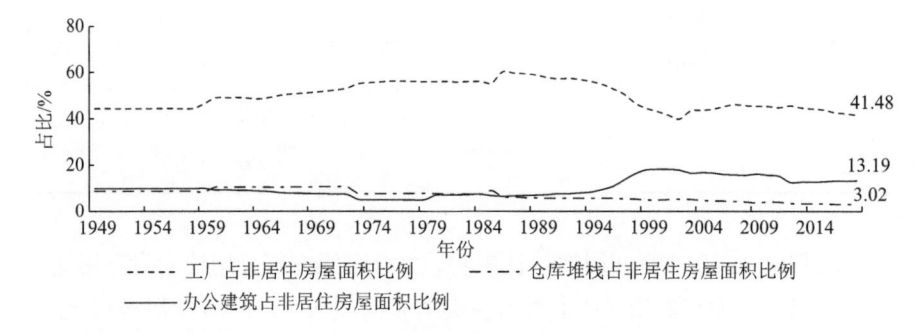

图 5-4　1949～2018 年上海工厂、仓库堆栈、办公建筑面积占非居住房屋面积比
数据来源：根据《光辉七十载——上海历史统计资料汇编》整理

（3）居住用地、人均居住面积提升，城市便捷性具有明显核心边缘特征。居住用地是生活空间最核心的组成部分，改革开放以来上海市居住房屋面积保持稳定增长，2000～2005 年年均增速最高达到 0.13，之后年均增速放缓，2015～2018 年年均增速仅 0.03，与上海建设用地扩张速度变化步调基本一致（表 5-5）。居住房屋面积增速与常住人口增速对比来看，居住房屋增长速度快于常住人口增速，且人均居住房屋面积亦持续增加。

表 5-5　1978～2018 年上海房屋面积、常住人口数量及其阶段性年均增速

项目	1978 年	1990 年	2000 年	2005 年	2010 年	2015 年	2018 年
居住房屋面积/万 m²	4117	8901	20865	37997	52639	63007	68651
常住人口/万人	1104.00	1334.00	1608.60	1890.26	2302.66	2415.27	2423.78
人均居住房屋面积/（m²/人）	3.73	6.67	12.97	20.10	22.86	26.09	28.32

续表

项目	1978 年	1990 年	2000 年	2005 年	2010 年	2015 年	2018 年
居住房屋面积年均增速/%	—	0.0664	0.0889	0.1274	0.0674	0.0366	0.0290
常住人口年均增速/%	—	0.0159	0.0189	0.0328	0.0403	0.0096	0.0012

注："—"为当年统计年鉴缺失该数据。
数据来源：根据历年《上海市统计年鉴》整理。

仅从人均居住房屋面积以及居住房屋面积增速与年末常住人口增速对比对上海市生活空间进行分析是不够的，如今一线城市中高房价是吸引人才尤其是青年人才的主要障碍之一，上海作为一线城市房价始终是全国前三，2019 年房价均价为 50945 元/m^2，略低于北京（58568 元/m^2）、深圳（54790 元/m^2），2011~2019 年年均房价增幅为 17.80%，而 2011~2018 年上海可支配收入平均增速为 9.97%，远低于房价涨幅。从空间来看，内环以内为明显的高房价地区，黄浦区平均房价达到 8.53 万元/m^2，外围地区崇明、金山、奉贤房价相对较低，但住宅存量相对丰富。此外，浦东新区由于南汇区楼盘大量入市，住宅存量最多，约达 160 万 m^2，约占全市住宅存量的 18%。根据上海易居房地产研究院发布的《全国 50 城房价收入比偏离度研究》，2018 年上海房价收入比为 26.1，次于深圳（34.2）和三亚（29.8），略高于北京（25.4），表明上海普通居民住房可支付性较低，购房压力大。

基于 2018 年百度 POI 数据进行核密度分析，其中生活便民服务设施表征方便性，具体包含公共服务设施、医疗保健、体育休闲、生活服务以及购物服务设施；交通设施表征交通便捷性，具体包括车站、码头、客运站，结果表明，上海基础设施配置具有高度集聚和远距离衰减特征（图 5-5）。中心城区建成时间长，为生活便民服务设施和交通设施高密度地区，核密度以原静安区为核心向外逐渐递减。中心城区以外，次高峰为郊区新城和中心镇，但密度值远低于中心城区，且相对孤立，滞后于城镇用地的扩张。由此可见，虽然上海整体方便性、交通便捷性均有明显提升，但内部基础设施配置仍处于高度不平衡状态，中心城区以外区域的方便性和交通便捷性仍有待完善。横向来看，生活便民设施 POI 高集聚度区域较交通设施高集聚度地区更大，且生活便民设施集聚度次高峰与主峰差距更小，即新城、中心镇生活便民设施配置水平与中心城区的差距相对于交通设施配置的差距要小。

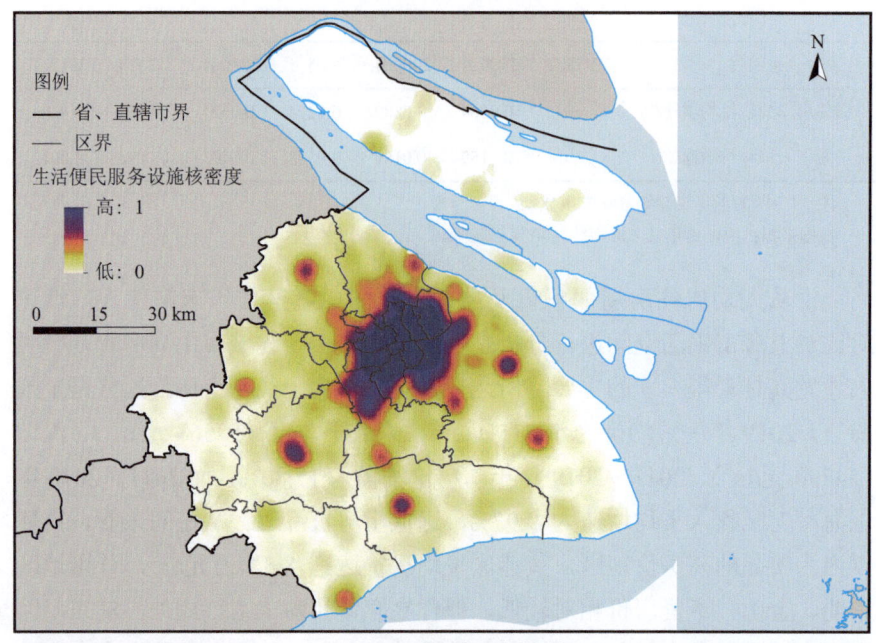

(a) 生活便民服务设施核密度

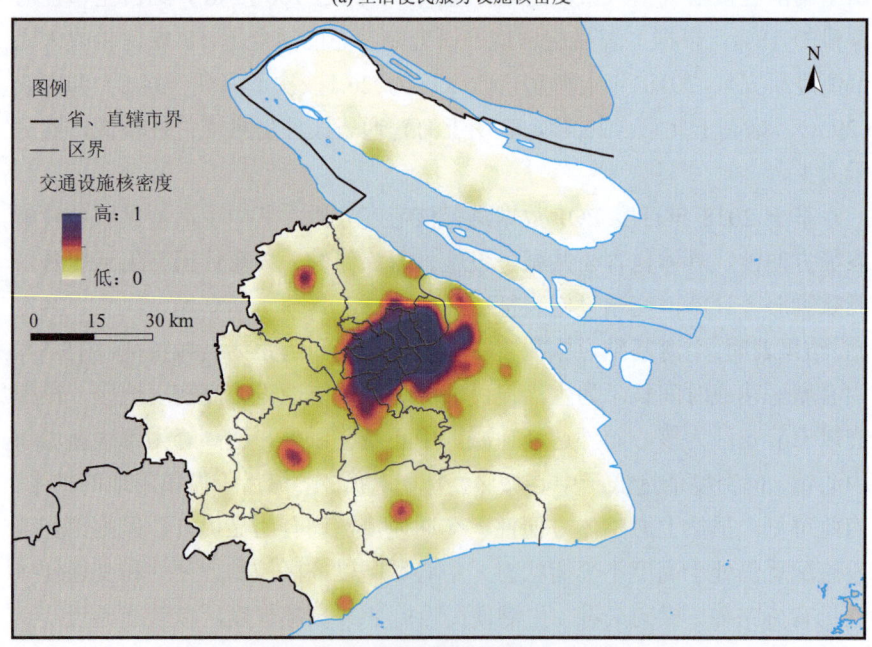

(b) 交通设施核密度

图 5-5　2018 年生活便民服务设施类、交通设施类 POI 核密度
图中核密度计算结果经过归一化处理

（4）生活舒适性提升，但空间分布不均衡。生态层面主要关注城市自然环境，关乎人居中的健康性和舒适性，研究表明城市生态用地结构与规

模的优化提升不仅有利于城市生活舒适度的提升，还能够进一步提升城市竞争力（石忆邵等，2017）。21 世纪以来，除去 2009 年统计口径变化影响外，上海绿地面积、绿化覆盖率均保持整体上升趋势，其中 2008~2015 年绿化覆盖率增速较慢，到 2018 年人均公园绿地面积为 8.2m^2，绿化覆盖率为 39.4%（表 5-6）。相比于享有"花城"之称的广州，上海绿化发展较为落后，2018 年广州人均公园绿地面积达到 17.3m^2，建成区绿化覆盖率达到 45.13%，超出上海 5.73%。环境空气质量优良率波动幅度较大，2000~2012 年空气质量稳定增长，2013~2018 年则属于波动上升。

表 5-6　2000~2018 年上海生态指标

年份	人均公园绿地面积/m^2	绿化覆盖率/%	环境空气质量优良率/%
2000	4.60	22.20	80.80
2001	5.56	23.80	
2002	7.76	30.00	—
2003	9.16	35.20	—
2004	10.11	36.00	85.20
2005	11.01	37.00	88.20
2006	11.50	37.30	88.80
2007	12.01	37.60	89.90
2008	12.51	38.00	89.60
2009	12.80	38.10	91.50
2010	13.00	38.20	92.10
2011	13.10	38.20	92.30
2012	13.29	38.30	93.70
2013	13.38	38.40	66.00
2014	13.79	38.40	77.00
2015	7.60	38.50	70.70
2016	7.80	38.80	75.40
2017	8.10	39.10	75.30
2018	8.20	39.40	81.10

注："—"为当年统计年鉴缺失该数据。下同。

数据来源：《光辉七十载——上海历史统计资料汇编》。

3. 工业、商服用地占比与其产生绩效成反比

从上文分析中能够发现"三生"空间中生产空间内部占比结构为"农业>工业>服务业"，而自 1999 年始，上海产业结构顺利进入"三二一"时

代,恰与用地空间结构相反。以 2015 年为例,2015 年上海市生产总值约为 25270 亿元,其中占全市用地 11.01%的工业仓储用地创造出约 8409 亿元的产值,占全市生产总值的 31.3%;而仅占全市 3.35%的公共设施用地创造出 18353 亿元的产值,占全市生产总值的 68.3%,表现出服务业的高集聚、高产出效益的特征。

(三)上海市 2015 年中心城区"三生"空间结构

上海市中心城区为外环以内区域,中心城区是上海城市活动最集中的区域,承担上海科创中心建设核心功能的重任,下文将对上海市中心城区现状"三生"规模与结构及其用地效益进行分析。

1. 中心城区生活用地最大,生产用地中心零散边缘

与上海市整体"三生"空间布局不同,中心城区"三生"空间以生活空间为主,占主城区用地的 70.4%,生产用地占 26.28%,单纯生态用地占比极小(图 5-6),但值得注意的是,中心城区中有大量供市民休闲娱乐的广场绿地兼具城市生态气候调节等生态功能,下文会基于更详细的 POI 数据对其规模进行测度。从空间结构上看,越接近中心城区部分,生产用地破碎度越高,大块的生产用地主要散布在中心城区外圈,沿黄浦江两岸以及浦东新区东部片区。

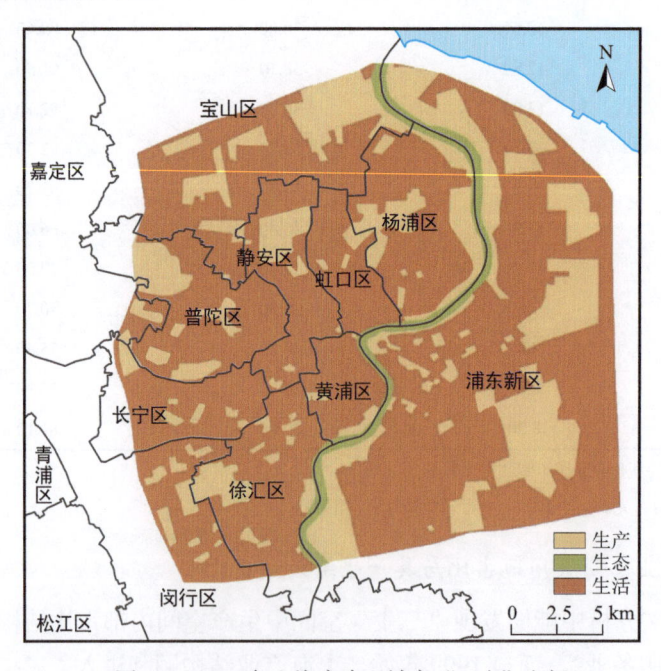

图 5-6 2015 年上海市中心城市"三生"空间

2. 公共管理及商业服务功能是核心生产功能

中心城区产业用地结构与上海市产业用地结构格局差异大，中心城区产业用地以公共设施用地为主，占中心城区总面积的 16.27%。其次是工业仓储用地，占中心城区总面积的 6.28%，空间上主要分布在中心城区北部，杨浦区、宝山区、浦东新区的黄浦江沿岸地区。耕地面积极小，仅占 3.72%，主要是由中心城区外延黄浦江延伸进入，中心城区耕地的生态功能意义大于生产功能意义（图 5-7）。

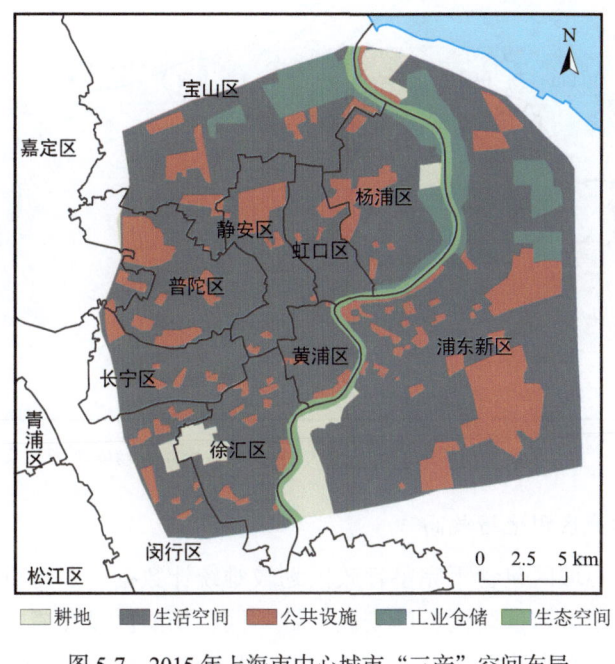

图 5-7　2015 年上海市中心城市"三产"空间布局

3. 广场绿地呈现高度集聚特征

借助 2018 年上海风景名胜 POI 数据，具体包括各类景区、休闲观光目的地、公园、广场，具体分析上海中心城区兼具生活、生态功能的广场绿地布局。结果表明，风景名胜点高度集聚于中心城区，这与中心城区绿地面积占比大相符，风景名胜密度次高峰分布与生活便民、交通设施有一定差异，除了中心城区外，峰值主要分布在嘉定、青浦、松江、闵行及浦东新区，而没有涵盖所有较为成熟的新镇和中心城（图 5-8）。聚焦中心城区，POI 密度也存在核心边缘分化特征，原静安区、黄浦区为集聚核，密度逐渐向外围递减，中心城区外围区域，包括徐汇区、长宁区、普陀区、原闸北区、虹口区、杨浦区、宝山区及浦东新区均属于公园绿地低密度区域，可见上海公园广场地块建设分布高度集聚，不利于大规模吸引、留住人才，尤其是总体生活质量要求更高的高素质人才群体。

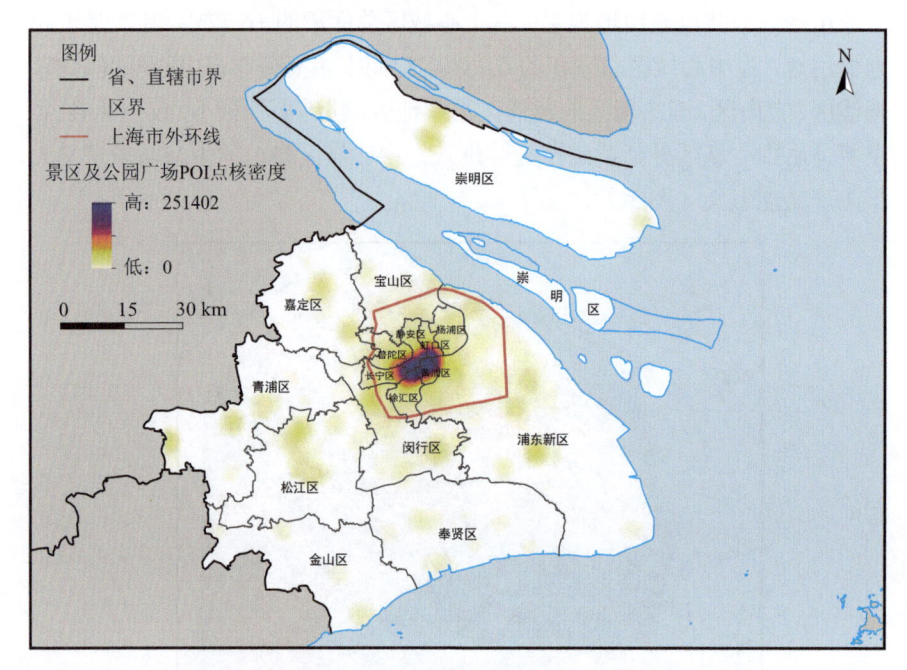

图 5-8 2018 年上海景区及公园广场 POI 点核密度

4. 中心城区用地绩效高

由于中心城区包含不完整行政区划较难统计数据，因而将黄浦区、徐汇区、长宁区、普陀区、静安区、虹口区、杨浦区以及浦东新区数据作为中心城区产出数据，其中浦东新区虽然大部分区域位于中心城区外，但其产生经济效益的核心区域为陆家嘴，因而将其经济数据计入中心城区内。

2005～2019 年中心城区工业产值占上海市工业总产值比例在 35.27%～37.17%波动，2019 年回归至 35.7%，同时近 15 年中心城区工业从业人员占比也表现稳定在 31%左右的特征（表 5-7），表明上海市工业产值格局基本稳定，全市约三分之一的工业产值来自于中心城区，而剩余三分之二工业产值源于非中心城区。由于缺少各区工厂面积数据，仅利用 2015 年工业仓储数据简要了解中心城区工业用地绩效。2015 年中心城区工业仓储用地占全市总工业仓储用地的 7.77%，创造工业产值占全市工业总产值的 37.17%，地均产出约为 20000 元/m^2，而全市工业用地地均产出仅约为 4171 元/m^2，可见中心城区工业用地产出绩效远高于非中心城区，表明中心城区工业较非中心城区工业附加值高、效益高。

表 5-7　2005～2019 年上海中心城区工业总产值、工业从业人员数及其占比

项目	2005 年	2010 年	2015 年	2019 年
工业总产值/亿元	5560.85	10685.78	11647.94	12464.65
占比/%	35.27	35.48	37.17	35.70
从业人员/万人	82.85	89.54	71.71	—
占比/%	31.22	30.54	31.92	—

数据来源：根据历年《上海市统计年鉴》整理，"—"为无统计数据。

三、全球科创中心建设背景下上海市远景用地规划

（一）"上海 2035"规划"三生"空间基本格局

1. 规划为生产用地围绕生活用地，叠加生态网络格局

"上海 2035""三生"空间用地规划基本格局与 2015 年现状格局相似（图 5-9），仍保留生活、生产的基本圈层结构，同时强化城市生态功能。

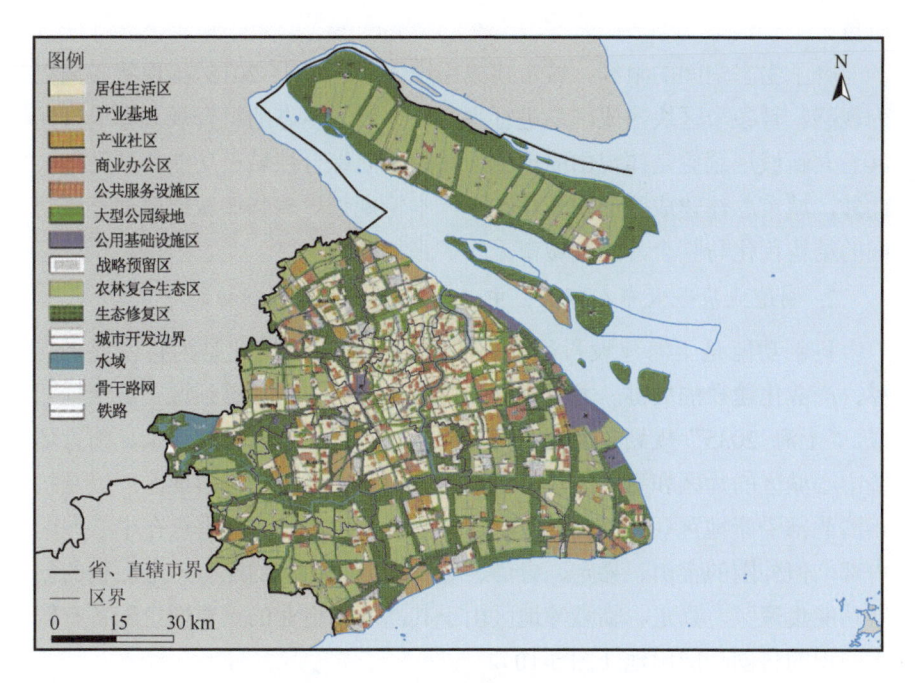

图 5-9　"上海 2035"用地规划图

资料来源：《上海市城市总体规划（2017—2035）》图集

工业仓储用地不再单独出现，而分为产业社区和产业基地。产业基地作为上海制造业发展重要基点，其布局相对 2015 年基本区位不变，仍集中在临近中心城区地带及杭州湾北部，但规划将制造业空间进一步整合并外迁，尤其是嘉定、青浦的制造业空间进一步向城市边缘贴近，靠近昆山，凸显上海在制造业方面面向长三角布局，与长三角其他城市对接的作用。但上海西南角与浙江交界处用地规划以农林复合生态区和生态修复区为主，一方面是由于太湖、黄浦江为重要水源地，属于重点生态保护区，不宜过度开发而以生态保护为主；另一方面也体现在制造业产业合作方面，上海与浙江省联系不如与江苏省联系紧密。2035 规划中提到"产业社区"，是上海为提升全球城市核心功能打造的融合科技、商务、文化、产业等多功能的复合型空间，主要集中在中心城区浦东片区边缘地带，以张江高科为核心据点，其余区域均有配置。

2035 规划中生态空间构建起上海基本骨架，生态修复区以网格化方式布局城市郊区地带，一方面起到限制新城开发建设边界作用，另一方面极大地提升城市生态空间比重，对应上海市构建宜居城市目标，中心城区部分大型公园绿地沿河流路网延伸渗入城市中心，提升市中心生活质量。

有了生态空间的限制，城市建成用地面积相对于 2015 年现状布局更为规整，且各个区块建成区均进行生产、生活、生态的组合规划布局，尤其五大新城规划更是体现由简单的产城融合向综合性城市功能转型升级。此外，城市总体建成区面积变化较小，本轮规划更多强调城市内部存量空间的结构优化与整合，控制城市无序扩张与蔓延。

2. 制造业基地散布在郊区，中心城区承担主要科创功能

科创功能是上海建设科创中心的核心功能，制造业是为科创提供支撑、产业化途径的关键，尤其先进制造业更是与科创关键领域突破相辅相成。"上海 2035"规划布局中，先进制造业基地主要布局在宝山、闵行环绕中心城区的片区和嘉定与江苏昆山等重要制造业城市接壤地区，以及杭州湾北部沿岸地区（图 5-10）。而科技创新要素规划布局重点在中心城区内部，但外围的宝山、嘉定、青浦、奉贤、南汇新城均配有一定面积的创新功能集聚区，嘉定、临港等地区由于其高端制造业的重要性也配备有较大面积的科创功能用地（图 5-10）。

(a) 制造业布局

(b) 科技创新布局

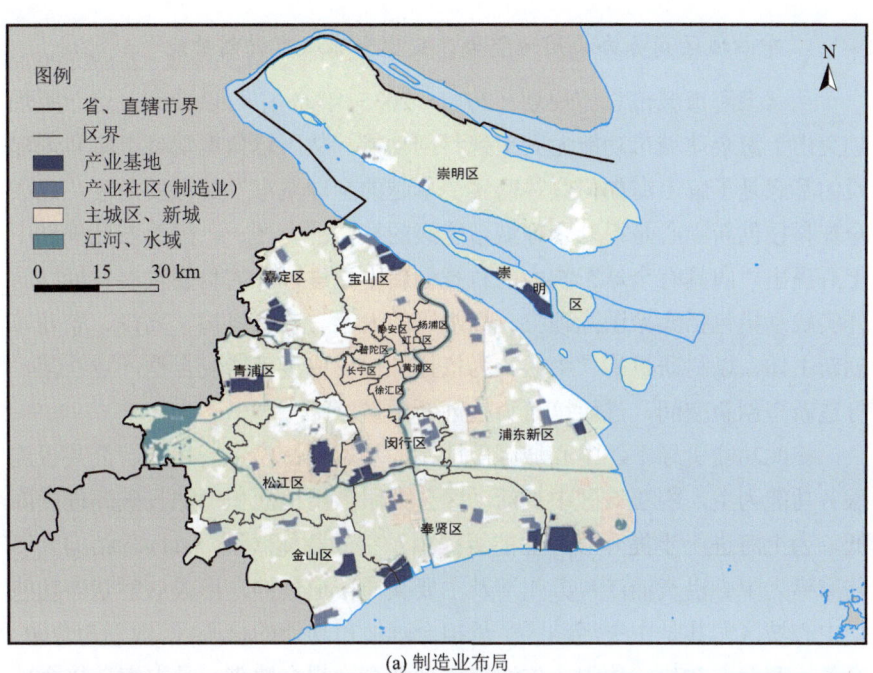

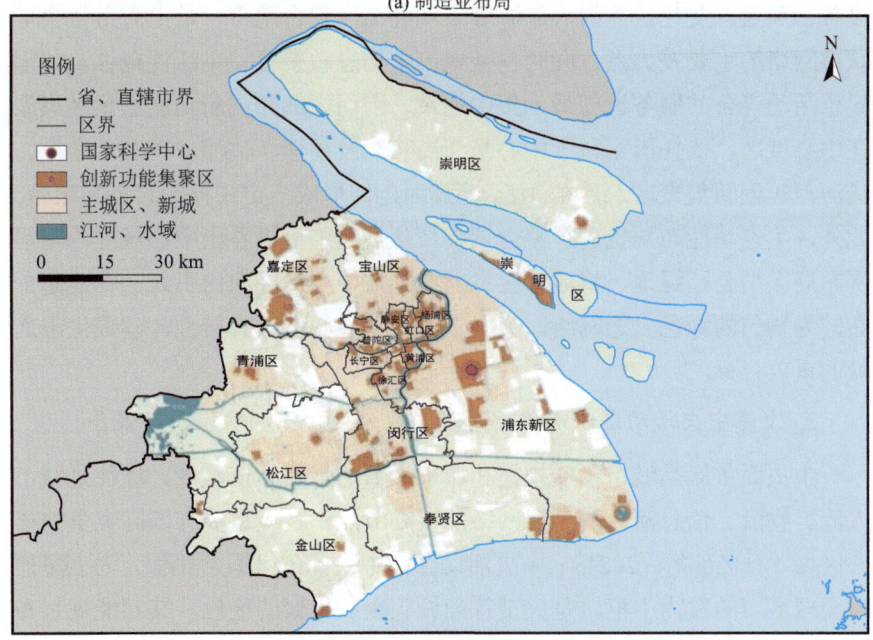

图 5-10 "上海 2035"先进制造业与科技创新布局规划图
资料来源:《上海市城市总体规划(2017—2035年)》图集

（二）中心城区用地及功能规划

1. 中心城区商务办公用地整合，突出全球城市科创功能

从《上海市城市总体规划（2017—2035 年）》中可以看到，这一版规划突出上海全球城市功能尤其重视科创功能，从用地角度观察上海科创建设的基底是了解上海如何具体落实"卓越的全球城市"的重要角度。建成全球科技创新中心是提升全球城市能级的核心动力之一，因而在此规划中上海提出"向具有全球影响力的科技创新中心进军"的科创发展目标。具体实践举措包括集聚国际顶尖、高水平的人才、科研机构、高校、企业等创新主体，以科研机构（中心）为依托加快形成多功能复合型产业社区，打造新型创新空间，进而培育科技创新力量。

在此功能引导下，中心城区用地格局基本维持以生活功能、公共设施服务功能为主，中心城区中央活动区公共服务用地面积增加且破碎程度降低，为上海进一步提升服务业能级提供了空间载体（图 5-11）。结构上以陆家嘴为中心沿黄浦江、苏州河及主要交通干道延伸，形成放射状。功能上中心城区尤其是中央活动区是承担全球城市功能的核心区，规划为金融、商务、商业、文化、休闲、旅游等多功能高度耦合地带，是上海链接全球城市网络的主要发力点，同时也是城市中信息敏感度、生活便捷性、休闲娱乐活动等公共服务设施最为集中地带，因而大部分创新功能集聚区集聚在中心城区，依托国家科学中心张江高科以及杨浦、桃浦、市北、金桥、漕河泾等创新集聚区，沿黄浦江、苏州河延伸形成一定规模的科创集聚带。此外，生态功能布局也进行整合调整，从规划中可以看出中心城区内沿河网布局大型公园绿地，将城市生态功能从非中心地区向内引入，构建起分布较为均匀的绿色生态网络，突出上海优化中心城区宜居性，建成生态之城的重要目标。

2. 上海中央活动区以居住、商服用地为主，强调功能高度混合

中央商务区是城市发展规模和城市形象的重要体现区域，往往是城市人流、物流、信息流、资金流网络的核心节点，是城市参与国际竞争的核心区域（石忆邵等，2021）。中央活动区与中央商务区概念相似，为上海建设全球城市的发力中枢，是关键行业领头企业集聚的区位，其功能规划布局是上海未来发展目标和方向的集中体现。

图 5-11 "上海 2035"主城区用地规划图
资料来源：《上海市城市总体规划（2017—2035 年）》图集

根据《上海市城市总体规划（2017—2035 年）》报告，"中央活动区为全球城市核心功能的重要承载区，……重点发展金融服务、总部经济、商务办公、文化娱乐、创新创意、旅游观光等功能"。2035 规划中中央活动区总面积约 75km²，功能分布上北部以商业服务业和商业办公用地为主，中部主要为生活功能用地，南部则以公共绿地及商服用地为主。其中，中央活动区的商服用地强调功能高混合度、高集聚度，而不是单一的功能占有（图 5-12）。

在预计产生绩效角度，上海中央活动区内将容纳百万级人口总量，人口密度约为 2.3 万人/km²，提供岗位密度约为 3.6 万个/km²（阎力婷等，2021）。

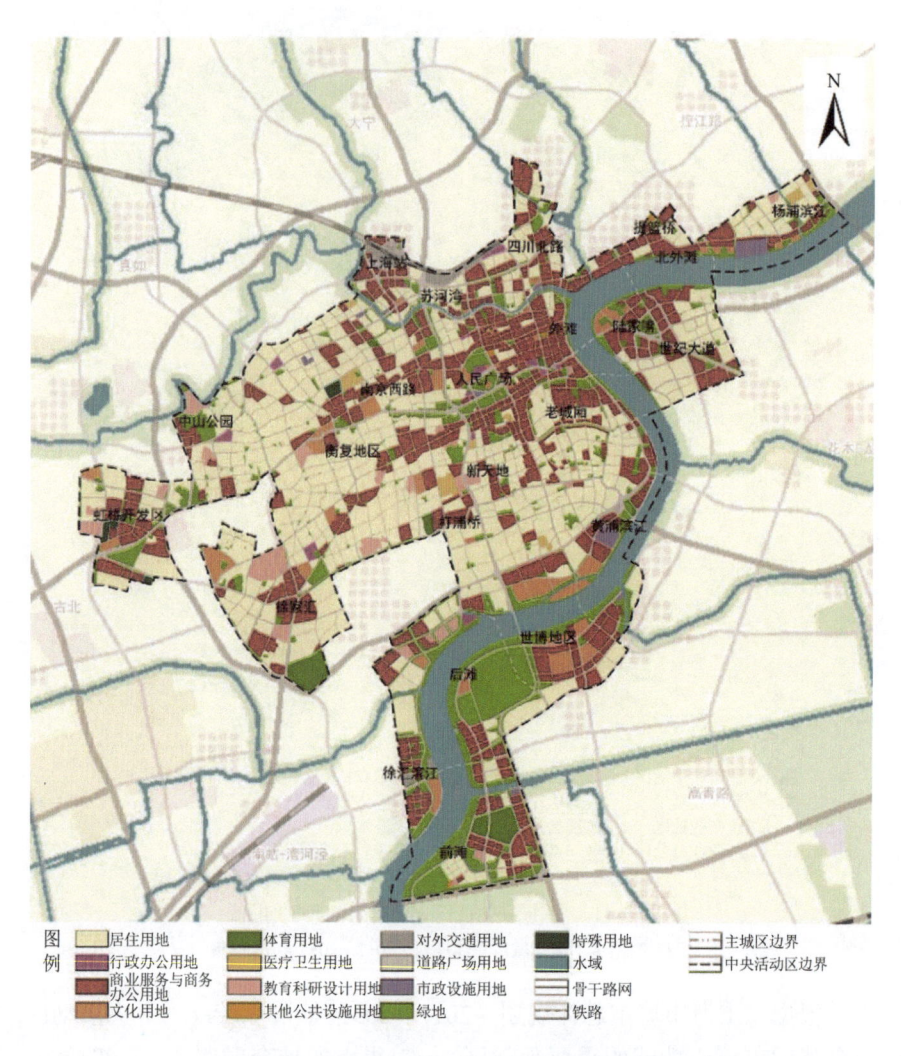

图 5-12 "上海2035"中央活动区用地规划图
资料来源:《上海市城市总体规划（2017—2035年）》图集

第三节 国际典型科创城市对标分析

当前国际国内典型科创中心包括伦敦、纽约、硅谷、筑波、新竹、北京、深圳等，从承载功能和体量尺度特征看，硅谷、新竹、筑波等科创产业园区尺度的科创中心承载功能较为单一，容纳人口、经济体量相对较小，而伦敦、纽约等城市作为国家经济、商贸、金融、创新中心，其科创功能嵌入其他社会、经济、产业功能，成为全球城市运作的一部分。上海在2035

年远景规划中提出建设成为我国经济、金融、贸易、航运和科技创新中心城市,综合型职能定位决定了上海的全球科创中心建设模式与硅谷等专注科创发展的模式不同。据此,本节选取伦敦、纽约作为上海建设科创中心的国际对标城市。

一、国际典型城市案例分析

(一)国际科创中心建设用地规模与产出效益

伦敦、纽约城市发展较早,如今建设用地规模已趋于稳定。伦敦自20世纪70年代以来,建设用地面积基本维持在1600 km²左右,约占大伦敦地区总面积的23.7%,这主要是因为早期规划形成的绿化环带限制了城市持续横向扩张蔓延。纽约同样表现出近半个世纪以来相对稳定的城市建设用地规模,1988年纽约建设用地总量约579.77 km²,至2006年建设用地面积为619.26 km²,仅增加6.8%(石忆邵等,2017)。

土地高效利用是伦敦、纽约土地利用的重要特点,早在1998年大伦敦区域建设用地单位面积产出就达到1.39亿美元/km²,折合约11.51亿元/km²。纽约2006年城市生产总值为4780亿美元,当年建设用地面积为619.3 km²,地均经济产出为7.72亿美元/km²,远超大伦敦建设用地地均经济产出绩效(关兴良等,2012)。

(二)国际科创中心"三生"用地结构特征

1. 伦敦"三生"空间结构呈"圈层+放射"结构

通常意义上的伦敦,指大伦敦地区,包含32个自治市,面积为1579km²,远小于上海市行政区划面积。近年来伦敦基本土地利用格局变化较小,以2015年伦敦土地利用图对"三生"基本格局现状进行分析(图5-13)。总体来看,伦敦基本用地格局与上海相似,生活居住空间占据绝大部分面积,空间结构上形成"圈层+放射"结构,圈层由内向外分别是"生产—生活—生态",即伦敦主要生产功能布局在中央活动区(红线范围内地区),尤其是伦敦城地区集聚了大量商业、服务业,承担伦敦主要经济产出和就业,最外围与英国东南部交接地区为大范围的生态用地,称为"绿带",是大伦敦地区历次规划的产物,为了限制城市无序蔓延,提高城市内部发展效益,同时边缘绿带沿河流、交通要道向中央活动区蔓延,形成城市生态网络。

具体关注生产功能,伦敦生产用地主要为办公、服务功能,制造业用地相对较少,没有明显的集聚特征,同时工业遗留棕地也是伦敦城市规划中较为重点关注的用地类型,强调对棕地的生态修复、功能转化,将其再利用。可见伦敦产业结构服务业化突出,工业制造业占比较低。

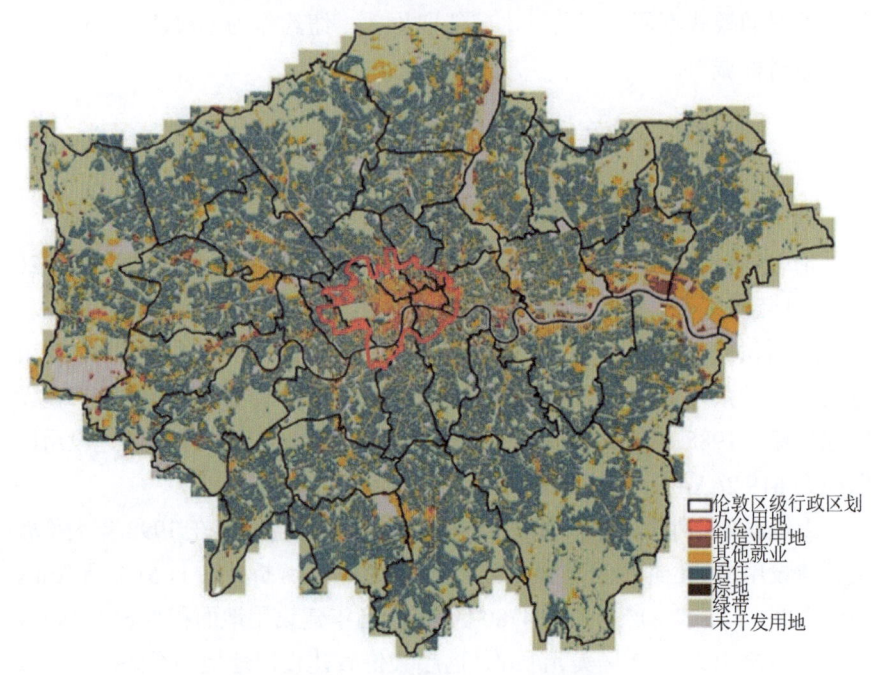

图 5-13　2015 年伦敦土地利用图

资料来源:根据 Mayor of London. Economic Evidence Base for London 2016. 2016.转绘制

2. 纽约"三生"空间结构布局

纽约位于纽约州东南部,哈德森河出海口,面积为 595.83km²(不包括海域),略小于伦敦,城市形态相对于上海、伦敦较为破碎,被河海分割成三个部分,用地布局结构受到影响。纽约土地利用类型中,同样以居住用地为主,占纽约总面积的 35.19%,其次是公共开敞空间和公共服务设施及交通用地,分别占纽约总面积的 28.48%和 14.96%,公共开敞空间多为公园、广场等生态、生活用地,表明生态建设是纽约城市建设中较为重要的一部分(表 5-8)。

表 5-8　2018 年纽约各区主要土地利用类型面积及占比

用地类型	布鲁克林 面积/km²	布鲁克林 占区面积比例/%	曼哈顿 面积/km²	曼哈顿 占区面积比例/%	布朗克斯 面积/km²	布朗克斯 占区面积比例/%	皇后区 面积/km²	皇后区 占区面积比例/%	斯塔腾岛 面积/km²	斯塔腾岛 占区面积比例/%	占纽约总面积比例/%
居住用地	61.67	39.39	10.87	23.21	28.58	33.40	101.30	45.40	7.64	9.01	35.19
工业用地	6.69	4.30	0.46	0.98	3.02	3.52	7.30	3.27	2.73	3.22	3.39

续表

用地类型	布鲁克林 面积/km²	布鲁克林 占区面积比例/%	曼哈顿 面积/km²	曼哈顿 占区面积比例/%	布朗克斯 面积/km²	布朗克斯 占区面积比例/%	皇后区 面积/km²	皇后区 占区面积比例/%	斯塔腾岛 面积/km²	斯塔腾岛 占区面积比例/%	占纽约总面积比例/%
商业办公用地	5.12	3.29	4.57	9.77	3.64	4.25	7.11	3.19	4.70	5.55	4.22
商业居住混合	6.98	4.49	6.54	13.96	2.80	3.27	4.20	1.88	0.73	0.87	3.57
公共服务设施及交通用地	14.31	9.20	8.39	17.91	12.04	14.07	39.15	17.55	15.24	17.98	14.96
公共开敞空间	53.50	34.40	11.27	24.06	26.77	31.29	44.65	20.01	33.52	39.53	28.48
其他	7.66	4.93	4.73	10.10	8.72	10.19	19.39	8.69	20.23	23.86	10.19

数据来源：https://zola.planning.nyc.gov/.

空间结构上，纽约生产用地集聚特征较为突出，商业用地高度积聚于曼哈顿南部，工业用地比例较伦敦更大，且大部分沿河分布，呈条带状，主要受到航运便利性影响（图 5-14）。生态用地分布结构与伦敦和上海相似，

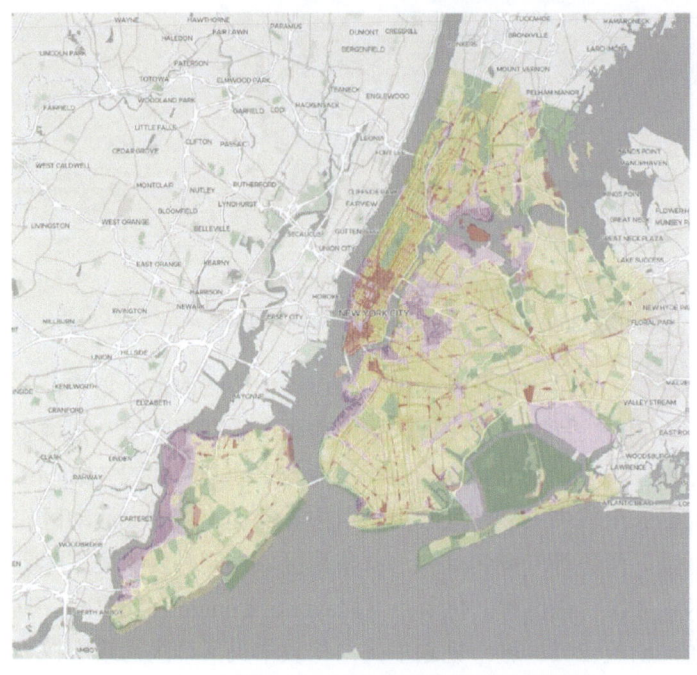

图 5-14 2018 年纽约市土地利用图
资料来源：https://zola.planning.nyc.gov/

具有突出的"边缘大—中心碎"的特征，即大块生态用地均分布在城市边缘，而城市内部生态用地多为见缝插针地散布其中，破碎度较高，但每个区都布局了较大比例的生态用地（约20%～40%），即使在核心区曼哈顿，开敞空间比例也达到了24.06%，人工规划的中央公园是曼哈顿的标志性地点，进一步表明了生态用地是全球科创城市建设过程中不可忽视的部分。

（三）伦敦、纽约核心功能区用地格局

1. 伦敦中央活动区

（1）区位与功能。伦敦中央活动区是伦敦活力中心以及全球化标志的核心，是集金融、科创、文化于一体的城市多功能中心，其地理区位大致处于伦敦中心地带，泰晤士河自西向东穿越中央活动区，覆盖威斯敏斯特市东南部，面积约 21km^2，占大伦敦总面积的 1.33%（图 5-15）。

图 5-15　伦敦中央活动区区位

资料来源：London City Hall. The London Plan 2021

中央活动区概念最早出现在威斯敏斯特市的中心区改造计划中，被视为 CBD 的升级。中央活动区与 CBD 最大的差距在于其并非单一强调金融集聚，而倡导高集聚度、富混合度的战略功能与土地利用模式（Mayor of London，2021a）。伦敦中央活动区战略指引中重点提出将中央活动区作为英国及国际金融、商务等专业化企业总部集聚区域，同时要建成国际重要的科学、技术、传媒、通信和文化节点（Mayor of London，2021b）。具体产业发展方面，伦敦 2021 城市规划中提出伦敦中央活动区为政府权力机关、医疗健康、法律、教育、各类文创活动的专业化集聚地区，同时还强化该地夜间经济、旅游业等功能的发育。多种城市功能的高度混合带来高密度的经济交流以及人员往来，对该区域基础设施、公共交通系统高效运作提出极高要求。因而，伦敦中央活动区也是伦敦公共交通体系最完善的区域。

尽管中央活动区是功能高度混合地带，但也有一定的功能分区。伦敦西区是零售、住宅、文化、娱乐、住宿、办公等功能混合区，金融城和东区（包括道克兰地区）主要是金融商务、办公以及商业地产等产业集聚地，泰晤士河南岸地区以旅游、休闲娱乐功能为主。

（2）伦敦中央活动区以生产、生态用地为主，居住生活用地占比小。

2015年伦敦土地利用以居住用地为主，核心中央活动区则以生产空间为主，服务业用地以及商务办公用地以伦敦金融城为中心向外扩散，中央活动区西区则主要以生态用地及部分非制造业、办公用地为主。总体来看，中央活动区居住空间主要分布在中央活动区边缘。

（3）伦敦中央活动区用地产出绩效高。伦敦中央活动区集聚金融、科创、文化、创意、旅游等多种功能，产生出极大的经济效益，从2007～2018年中央活动区与伦敦其他地区、英国其他地区产业增加值指数变化中可得，中央活动区为英国、伦敦经济增长动力最强的地区，且在2015年后与其他地区的差距逐渐拉大（图5-16）。官网数据显示，中央活动区以伦敦1.33%的用地面积创造出英国10%的经济产出，提供约170万个就业岗位，占伦敦总体就业岗位的三分之一，地均就业岗位密度达到7.7万个/km²，而大伦敦地区地均岗位密度仅0.37万个/km²[①]。

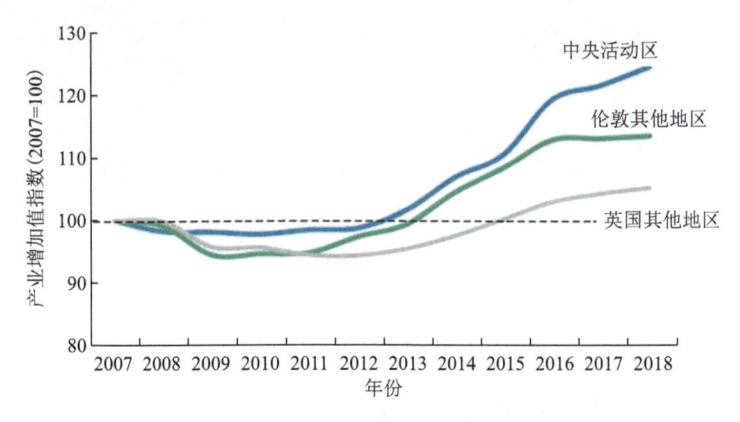

图5-16 2007～2018年英国区域产业增加值指数

资料来源：Grant London Authority. Central Activities Zone (CAZ) Economic Futures Research[R].2021

---

① 数据来源：伦敦市政厅. https://www.london.gov.uk/what-we-do/planning/implementing-londonplan/london-plan-guidance-and-spgs/central-activities-zone.

2. 纽约科创核心区：曼哈顿用地结构解析

曼哈顿是纽约金融、商务、科创功能主要承载区，尤其曼哈顿南部地区，是纽约公共交通线路最密集、容纳就业岗位最集中的地区（图5-17）。从用地结构上看，曼哈顿区公共开敞空间占比最大，其次是居住用地、公共设施和交通用地，足见城市生态环境、休闲娱乐空间及公共设施完善便利的重要性。空间分布上，曼哈顿南北部土地利用差异较大，北部以居住区为主，中央公园中部布局大量高层建筑，南部则集聚大规模商业、办公用地，从中央公园南部街区向东部河岸、南部港口衍生，面积达到 4600 m^2，占曼哈顿总面积的 9.77%，是纽约五个区中商业办公用地占比最大的区域（表5-8），除单一商业办公用地外，曼哈顿还有约 14% 的商业居住混合用地，占比仅次于居住用地、公共设施及交通用地。此外西部哈德森河沿岸建有大量码头，工业用地布局于此，形成带状。

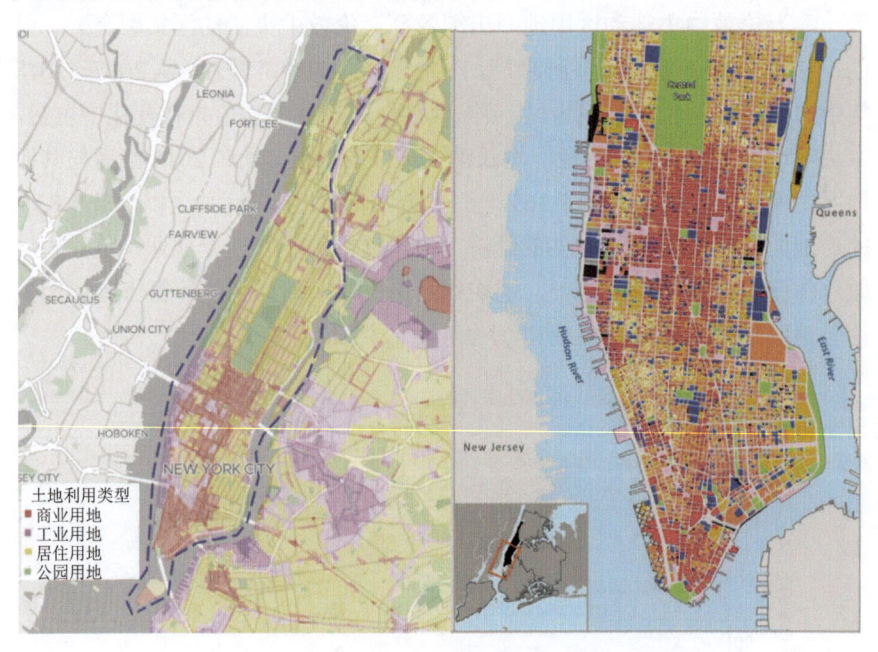

图 5-17 纽约曼哈顿区及曼哈顿南部土地利用图
资料来源：https://zola.planning.nyc.gov/

二、全球科创中心建设对标与启示

（一）上海对标国际科创城市"三生"空间的差距

由上述分析，我们发现上海市域范围内，生产空间为主要用地，其次是生活用地，而中心城区"三生"结构则以生活用地为主，生态用地占比极小。规模演化方面，由于上海建设用地的持续扩张，生产、生活用地均在增加，生产用地中工业、服务业用地面积均在增加，但自从浦东开发开放、我国"入世"以来，上海办公建筑面积扩张速度最快，表明上海商服功能发展最为迅速。空间布局方面，生活用地、公共设施用地主要布局在中心城区，工业用地集中在中心城区边缘。

从"三生"用地规模看，生活用地占大伦敦地区绝大部分用地，生产用地主要集中在内伦敦以及外伦敦东部泰晤士河沿岸地区，而生态用地则环绕伦敦并沿路网延伸进入城市中心。从规模演化上看，伦敦工业用地面积持续收缩，1974年伦敦工业建筑面积约为2420万 m^2，到2007年仅余962万 m^2，其中中心区以及伦敦北部地区工业用地建筑面积下降最明显，与此同时，服务业用地建筑面积则持续增长，体现出20世纪末以来，伦敦的去工业化以及服务业的快速崛起（石忆邵等，2021）。与纽约对比来看，上海生态用地尤其是中心城区内公共开敞空间面积较小，仅占4.6%，远低于纽约的28.48%，不仅是伦敦、纽约，国内新一批新城新区建设规划也表现出显著的生态转向，强调打造城市"绿底"，突出代表为雄安新区，坚持"构建蓝绿交织、清新明亮、水城共融、多组团集约紧凑发展的生态城市布局"，并提出城市蓝绿空间占比70%以上，上海在城市生态空间布局和规划方面对标国际国内科创城市、宜居城市均有较大差距。

对比发现，上海的"三生"空间结构还存在优化潜力：扩大生态用地比重，均衡布局。生态用地是城市复合生态系统中重要的组成部分（李锋等，2011），与城市竞争力提升、人才吸引息息相关，而上海生态用地占比小且分布不均，兼具生态功能的耕地布局在城市外围，而供日常休闲游憩的城市广场绿地则高度集中于市中心，导致中间圈层生态空间断层。

（二）国际科创、宜居城市建设启示

1. 控制城市蔓延，转向存量用地优化改造

从伦敦、纽约用地规模建设经验看，城市发展到较为成熟阶段，建设用地规模趋于稳定，且占比维持在30%以内。而2017年上海建设用地面积占上海市域面积的比例已超过50%，无序的城市蔓延导致耕地、生态用地被蚕食，城市内部通勤距离越来越长，不利于城市高效运作。因而要控制城市无序蔓延，对城市内部存量用地进行优化改造，以有效盘活用地。

纽约、伦敦建设用地产出早在20世纪末至21世纪初就远超如今的上海，城市是经济活动最集中的区域，但由于城市建设用地无效蔓延，上海建设用地地均产出出现负增长趋势，表明建设用地不能再继续扩张，提升

用地绩效才是当前上海首要解决的问题。

2. 科创功能聚焦核心片区，提升用地产出效率

从面积占比来看，上海中央活动区面积占市域面积略小于伦敦，但从绝对数值来看，上海中央活动区面积是伦敦中央活动区的 3.5 倍。中央活动区建设目的是将城市中多种重要功能的核心企业和人才高度集聚于一个区域内，便于交流合作，通过多样化和专业化提升城市创新能力，小范围内的高度混合才能够有效促进区域内人流、物流、信息流的高效流动，最大可能地压缩时空交流成本。上海中央活动区规划范围大，同时人口密度大，提供就业岗位也大于伦敦中央活动区，但岗位密度还不到伦敦中央活动区岗位密度的一半，表明上海中央活动区绩效尚有较大提升空间。此外，伦敦作为公认的全球城市，是全球经济活动的枢纽，能够在 $21km^2$ 的地域范围内容纳其金融、商务办公、科创文化等功能的核心部分，上海在全球城市网络体系中地位低于伦敦，在全球流空间网络中节点等级低于伦敦，相应的核心企业集聚能力弱于伦敦，过大的中央活动区面积容易导致经济活动密度被稀释，无法达到中央活动区高度集聚、多功能高度混合的目的。因此上海的中央活动区应进一步选定当前经济活动最为活跃的地区，缩小中央活动区范围，专注提升区域产出效率。

3. 在科创核心片区明确关键职能，适当弱化非核心功能

从中央活动区功能来看，上海与伦敦中央活动区规划功能基本相似，均侧重金融服务、总部经济、商务办公、文化娱乐、创新创意、旅游观光等功能的提升。但从用地布局来看，上海中央活动区根据其功能可分为上、中、下三个部分，上和下以商服用地和生态用地为主，但两个亚区之间被居住区隔开，导致两个亚区之间沟通被阻碍。而伦敦中央活动区为团块状，三个亚区相互之间交流距离均较合理，且生活居住功能并非其核心功能，因而在用地布局上体现为居住用地占比小且主要分布在中央活动区外围。上海中央活动区过多的居住空间设计干扰金融、科创等核心功能的沟通与串联，因此，上海中央活动区需要进一步建设全球科创城市所需的核心功能，适当将居住等非核心功能弱化，将其布局在中央活动区周边区域。

4. 优化城市治理能力，提升区域运作效率

中央活动区将城市最核心的多个功能高度融合在一个小范围内，这对于城市管理能力提出极高要求，高效、有序的运作才能够实现中央活动区内部杂而不乱的人、财、物交流网络，实现区域内的高效运作。因此，公共交通、道路规划以及基础设施建设是伦敦中央活动区规划指引中重要一

环，其交通网络规划涉及地铁、公交、出租、轮渡等多种交通工具，保障区域内部的高效运作。因此上海中央活动区应当从交通、基础设施以及有效的城市治理手段相互配合的角度提升中央活动区内部运作效率。

5. 搭建城市绿色生态网络，中心区生态用地碎片化布局

从伦敦、纽约的"生产-生活-生态"空间结构分析中可以看出，生态空间占比大，且均具有边缘规模大、中心碎但均匀的特征，尤其纽约的公共开敞空间面积大于生产空间，占纽约总面积比例仅次于居住用地，可见两个全球科创中心对城市内部生态空间的重视。上海的生态空间主要分布在主城区外的奉贤、松江、浦东新区南部等郊区地带，主城区内现状生态空间较少，《上海2035远景规划》中生态用地沿交通线向城市内部延伸，基本搭建起城市绿色生态空间网络，但主城区的生态空间规划仍以大片、完整带状绿地为主，在用地较为紧张的主城区，尤其是中央活动区内实践难度大。伦敦中央活动区对绿色空间见缝插针式的安排更能提高绿色生态空间的可达性和利用效率。

第四节 本章小结

科技创新中心城市建设不仅需要强大的科研基础，密集的创新要素，还需要坚实的产业基础支撑创新观点的实践、宜居的城市环境吸引高质量人才集聚，前者在城市空间上表现为生产功能用地，后者则指向城市的生活和生态功能用地。城市用地结构演化既反映城市功能导向的重心，同时又能从宏观层面上影响创新场景、人才宜居宜业环境的营造。本章从宏观城市建设用地结构到城市内部、中心城区土地利用结构多维度分析上海"生产-生活-生态"空间结构特征，解构其如何调整其"三生"基底以适应科创功能发育、人才集聚需求，并对标国际典型科创城市的土地利用格局特征，为上海用地格局进一步优化提供调整方向。分析结果表明：①改革开放至今上海城市用地持续蔓延形成"摊大饼"形态，土地利用效率虽保持稳定提升态势，但今年增速逐渐下降，表明城镇建设用地扩张效率后劲不足；②全市土地利用结构由核心向外围形成"商服-生活-工业-生态农业"的圈层结构，其中生产用地占比最高，其次是生活居住用地，生态用地占比最少，但在《上海2035远景规划》中，城市宜居性受到重视，城市绿色空间比例明显提高；③以纽约和伦敦作为国际科创中心城市典型对标案例，伦敦"三生"用地空间结构与上海类似，形成"圈层+放射"结构，

由内向外圈层依次为"生产-生活-生态"用地，但伦敦城市用地中生活用地占主导，生产用地比例较低，主要集中在其中央活动区，该区域内用地功能混合度高，地均产出效益极高；④纽约土地利用结构与伦敦相似，以生活用地为主，但相对于伦敦、上海，其突出特点是重视城市生态环境建设，生态用地比例仅略低于生活用地，即使在其核心区——曼哈顿区，城市开敞空间占全区总面积比例也达到24.06%，远高于上海；⑤对标国际科创城市用地规模、结构及产出绩效特征后，提出上海应控制城市规模并进行存量用地优化、提升绩效，提升中央活动区的商务办公、科创能级，同时重视城市宜居性建设，尽可能提高城市绿色空间面积，营造满足人才生活需求的生态环境。

第六章　上海科创中心城市建设的创新人才集聚

积极建设全球科创中心已成为越来越多国家和地区提升综合竞争力及应对新一轮全球科技革命的重要举措，而人才是全球科创中心建设的核心要素，促进人才集聚是驱动全球科创中心建设的主线和关键。2015年上海市委、市政府发布的《关于加快建设具有全球影响力的科技创新中心的意见》指出，上海要从引进海外高层次人才、发挥户籍政策的人才集聚优势、创新人才培养和评价机制等层面出发建设创新创业人才高地。2018年上海市正式推出"上海出入境聚英计划"，聚焦于吸引国家急需、紧缺的高端外籍人才，并不断出台创新举措、深化改革开放（葛雅青，2020）。上海与全球典型科技创新城市相比，其建设全球科创中心的出路在于创新人才（杜德斌和何舜辉，2016）。因此本章将首先剖析世界主要科创中心建设的人才依赖路径，明晰上海市人才规模与质量现状，以求找出上海建设全球科创中心城市的现实困境，提出驱动上海集聚全球科创人才的政策建议。

第一节　面向科创中心的人才范畴与测度方法

一、人才分类与统计范畴

（一）国际通行人才分类

目前，国际上通常根据知识与能力结构将人才划分为4种类型，分别是学术型人才、工程型人才、技术型人才和技能型人才（陈宇，2012），4种人才类型的具体概念如下所示（表6-1）。其中，学术型人才与其他三类人才的区别较为明显，而工程型、技术型、技能型三类人才之间的界限较为模糊，一般可将这三类人才通称为"应用型人才"（董鸣燕，2015）。

表 6-1　国际通行人才的类型及内涵

人才类型	内涵
学术型人才	发现和研究客观规律的人才
工程型人才	指主要从事设计、规划以及复杂技术和管理工作的人才，旨在将科学原理和学科知识转化应用于工程或项目的设计方案、工作规划及运行决策
技术型人才	指侧重于技术领域内生产技术的学习及经营决策、研发能力的养成，注重综合运用所学知识来解决实际问题的能力
技能型人才	指主要依赖操作技能进行工作，其可将工程型人才的设计方案及文本等转化为不同形态的产品

资料来源：根据沈云慈（2014）整理。

（二）中国国情下上海科创中心人才分类

新中国成立后的很长一段时期内，我国对人才的界定较为单一，对人才的类型划分也较为简单，大致将人才划分为党政人才、企业经营管理人才、专业技术人才三类（李宜馨，2020）。2003 年全国人才工作会议提出要大力培养各类人才，加快人才结构调整，为全面建设小康社会提供坚强的人才保证和智力支持，并在原有三类人才之外新增高技能人才和农村实用人才。2010 年全国人才工作会议发布《国家中长期人才发展规划纲要（2010—2020 年）》，纲要指出为进一步适应社会经济发展需求，在五类人才之外新增社会工作人才这一类别。

为更好落实《国家中长期人才发展规划纲要（2010—2020 年）》，加快人才强国建设步伐，2011 年中共中央组织部与有关部门组织开展了首次全口径全国人才资源统计调查工作，并组织编纂了《中国人才资源统计报告》(2010)。截至目前，该系列人才报告已更新至 2016 年。中央组织部发布的《中国人才资源统计报告》（2015），将人才资源划分为党政人才、企业经营管理人才、专业技术人才、高技能人才、农村实用人才及社会工作人才共 6 种类型，各类型人才的统计范畴见表 6-2。

表 6-2　各类型人才统计范畴

人才类型	统计范畴
党政人才	列入公务员法实施范围的中国共产党各级机关、各级人民代表大会及其常务委员会机关、各级行政机关、中国人民政治协商会议各级委员会机关、各级审判机关、各级检察机关、各民主党派和工商联的各级机关的公务员、试用期人员，以及参照公务员法管理的人民团体和群众团体机关工作人员和试用期人员
企业经营管理人才	我国境内各类企业中从事经营管理工作的人员，以及各类民办非企业事业单位中的经营管理人员

续表

人才类型	统计范畴
专业技术人才	我国境内各类企业、事业单位、机关及民办非企业单位中从事专业技术的人员（包含事业单位管理人员）
高技能人才	我国境内各类企业、事业单位、机关及民办非企业单位中工勤技能岗位工作、具有较高技能水平的人员
农村实用人才	国内具有一定知识或技能，为农村经济和科技、教育、卫生、文化等各项社会事业发展提供服务、作出贡献，起到示范或带动作用的农村劳动者
社会工作人才	指具备一定社会工作专业素质，在相关领域从事专门性社会服务的人员

资料来源：《中国人才资源统计报告》（2015）。

除了中央组织部发布的人才分类方式以外，相关学者还基于人才所从事的行业性质、成长和发展过程、思维类型、才能高低和贡献大小、知识面大小、才能表现等多个视角对人才进行类别划分（徐庆东，2005），具体划分依据和划分类别见表6-3。

表6-3 人才分类依据及类别

人才划分依据	人才划分类别
从事的专业性质	党政、教育、卫生、科技、法律、金融、艺术、军事等
成长和发展过程	准人才、潜人才、显人才
才能表现	早熟型、多艺型、多产型、晚器型
才能特点	发现型、再现型、创造型
才能高低和贡献大小	一般人才、杰出人才、伟大人才
知识面大小	通才、专才
社会分工	农业、商业、服务业、教育、卫生、科技、军事、政治等
思维类型	线型、平面型、立体型
双轨制运行状况	体制内人才、体制外人才

二、研究方法与数据来源

（一）研究方法

1. 区位熵

区位熵是指某一地区特定部门的产值在本地区工业总产值中所占的比例与全国该部门产值在全国工业总产值中所占比例之间的比值，最初用来判断一个产业是否构成地区专业化部门，后来被扩展运用于人口学领域中，反映人口的集聚化水平。本研究运用国际人才区位熵对国际人才的集中化程度进行探究,将国际人才区位熵定义为某一地区境外专家人数在全部就业人员总数中所占比例与全国境外专家人数在全国就业人数中所占比例的比率,公式如下:

$$\mathrm{LQ}_{ij} = \frac{X_{ij}/X'_{ij}}{Y_{ij}/Y'_{ij}} \tag{6-1}$$

式中,X_{ij} 表示某一地区境外专家人数;X'_{ij} 表示这一地区就业人口总数;Y_{ij} 表示全国境外专家人数;Y'_{ij} 表示全国就业人口总数。区位熵越大,表明这一地区国际人才聚集化水平越高。

2. 区域差异测度指数

运用基尼系数和集中化指数对上海市人才的空间集聚化态势进行测度,初步判断人才在空间上的演变是呈集中趋势还是分散趋势,公式如下:

$$G = \frac{2 \times \sum_{i=1}^{n} i \times X_i}{n^2 \times |\bar{X}|} - \frac{n+1}{n} \tag{6-2}$$

$$I = \frac{A-R}{M-R} \tag{6-3}$$

式中,G 表示基尼系数;I 表示集中化指数;n 表示研究单元数量;X_i 表示各区县人才密度;$|\bar{X}|$ 表示各区县人才密度的平均值;i 按照各区县人才密度的大小进行排序;A 表示上海市不同区县人才密度的累计百分比;R 表示上海市人才密度均匀分布时的累计百分比;M 表示上海市人才密度集中分布时的累计百分比。G 值、I 值越高,表示上海市人才分布越趋于集中和不均衡,反之,表示上海市人才分布越趋于分散和均衡。

3. 空间自相关分析

运用全局莫兰指数进行空间格局分析,探究上海市各区县人才密度的空间集聚程度;利用局部空间自相关指数(Local Moran's I)、Moran's I 散点图进行局部空间格局分析,探究上海市人才密度在局部空间分布的差异程度。计算公式如下:

$$\text{Moran's } I = \frac{n \sum_{i=1}^{n} \sum_{j \neq i}^{n} W_{ij}(X_i - \bar{X})(X_j - \bar{X})}{\sum_{i=1}^{n} \sum_{j \neq i}^{n} W_{ij} \sum_{i=1}^{n} (X_i - \bar{X})^2} \tag{6-4}$$

$$I_i = \sum_{j=1}^{n} W_{ij} Z_i Z_j \qquad (6\text{-}5)$$

式中，n 为研究单元数量；X_i 和 X_j 分别为 i、j 地区人才密度；$\bar{X}$ 为所有地区人才密度的平均值；W_{ij} 为权重。Moran's I 取值范围为 $[-1,1]$，若 Moran's I 大于 0，则表示区域人才密度呈现空间正相关；若 Moran's I 等于 0，则表示区域人才密度不存在空间自相关特征；若 Moran's I 小于 0，则表示区域人才密度呈现空间负相关。式（6-5）中，Z_i 和 Z_j 是任意两个地区人才密度的标准化均值；W_{ij} 为空间权重。在给定置信水平下，若 I_i 大于 0 且 Z_i 大于 0，则地区 i 为高—高型；若 I_i 大于 0 且 Z_i 小于 0，则地区 i 为低—高型；若 I_i 小于 0 且 Z_i 大于 0，则地区 i 为高—低型；若 I_i 小于 0 且 Z_i 小于 0，则地区 i 为低—低型。

4. 相对熵

研究采用相对熵来衡量上海市人才在职业部门分配的均衡性，其表达式为

$$R = \left(-\sum_{j=1}^{k} \frac{Q_j \ln Q_j}{\ln k} \right) \times 100 \qquad (6\text{-}6)$$

式中，R 为相对熵；Q_j 为第 j 类职业部门中人才占人才总量比例；k 为职业部门数量。R 的取值范围为 $[0,100]$，R 越大表示人才在各职业部门中的多样化程度就越高，劳动力分布越均衡；R 越小表示人才越集中在某些职业部门中，劳动力分布越不均衡。

（二）数据来源

党政人才、企业经营管理人才、专业技术人才、高技能人才、农村实用人才及社会工作人才的相关数据主要来源于 2010~2016 年《中国人才资源统计报告》，国际人才规模的相关数据主要来源于 2010~2015 年《境外来中国大陆工作专家统计调查资料汇编》，境外留学生流入的相关数据主要来源于 2010~2018 年《来华留学生简明统计》，人才规模、人才职业结构及人才年龄结构的相关数据主要来源于上海市第五次、第六次人口普查资料以及 2005 年、2015 年上海市人口抽样调查资料，人口结构及人才文化结构的相关数据主要来源于 2001~2019 年《中国人口和就业统计年鉴》，上海市各行业职工年平均工资的相关数据主要来源于 2011~2018 年《上海统计年鉴》，全球主要城市人才竞争力指数的相关数据主要来源于 2019 年《全球人才竞争力指数报告》。

第二节　世界主要科创中心建设的人才依赖与上海现实

一、科创中心的人才依赖理论

1912年美国经济学家熊彼特在其著作《经济发展理论》一书中首次提出"创新"的概念，创新理论经过多年的发展和完善，形成了线性和非线性两种模式，三螺旋理论即为非线性创新模式的分支之一（杜勇宏，2015）。三螺旋理论认为区域内的创新主体主要是大学、产业和政府，三者的功能分别为知识创造、财富生产和政策协调，强调了学术界、产业界和行政界的合作关系，打破了创新主体的传统边界，使不同创新主体互相影响，共同推动知识创新、制度创新、技术创新，进而形成一种创新环境（林学军，2010）。

根据三螺旋理论，大学、企业、政府在区域创新体系中呈现出三种不同形式的三螺旋结构。第一种是国家社会主义模型，政府处于主导地位，学术界和产业界隶属于政府系统（余晓芳，2016）。第二种是自由放任的模型，大学、企业、政府三个创新主体间的界限较为清晰，各主体独立发展，缺乏有效的互动与交流。第三种是三重螺旋模型，大学、企业和政府三个创新主体间互动交流增强，存在职能上的重叠，三个创新主体除了完成自身传统职能外，还担当起其他创新角色（吴敏，2006）。

综合来看，三螺旋理论各主体间可通过人才流、技术流、资金流的不断交流与共享，共同推进区域协同创新。三螺旋理论凸显了人才对区域创新的关键支撑作用，实现人才集聚尤其是创新人才集聚已成为建设全球科创中心的主线和关键。目前，世界主要城市为打造科技创新人才高地，相继出台人才新政，试图通过优化人才引进政策、加大创新创业扶持力度、完善晋升体制机制、提高公共设施服务水平等措施为人才提供优良的工作环境及便捷舒适的生活环境，从而吸引并留住人才。人才资源是科技创新的核心要素，而人才的高效运转则是促进科技创新的助推剂。整体而言，高校、科研机构、企业及政府之间的良性互动有利于完善人才培养环境，提高人才资源配置效率，促进科技成果高效转化，进而提高人才的总体效能。具体来看，高校为科研机构、企业等提供创新人才资源，科研机构和企业将知识和技术转化为实际应用，政府则为人才发展提供资金和政策保障。

三螺旋理论对全球主要科创城市的建设具有重要意义。如硅谷作为世界科技之都，形成了由高校、科研机构、企业、政府等创新主体组成的复杂创新系统，其中高校为硅谷创新网络输送创新人才和知识成果，"引擎企业"作为中坚力量构筑了硅谷的创新网络并促进区域创新种群不断演化，奋发有为的政府则为硅谷包括创新人才培养、知识产权保护、研发经费投入等在内的创新系统的形成提供各类制度保障（胡曙虹等，2016）。纽约作为全球城市的典型代表，被视为国际科技创新与金融双中心城市，当下纽约已发展成为继硅谷之后的全球第二大科技创新中心，美国"东部硅谷"、世界"创业之都"已成为纽约城市的新标签（盛垒等，2015）。纽约在科技创新领域获得的长足发展与高校、企业及政府等创新主体间的良性互动息息相关。纽约拥有的众多世界一流高校及科研机构，为其科创城市建设提供了充足的创新人才储备，高新技术产业的高度聚集为知识及技术成果的高效转化提供了可能，强有力的政府促成了创新政策环境的形成。高校、企业和政府间的良性互动为纽约发展成为全球科创中心奠定了坚实基础。

二、规划愿景下上海市人才发展现状

2016 年《上海系统推进全面创新改革试验加快建设具有全球影响力的科技创新中心方案》指出上海要从人才引进制度、科研人才双向流动、高校人才培养模式等视角出发建立灵活的创新人才发展制度。2020 年《上海市推进科技创新中心建设条例》指出上海建设科技创新中心要注重激励人才的创新活力，建立健全与科技创新中心建设相匹配的人才培养、引进、使用、评价、激励、流动机制，为各类科技创新人才提供创新创业的条件和平台，营造良好的人才发展环境。上述规划愿景都明确强调人才尤其是创新人才对于上海建设科创中心城市具有重要作用。因此明晰上海建设科创中心的人才特色与短板，有利于系统构建上海建设全球科创中心的战略路径以及有针对性地提出支撑上海建设全球科创中心城市的政策支持体系。

（一）各类型人才占比失衡

基于人才类别的可量化及数据可得性，本节研究参照中共中央组织部发布的 2010~2016 年《中国人才资源统计报告》对上海市人才进行划分，以期对上海市人才发展现状进行系统分析。鉴于 2016 年《中国人才资源统计报告》仅对党政人才、企业经营管理人才和专业技术人才 3 类人才的规模总量进行统计，并未对高技能人才、农村实用人才和社会工作人才 3 类人才的规模总量进行统计，因此研究参考 2015 年《中国人才资源统计报告》，对上海市 6 类人才的发展情况进行统计分析。

2015 年上海市 6 类人才资源共计 549.2 万人，相比 2010 年，人才增长率高达 29.16%。其中，专业技术人才、企业经营管理人才和高技能人才 3 种类型人才占比较高，合计约为上海市人才资源总量的 95.94%，专业技术人才占比更是高达 44.29%；社会工作人才、农村实用人才和党政人才占比均相对较小，3 种人才类型占比合计约为 4.06%，而社会工作人才占比仅为 0.82%，不及专业技术人才的 1/50（图 6-1）。整体来看，上海市各类型人才占比差距相对较大，人才类型的非均衡化现象较为突出。

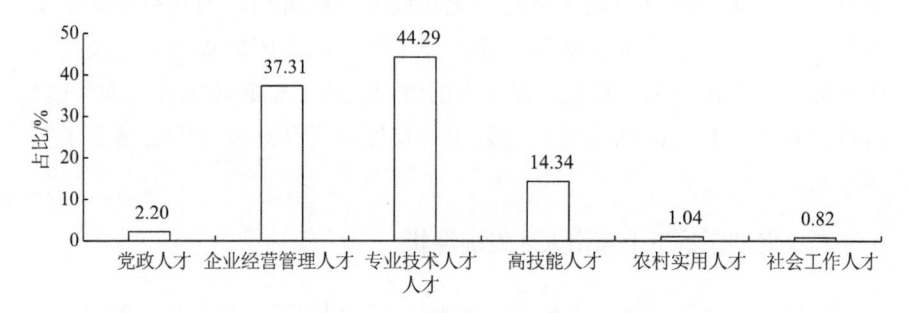

图 6-1　2015 年上海市各类型人才占比

（二）各类型人才聚集行业稳定

由于 2010~2016 年《中国人才资源统计报告》未对党政人才、高技能人才、农村实用人才以及社会工作人才 4 种人才类型的行业分布进行统计，因此本节研究仅对上海市企业经营管理人才和专业技术人才的行业集聚情况进行分析。

2010 年企业经营管理人才主要聚集于制造业，建筑业，批发和零售业，交通运输、仓储和邮政业，房地产业，租赁与商务服务业以及金融业，其中，制造业的企业经营管理人才数量最多，占比高达 31.13%，7 类行业占比合计为 85.59%；专业技术人才主要集中于教育，金融业，卫生和社会工作，制造业，文化、体育和娱乐业，建筑业以及科学研究和技术服务业，其中，教育行业的专业技术人员数量最多，比例高达 26.48%，7 类行业合计占比为 83.21%。

2016 年企业经营管理人才主要聚集于制造业，建筑业，交通运输、仓储和邮政业，房地产业，批发和零售业，租赁与商务服务业，金融业，其中，制造业中企业经营管理人才数量最多，占比高达 25.23%，7 类行业占比合计为 81.85%；专业技术人才主要聚集于教育，金融业，卫生和社会工作，制造业，公共管理、设备保障和社会组织，科学研究和技术服务业以及建筑业，其中，教育行业的专业技术人员数量最多，占比高达 25.39%，7 类行业占比合计为 83.45%。

整体来看，2010~2016 年上海市企业经营管理人才的主要聚集行业并未出现明显变化，研究期内建筑业，文化、体育和娱乐业，金融业 3 个行业的企业经营管理人才占比提升相对较快，制造业，批发和零售业，交通运输、仓储及邮政业 3 个行业的企业经营管理人才占比下降相对较快。2010~2016 年专业技术人才的主要聚集行业略有改变，研究期内公共管理、设备保障和社会组织，金融业，信息传输、软件和信息技术服务业 3 个行业的专业技术人才占比提升相对较快，卫生和社会工作，教育，制造业 3 个行业的专业技术人才占比下降相对较快（表 6-4）。

表 6-4　2010~2016 年上海市各行业部门不同类型人才占比情况（单位：%）

行业类型	2010 年 企业经营管理人才	2010 年 专业技术人才	2013 年 企业经营管理人才	2013 年 专业技术人才	2016 年 企业经营管理人才	2016 年 专业技术人才
农林牧渔业	0.94	0.94	1.47	0.76	1.28	0.72
采矿业	0.32	0.02	0.11	0.02	0.11	0.02
制造业	31.13	9.36	28.76	9.37	25.23	8.35
电力、热力、燃气及水的生产和供应业	2.31	0.77	2.42	0.80	2.86	0.89
建筑业	13.09	3.48	14.42	3.17	17.56	3.79
批发和零售业	12.20	2.52	10.50	2.04	7.72	1.53
交通运输、仓储和邮政业	10.51	3.06	8.92	2.67	9.27	2.45
住宿和餐饮业	1.79	0.33	1.82	0.27	1.59	0.22
信息传输、软件和信息技术服务业	0.63	0.69	0.96	1.91	0.91	2.23
金融业	4.01	19.66	5.77	20.91	5.81	22.03
房地产业	7.70	1.90	8.08	1.79	8.70	1.60
租赁与商务服务业	6.95	1.01	6.90	0.86	7.58	0.74
科学研究和技术服务业	1.77	3.13	1.72	4.18	1.92	4.46

续表

行业类型	2010年 企业经营管理人才	2010年 专业技术人才	2013年 企业经营管理人才	2013年 专业技术人才	2016年 企业经营管理人才	2016年 专业技术人才
水利环境和公共设施管理业	2.49	2.37	2.87	2.22	2.87	1.80
居民服务、修理和其他服务业	2.34	1.34	2.61	0.74	2.57	0.59
教育	0.29	26.48	0.23	25.39	0.26	25.39
卫生和社会工作	0.19	17.04	0.04	14.91	0.05	14.48
文化、体育和娱乐业	1.36	4.06	1.93	3.84	3.18	3.75
公共管理、设备保障和社会组织	0.00	1.85	0.46	4.15	0.55	4.96
国际组织	0.00	0.00	0.00	0.00	0.00	0.00

（三）各类型人才学历水平提高

从各学历就业人口占比来看，2000~2016年企业经营管理人才中大学本科学历占比最高，然后依次是大学专科、中专及以下、研究生；研究期内专业技术人才的学历结构与企业经营管理人才基本一致，各学历占比从高到低依次是大学本科、大学专科、中专及以下、研究生。从各学历就业人口占比变化趋势来看，2010~2016年企业经营管理人才与专业技术人才的学历结构变化趋势基本一致，均是研究生及大学本科学历就业人口占比明显提升，而大学专科和中专及以下学历就业人口占比大幅下降（图6-2和图6-3）。

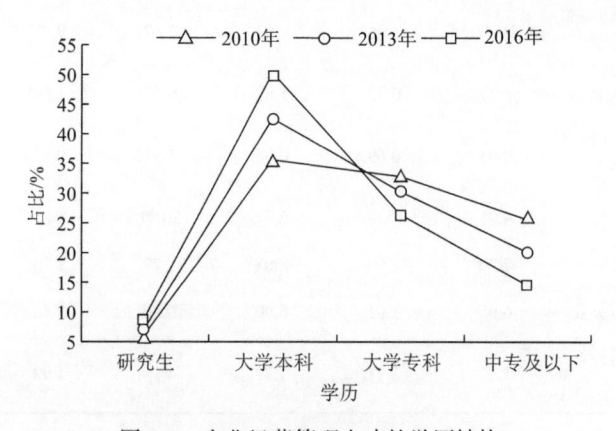

图6-2 企业经营管理人才的学历结构

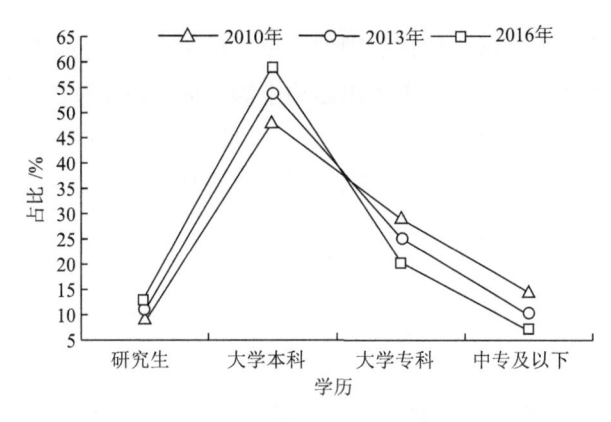

图 6-3　专业技术人才的学历结构

（四）上海科创中心城市建设的国际人才储备稳步提升

1. 国际人才对建设科创中心促进作用显著

资本、技术、人才等要素的跨国流动已成为经济全球化的主要特征。国际人才作为知识和技术的重要载体，已成为推进区域经济增长和提升区域科技创新水平的重要驱动力（OECD，2018）。国际人才驱动东道国创新竞争力提升的机制主要涉及三个方面，一是国际人才流入为东道国带来高端劳动力，增加了东道国的国际化人才储备量。二是国际人才流入产生知识及技术的溢出效应，能够把先进的技术及管理经验等带到东道国，从而驱动东道国创新水平提升。三是国际人才流入驱动东道国全球创新网络建设，国际人才将东道国与人才来源地和教育地联系起来，有助于东道国对外开展国际合作，多样化的社会网络对于东道国知识创造与成果产出亦产生促进作用。

2. 上海国际人才发展态势优良

为进一步分析上海市国际人才发展概况，本节从在沪外籍常住人口、在沪外国留学生以及国际人才总体发展情况三个视角切入，以期分析上海市国际人才总体发展概况。

1）在沪外籍常住人口增多

根据上海市统计局数据显示，2000~2018 年在沪外籍常住人口规模整体呈现上升趋势，其中，2001~2008 年呈现快速上升态势，2008~2018 年呈现缓慢波动上升态势（图6-4）。2000~2018 年在沪外籍常住人口占比变化态势与在沪外籍常住人口变化态势基本一致。截至 2018 年，在沪外籍常住人口约为 17.21 万人，占上海市常住人口的比例约为 0.71%。虽然 21世纪以来在沪外籍常住人口规模不断提升，但相对于其他全球重要城市，外籍人口占比仍然较低,如据美国纽约市长移民事务办公室发布的年度报告《我们的城市移民状况》中指出纽约市约三成人口是移民,300 万移民人口中,超过 35 万来自中国。外籍人口是推动区域创新不可忽视的力量,上海欲建设全球科创中心城市,则需要孕育更具开放性、包容性、多元化的城市文化,提升上海对于国际人才的吸引力。

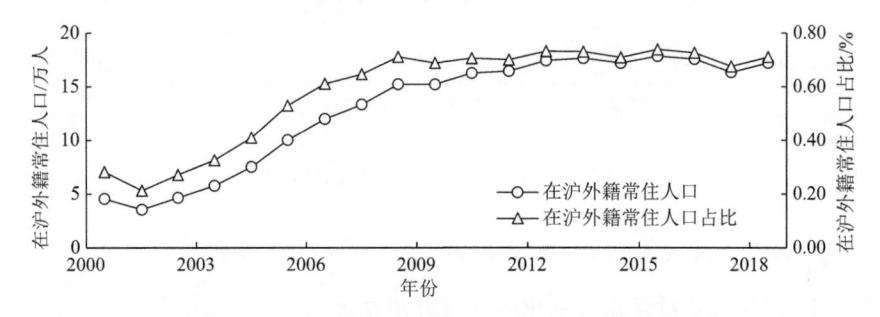

图 6-4　2000~2018 年在沪外籍常住人口情况

2)境外留学生流入增速

2010 年全国来华留学生(学历与非学历)共计 265090 人,其中,北京为 66142 人,占比约为 24.95%,上海为 42923 人,占比约为 16.19%;2018 年全国来华留学生共计 492185 人,其中,北京为 80786 人,占比约为 16.41%,上海为 61400 人,占比约为 12.47%。从京沪两地留学生规模来看,2010~2018 年北京的留学生规模一直处于领先地位,其留学生数量远高于上海市。从京沪两地留学生规模变化趋势来看,研究期内京沪两市留学生数量均呈显著上升趋势,且上海留学生数量的增长速度高于北京市,京沪两市留学生规模的区域差异态势减小(图 6-5)。

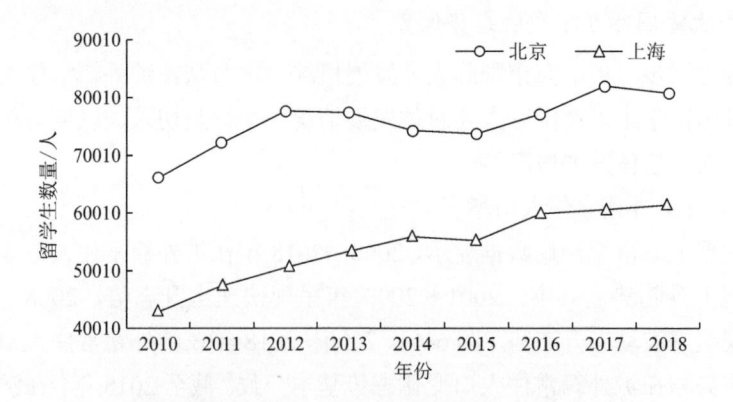

图 6-5　2010~2018 年上海市和北京市的留学生规模

3）国际人才总体集聚度增大

根据葛雅青（2020）的研究成果，2010~2015年上海市国际人才区位熵明显高于北京市，表明上海市国际人才资源优势更为明显。从国际人才集聚变化趋势来看，研究期内上海市国际人才区位熵呈现明显波动下降趋势，北京市国际人才区位熵呈现波动上升趋势，表明研究期内上海市国际人才集聚度明显降低，国际人才资源优势有所下降，而北京市国际人才集聚度有所提升，国际人才资源优势有所提高，且二者国际人才集聚度的区域差异态势明显减小（图6-6）。

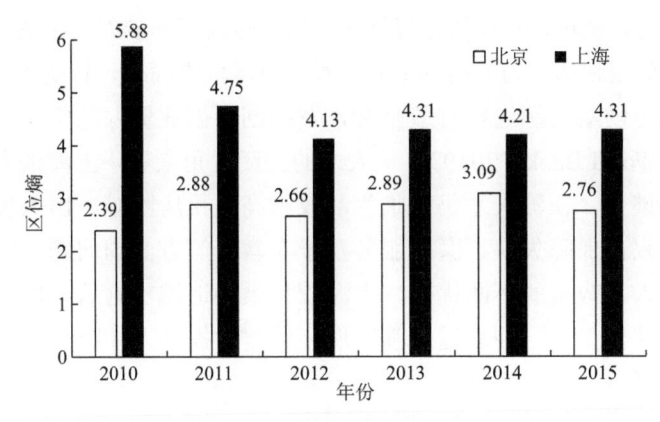

图6-6　2010~2015年上海市和北京市的国际人才区位熵

三、上海科创中心城市建设人才发展困境

近年来，上海市多次对人才引进政策进行完善，以期吸引国内外高层次创新人才入驻。上海市人才发展态势总体向好，具体体现在：上海市人才规模持续扩大，人才学历结构愈加优化，多数科创相关行业，如信息传输、软件和信息技术服务业、金融业、科学研究和技术服务业的人才集聚度明显提高，高等教育对外交流合作愈加广泛。虽然上海市人才发展现状相比于过去有较大提升，但仍存在一些亟须优化的问题。

一是人才的利用问题。人才资源的积极开发和有效利用是提高上海经济科技竞争力的现实需要。当下，上海在人才利用方面存在人才管理制度有待完善、激励机制有待增强、人才利用效率有待提高等问题。从人才管理制度来看，上海市对人才引进、培养、考核等方面缺少系统的制度支持，存在全球顶尖人才的吸引力相对不足、人才培养模式有待创新、人才考核标准有待完善等问题，导致人才管理机制有失合理性。从人才激励机制来看，上海市对部分行业或领域人才的成果认定、奖励绩效等缺乏明确的激励措施，对人才的奖励力度相对较弱，创新成果的利益分配政策有待完善。从人才的利用效率来看，虽然上海市人才规模持续扩大，但与纽约、伦敦等全球主要城市相比，其人才的劳动生产效率仍相对较低，人才资源的配置效率有待提高。

二是人才的服务问题。优化人才引进政策从而提升上海人才集聚度是上海创建全球科创中心城市的重要举措，然而充分发挥人才效能，使得人才能够长时间留沪，上海还需要不断强化人才服务意识，做好各项服务工作。从人才的工作视角来看，上海的创新创业环境和氛围有所欠缺，上海缺乏像哈佛、剑桥、牛津等世界顶级名校，也没有如硅谷、中关村等具有全球品牌效应和影响力的科创中心，难以对区域内高校、科研机构、高新技术企业等创新资源进行有效整合，发挥创新创业资源的集聚效应和规模优势（World Bank，2019）。从人才的生活视角来看，上海的人才服务体系有待健全，在沪人才仍面临生活成本高、租房困难、出入境手续繁琐、人才权益保障欠缺、医疗服务及子女教育等方面的问题，随着国内其他城市人才政策的不断优化，上海应积极塑造城市宜居环境，营造开放包容的文化氛围，并通过加强区域环境建设提升人才吸引力，从而避免人才流失。

第三节　上海建设全球科创中心城市的人才规模现状与结构

人才作为创新活动的关键要素，国内学者围绕其开展了较为广泛的研究，但对人才的界定并未得出一致结论，当前较为权威的界定来源于 2010 年《国家中长期人才发展规划纲要（2010—2020 年）》，其将人才界定为具有一定的专业知识或专业技能，能够进行创造性劳动并对社会作出贡献的人，是人力资源中能力和素质较高的劳动者。本节鉴于目前经济社会发展水平和人才可量化，将"人才"界定为具有大专及以上学历者，对上海市人才发展现状进行分析。

一、人才规模现状

（一）人才的内部规模差异

2000~2015 年上海市人才总体规模及不同学历人才规模均呈显著上升趋势（图 6-7）。其中，专科学历人才总量由 2000 年的 93.41 万人上升至

2015 年的 191.52 万人，增长率为 105.04%；本科学历人才由 78.47 万人上升至 247.78 万人，增长率为 215.77%；研究生学历人才由 7.62 万人上升至 51.07 万人，增长率高达 570.36%；人才规模总量由 179.50 万人上升至 490.38 万人，增长率为 173.20%。整体来看，2000～2005 年各学历人才规模的增长率相对较小，而 2005～2015 年各学历人才规模的增长率相对较大；研究期内上海市人才发展趋势整体呈现以大专学历人才为主转向以本科学历人才为主导，研究生学历人才规模虽然相对较小但其提升速度相对较快的情况。

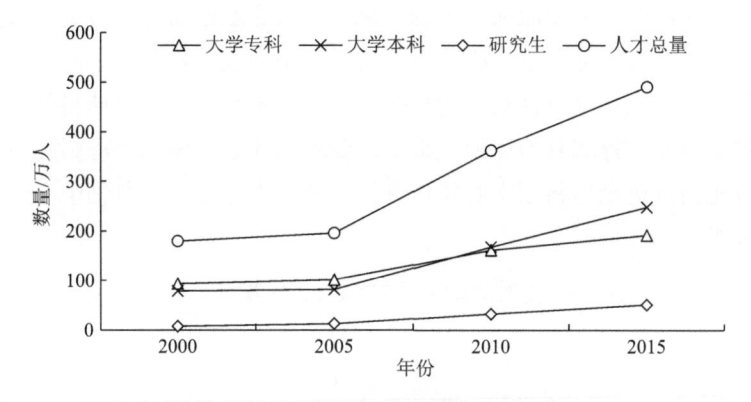

图 6-7 不同受教育程度人才的规模变化趋势

（二）人才的行业规模差异

20 世纪 80 年代以来，我国分别在 1982 年、1994 年、2002 年对行业门类统计进行调整，历次人口普查关于"行业门类"统计口径有所不同。上海市 2000 年第五次人口普查的行业分为十五大类，而 2010 年第六次人口普查和 2005 年、2015 年人口抽样调查的行业均分为二十大类。为了统一口径，参考以往学者的相关研究，把相关度比较高的行业合为一类，最终将行业门类划分为农林牧渔业（I1）、采矿业（I2）、制造业（I3）、能源生产及水的生产和供应业（I4）、建筑业（I5）、交通运输仓储和邮政业（I6）、批发零售业（I7）、金融房地产业（I8）、科教文卫业（I9）、社会服务业（I10）共 10 个行业部门。

研究以各行业大专及以上学历人口占所有行业总人口的比例来衡量各行业部门人才占比情况，从而揭示上海市人才的行业集聚特征。整体而言，2000～2015 年农林牧渔业、制造业、能源生产及水的生产和供应业、科教文卫业 4 个行业部门人才占比有所下降，其余行业部门人才占比均有所提升。具体而言，2000 年上海市人才多数集聚在制造业、批发零售业和科教文卫业，3 个行业占比均在 10%以上，制造业占比更是高达 27.65%。2015 年人才多数集聚于制造业、批发和零售业、金融房地产业、科教文卫业和社会服务业，5 个行业占比合计高达 75.82%（表 6-5）。研究期内金融房地产业的人才占比增长率位居前列，尤其是金融行业人才研究末期占比约为 8.88%，表明上海市金融人才的集聚态势日趋明显，金融人才在上海人才结构中的作用及地位明显提升。金融人才集聚是国际金融中心形成的必要条件，上海市金融人才集聚有利于金融机构以最低成本获得最优人力资源，有利于金融从业人员交流共享金融信息、加快金融创新并完善金融服务。与此同时，上海国际金融中心建设又通过为不同发展阶段、不同融资需求的科技创新企业提供有针对性的金融产品与服务等为上海全球科创中心建设提供了重要支撑和有力保障。综上，金融人才通过驱动上海国际金融中心建设进而推进全球科创中心建设进程，金融人才是上海科创中心建设的重要因素。

表 6-5　上海市各行业部门人才占比及变化　　（单位：%）

行业部门	占比 2000 年	占比 2005 年	占比 2010 年	占比 2015 年	占比变化 2000~2005 年	占比变化 2005~2010 年	占比变化 2010~2015 年	占比变化 2000~2015 年
I1	0.31	0.20	0.17	0.19	−0.11	−0.03	0.02	−0.13
I2	0.06	0.05	0.05	0.09	−0.01	0.00	0.04	0.04
I3	27.65	24.60	26.46	22.70	−3.04	1.86	−3.76	−4.95
I4	1.22	1.19	1.07	0.94	−0.02	−0.13	−0.13	−0.28
I5	3.17	2.91	3.13	3.31	−0.26	0.22	0.18	0.14
I6	5.28	5.69	6.49	5.92	0.40	0.80	−0.57	0.64
I7	10.23	13.39	13.61	14.01	3.17	0.22	0.40	3.79
I8	8.22	8.62	9.44	11.97	0.39	0.83	2.53	3.75
I9	26.14	20.81	16.84	16.27	−5.33	−3.97	−0.57	−9.87
I10	8.24	9.96	10.63	10.87	1.73	0.67	0.25	2.64

（三）人才的区域规模差异

1. 区县人才分异集聚态势弱化

2000 年以来，上海市曾多次调整行政区划，为保证数据的延续性和可对比性，以 2015 年上海市行政区划为标准，将 2000 年、2005 年、2010 年的相关统计数据根据行政区划调整情况进行相应的合并处理，共计 17

个研究单元。

2000～2015 年上海市人才的基尼系数均大于 0.500，集中化指数均大于 0.530，表明研究期内上海市人才的集聚化态势较为明显，人才的地区非均衡现象较为突出（表 6-6）。2000～2005 年上海市人才的基尼系数与集中化指数均呈上升趋势，表明此时期内人才的集聚化态势有所增强，2005～2015 年基尼系数与集中化指数整体均呈下降趋势，表明此时期内上海市人才的集聚化态势呈现持续减弱态势。整体来看，2000～2015 年基尼系数与集中化指数均呈下降趋势，表明研究期内上海市人才的集聚化态势有所减弱。

表 6-6　集聚程度测度指数变化

测量指标	2000 年	2005 年	2010 年	2015 年
基尼系数	0.591	0.624	0.519	0.503
集中化指数	0.628	0.663	0.551	0.534

2. 区县人才分异密度态势提升

2000～2015 年上海市各区县人才密度均呈显著上升态势，各区县人才密度的空间差异相对较大（图 6-8）。研究期内静安区、虹口区、黄浦区、闸北区、徐汇区、普陀区、长宁区等地区人才密度一直位居前列，尤其是静安区，其人才密度一直名列前茅且远高于其他区县，主要是因为静安区位于上海市中心，其交通便利、基础设施完善、宜居度较高、资本集中，能够为人才提供较多的发展机会和较完善的福利待遇，且高新技术产业聚集于静安区，该区技术水平高，成为上海市的"核心"区之一，由此大量人才向静安区聚集，在各方面共同作用下静安区产生人才集聚效应，从而促进该区经济发展，形成产业集聚、人才集聚、经济发展相互促进的良性循环，使静安区人才密度一直位于高位。崇明区、金山区、奉贤区、青浦区、松江区、嘉定区的人才密度相对较低，尤其是崇明区，其人才密度一直位列末位，虽然研究期内其人才密度增长率高达 210%，但其人才密度仍远低于其他区县，主要是因为崇明区距离市中心相对较远，基础设施便利程度低于市区，区域宜居程度低，工资待遇及发展前景也稍逊于市区，从而使得其人才吸引力相对较小，且崇明区的资金流入少于市区，位于该区的高新技术企业稀少，技术水平低，成为上海市"边缘"区，使该区域的人才集聚度位于上海市的末位。

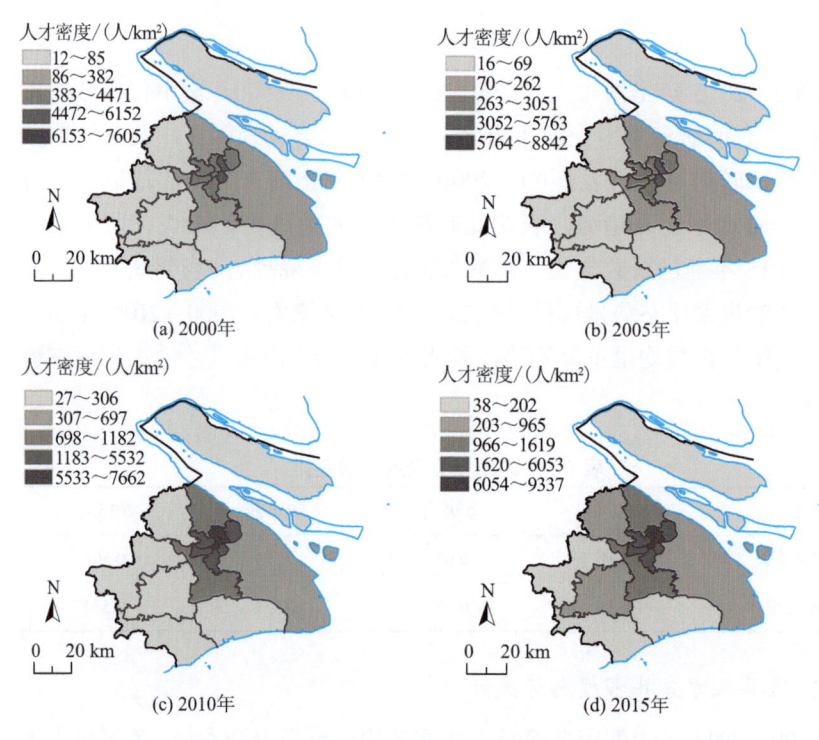

图 6-8　2000～2015 年上海市各区县人才密度空间分布格局

3. 区县人才集聚趋势整体增强且内部平稳

1）上海市各区县人才集聚趋势增强

研究期内上海市人才密度的全局 Moran's I 统计量均为正值,且在 0.01 置信水平下均通过了显著性检验,表明 2000 年以来上海市各区县人才密度分布存在显著的空间正相关关系,即在上海市范围内,人才密度表现出明显的高—高型和低—低型集聚的区域性态势。从全局 Moran's I 的变化趋势来看,研究期内其从 0.472 波动上升至 0.567,表明上海市人才集聚趋势有所增强(表 6-7)。

表 6-7　2000～2015 年上海市人才密度全局自相关情况

统计量	2000 年	2005 年	2010 年	2015 年
Moran's I	0.472	0.417	0.554	0.567
Z 得分	6.336	5.665	7.305	7.459
P 值	0.000	0.000	0.000	0.000

2）上海市各区县内部人才集聚趋势稳定

通过计算 2000~2015 年四个时间节点上海市各区县人才的局部 Moran's I（图6-9），发现研究期内上海市各区县人才的局部空间集聚变化相对较小。2000~2015 年人才密度呈现高—高型集聚的区县主要有虹口区、黄浦区、静安区、普陀区、徐汇区、杨浦区等，这些区县自身和相邻区县人才密度均相对较高，空间关联表现为高水平类型的空间集聚效应；2000~2015 年呈现低—低型集聚的区县主要有崇明区、青浦区、松江区、金山区和奉贤区，这些区县自身和相邻区县人才密度均相对较低，空间关联表现为低水平类型的区域集聚区；2000~2015 年呈现低—高型集聚的区县主要有宝山区、奉贤区、嘉定区、闵行区等，这些区县自身人才密度相对较低，而相邻区县人才密度相对较高，空间关联表现为由低到高演变的过渡区域。

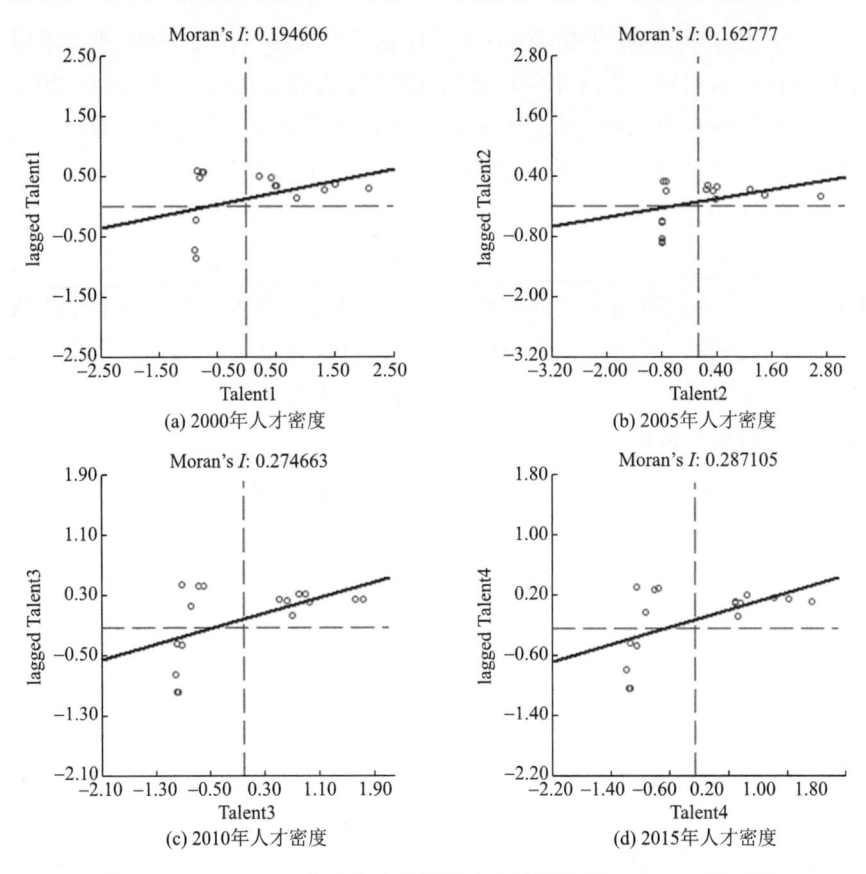

图 6-9　2000~2015 年上海市各区县人才密度局部 Moran's I 散点图

整体来看，高—高型集聚区主要位于上海市的中心城区，中心城区发展机会多、基础设施齐等宜居要素齐备，对人才入驻产生较大拉力，且由于资本、高新技术产业等的高度集聚，产生外部经济、技术溢出等，与其周边的中心城区相互促进，成为高—高型人才集聚区域；低—低型集聚区主要位于上海市的外围地区，这些区县距离市中心相对较远，其经济、金融、贸易、创新环境、便利程度等均不如中心城区，对人才的吸引力相对较小；低—高型集聚区主要位于中心城区的邻近地区，这些区县介于中心城区与外围地区之间，距离中心城区相对较近，中心城区产生技术溢出效应，对其的辐射带动作用相对较强，随着这些区县经济活动的不断聚集以及基础设施的不断完善，其对人才的吸引力仍会不断提升。

二、人口结构特征

（一）职业结构

由于上海市 2000 年和 2001 年各行业门类统计口径与 2002 年及以后年份存在较大差异，因此本节研究以 2002 年为起始年份，对 2002~2018 年上海市从业人员职业结构进行分析。从各行业从业人员占比来看，研究初期制造业、批发和零售业及农林牧渔业三个行业从业人员占比最高，合计占比为 59.96%；采矿业，信息传输、软件和信息技术服务业及电力、热力、燃气及水的生产和供应业三个行业从业人员占比最低，合计占比仅为 1.34%。研究末期制造业、批发和零售业及租赁和商务服务业三个行业从业人员占比最高，合计占比为 51.49%；采矿业、电力、热力、燃气及水的生产和供应业及文化、体育和娱乐业三个行业从业人员占比最低，合计占比仅为 1.17%（表 6-8）。

表 6-8　2002~2018 年上海市从业人员职业结构　　（单位：%）

行业类型	2002 年	2006 年	2010 年	2014 年	2018 年
农林牧渔业	10.64	6.25	3.40	3.53	3.29
采矿业	0.01	0.01	0.01	0.00	0.00
制造业	35.65	31.52	31.30	26.81	23.45
电力、热力、燃气及水的生产和供应业	0.77	0.61	0.56	0.32	0.33
建筑业	4.00	4.87	8.81	8.06	7.27
批发和零售业	13.67	15.21	16.57	17.25	17.73
交通运输、仓储和邮政业	5.71	5.56	5.04	6.41	6.51
住宿和餐饮业	2.42	2.92	4.36	3.77	4.43
信息传输、软件和信息技术服务业	0.56	1.12	1.84	3.35	4.06
金融业	1.91	2.21	2.21	2.52	2.57
房地产业	3.27	3.38	3.29	3.56	3.75

续表

行业类型	2002 年	2006 年	2010 年	2014 年	2018 年
租赁和商务服务业	2.34	5.76	5.40	9.22	10.31
科学研究和技术服务业	1.45	1.82	3.04	3.22	3.65
水利、环境和公共设施管理业	0.97	0.79	1.09	1.47	1.42
居民服务、修理和其他服务业	7.61	9.47	5.75	2.56	2.72
教育	3.61	3.14	2.66	2.70	2.87
卫生和社会工作	2.00	2.08	1.87	2.02	2.21
文化、体育和娱乐业	1.13	1.15	1.09	0.79	0.84
公共管理、社会保障和社会组织	2.31	2.15	1.71	2.45	2.59

从各行业从业人员占比变化来看，研究期内农林牧渔业，采矿业，制造业，电力、热力、燃气及水的生产和供应业，居民服务、修理和其他服务业，教育以及文化、体育和娱乐业 7 个行业从业人员占比有所减小，其中制造业从业人员占比下降最为明显，下降了 12.20 个百分点，采矿业从业人员占比下降最小，下降不足 0.01 个百分点。除去以上 7 个行业，剩余行业从业人员占比均有所提高，其中租赁和商务服务业占比提升最为明显，提升了 7.97 个百分点，公共管理、社会保障和社会组织占比提升最不明显，仅提升了 0.28 个百分点。值得注意的是，在知识经济、数字经济的影响下上海市从业人员行业结构有所优化，信息传输、软件和信息技术服务业、金融业及科学研究和技术服务业等科创相关行业从业人员占比均有所上升，有利于推动上海科创行业向纵深发展，进而加快上海全球科创城市建设进程。

（二）文化结构

人口的受教育程度是衡量一个地区人力资本水平的基本指标。地区产业结构对其职业结构具有决定作用，而职业结构也会对产业结构产生一定影响，不同职业结构对从业人员受教育程度的要求呈现明显差异性。从上海市 6 岁及以上人口总体受教育程度来看，2000 年受教育程度为初中、高中及小学等中低学历的人口占比相对较高，而大专学历人口占比相对较低；2018 年受教育程度为大专、初中及高中等中高学历人口占比相对较高，而小学人口占比相对较低，研究期内文盲半文盲人口一直占比最低。从各学历人口占比变化趋势来看，研究期内只有大专以上学历人口占比呈上升趋势，其他学历人口占比均呈下降趋势，其中，文盲及半文盲学历人口占比下降幅度最大，研究期内变化率高达 59.28%；小学学历人口占比下降相对较快，研究期内变化率为36.91%；初中及高中学历人口占比的变化率分别为17.39%和9.76%；大专以上受教育程度人口占比呈现明显递增趋势，研究期内增长率高达179.51%。整体来看，2000～2018年上海市6岁及以上人口的受教育程度逐渐由初中学历为主导向以大专以上学历为主导转变，上海市人口质量呈现明显提高态势（图6-10）。

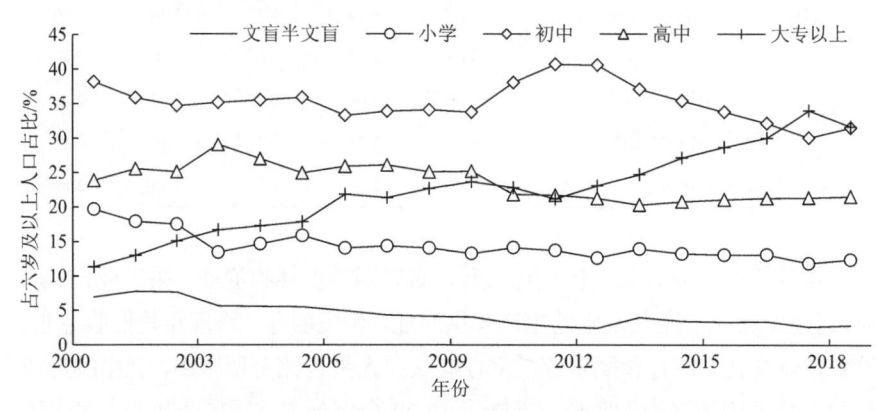

图6-10 2000～2018年上海市人口文化结构

（三）性别和年龄结构

1. 性别比例失衡现象突出

整体来看，2000年上海市男性人口比例比女性人口比例高2.79个百分点，2018年高出3.20个百分点，研究期内男女比例失衡现象有所加重。分时间段来看，研究期内上海市人口的男女比例变化趋势较为明显。2000年男性比例明显高于女性，2001年男女比例基本持平，2002～2004年女性比例呈明显上升趋势且女性比例高于男性比例，2005～2009年男女比例相差较小，2010～2018年女性比例明显下降，男性比例明显高于女性比例，男女比例失衡现象较为突出（图6-11）。

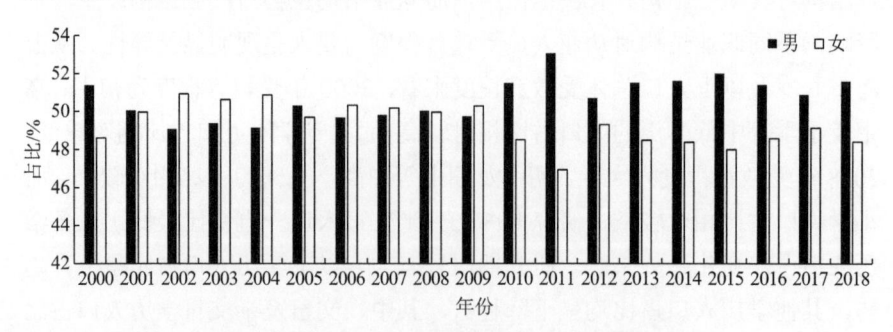

图6-11 2000～2018年上海市人口性别结构

2. 具备劳动能力人口占高位

从各年龄段人口占比来看，2000~2018 年上海市 15~64 岁人口占比均在 74%以上，表明上海市人口结构以适龄劳动人口为主。研究初期 0~14 岁人口比例略高于 65 岁及以上人口比例，研究末期 0~14 岁人口比例明显低于 65 岁及以上人口比例，表明研究期内上海市老龄化现象有所加剧。从抚养比来看，研究期内上海市总抚养比由 2000 年的 31.09%波动上升至 2018 年的 32.96%，总抚养比有所提高。其中，少儿抚养比由 15.97%下降至 13.08%，老年抚养比由 15.11%上升至 19.88%，增长率高达 31.57%且近年来老年抚养比仍呈现逐年升高趋势，表明上海市面临较大的老年抚养压力（图 6-12）。

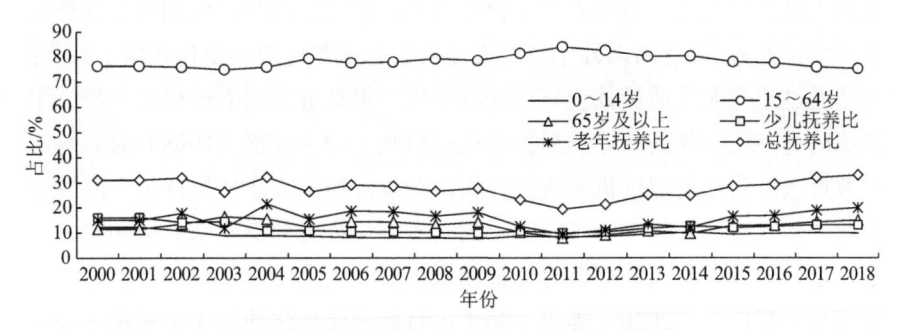

图 6-12　2000~2018 年上海市人口年龄结构

三、人才规模态势良好但人才利用效率仍待提升

整体看，研究期内上海市人才规模总量保持递增态势，不同受教育程度人才总量均有明显增加，大城市的人才集聚效应较为明显，并且研究期内上海市人口的整体文化素质明显提升，居民受教育年限明显延长，从而为上海市经济科技竞争力提高提供了一定的人力资本保障。虽然当前上海市人才规模不断扩张，人才发展态势总体向好，但当前上海单位 GDP 的人才投入量远高于纽约、伦敦等全球科创中心城市，仍面临人才利用效率有待提高、人才管理机制有待完善等问题。

集聚人才是区域科创中心建设的主线和关键，而提高人才利用效率则是区域科创中心建设的助推剂，上海全球科创中心城市建设不仅需要人才规模总量大，更需要人才利用效率高，只有二者的完美契合才能使人才发挥最大效能，推进上海全球科创中心城市的建设进程，进而提高上海的全球竞争力和影响力。今后上海在通过积极完善人才引进政策、提升基础设施服务水平、打造宜居城市等来提高人才吸引力的同时，还应通过着力健全人才激励机制、完善人才管理体制、搭建创新创业资源共享服务平台等来提高人才利用效率，从而有效发挥人才对上海全球科创中心城市建设的关键支撑作用。

第四节　上海建设全球科创中心的人才质量

一、人才质量评判标准

高质量人才是具有一定政治追求、社会担当、创新精神和实践能力的人才（苏伟，2018），培养高质量人才已成为经济社会高质量发展的助推器。要想正确认识人才、发现人才及使用人才，最重要的是要做到科学评价人才及鉴定人才。目前国内外学者对人才质量的评判标准主要包含以下几类：一是通过建立人才质量社会评价网络系统，推动健全用人单位、高校、主管部门等多位一体的人才质量评价运行机制，如李晓群（1998）对高等工程教育人才质量的评价机制进行分析，梳理总结出人才质量评价方法包含毕业生信息库法及其进一步完善后的人才质量社会评价网络系统构想。二是通过构建人才质量模糊综合评价模型，对区域人才质量进行综合评价，如蒋磊和管仁初（2020）提出了基于多目标进化算法的人才质量模糊综合评价系统设计方法，从而提高了人才质量评价的效率和准确率。三是依据人才就读院校在全球或一定区域内大学排行榜的排名情况来评价人才质量，如姚威和李恒（2018）基于 Quacquarelli Symonds（QS）、《泰晤士高等教育》大学排名（THE）公布的榜单，对"一带一路"共建国家的人才质量进行评价。除此之外，还有学者依据人才的学历及海外背景等对人才质量进行评价，如朱军文和徐卉（2014）运用履历分析方法和引进人才中海外博士学位获得者比例、博士学位授予学校层次、归国前海外工作单位层次等指标对部分学科领域海外归国高层次人才质量进行评价，发现我国海外引进人才质量呈下降态势。

二、上海市人才质量发展

（一）人才就业趋向商业、服务业

根据上海市人口普查和人口抽样调查资料，将上海市职业结构划分为7类，分别是国家机关、党群组织、企业、事业单位负责人（O1）、专业技术人员（O2）、办事人员和有关人员（O3）、商业、服务业人员（O4）、农林牧渔、水利业生产人员（O5），生产运输设备操作人员及有关人员（O6），不便分类的其他从业人员（O7）。

从各学历人才的就业类型来看，2000~2015 年上海市专科、本科及研究生学历人才职业结构的相对熵均呈上升趋势，表明上海市不同学历人才职业结构的多样化水平均有所提升。其中，大专学历人才职业结构的相对熵由 71.72 上升至 75.28，增长率为 4.97%；本科学历人才职业结构的相对熵由 61.66 上升至 72.07，增长率为 16.89%，研究生学历人才职业结构的相对熵由 49.09 上升至 64.52，增长率为 31.43%。整体来看，低学历人才职业结构的多样化水平相对较高，但高学历人才职业结构的多样化水平提升相对较快。

从各学历人才职业结构的变化趋势来看，2000 年大专学历人才的职业类型主要是专业技术人员，办事人员和有关人员，商业、服务业人员及国家机关、党群组织、企业、事业单位负责人，四种职业类型的就业比例均在 10%以上，占比合计高达 93.05%；2015 年大专学历人才的职业类型主要是商业、服务业人员，专业技术人员，办事人员和有关人员及生产运输设备操作人员及有关人员，四种职业类型的就业比例均在 10%以上，占比合计高达 92.58%。2000 年本科学历人才的职业类型主要是专业技术人员、办事人员和有关人员，两种职业类型的就业比例均在 20%以上，占比合计高达 79.47%；2015 年本科学历人才的职业类型主要是专业技术人员，商业、服务业人员及办事人员和有关人员，三种职业类型的就业比例均在 15%以上，占比合计高达 86.18%。2000 年研究生学历人才的职业类型主要是专业技术人员，办事人员和有关人员及国家机关、党群组织、企业、事业单位负责人，三种职业类型的就业比例均在 13%以上，占比合计高达 96.97%；2015 年研究生学历人才的职业类型主要是专业技术人员，商业、服务业人员及办事人员和有关人员，三种职业类型的就业比例均在 10%以上，占比合计高达 86.63%（表 6-9）。

表 6-9　上海市各职业类型不同学历人才的占比情况　（单位：%）

职业类型	2000 年			2015 年		
	大学专科	大学本科	研究生	大学专科	大学本科	研究生
O1	10.09	9.10	13.07	7.16	8.38	9.77
O2	41.46	56.56	67.28	27.18	40.10	54.57
O3	30.30	22.91	16.62	16.34	16.56	11.60
O4	11.20	8.04	2.23	38.18	29.52	20.46

续表

职业类型	2000年			2015年		
	大学专科	大学本科	研究生	大学专科	大学本科	研究生
O5	0.12	0.07	0.00	0.10	0.07	0.02
O6	6.83	3.29	0.77	10.88	5.19	3.50
O7	0.01	0.01	0.02	0.15	0.19	0.08

整体来看，研究期内上海市人才职业结构变化趋势较为明显。2000～2015年上海市专科学历人才的职业类型为专业技术人员及办事人员和有关人员的就业人员比例大幅降低，而职业类型为商业、服务业人员的就业人员比例大幅提升；研究期内本科学历及研究生学历人才的职业类型为专业技术人员的就业人员比例均大幅降低，而职业类型为商业、服务业人员的就业人员比例均大幅提高。

（二）人才年龄趋向年轻化

研究基于上海市15岁及以上人口中拥有大专及以上学历人口的相关统计数据，对上海市人才的年龄结构进行分析。研究表明2000年上海市人才年龄主要集中在25～54岁，处于这一年龄段的人才数量约占人才总量的79.11%；不同性别人才的年龄差异较为明显，女性人才更趋年轻化（图6-13）；2015年上海市人才年龄主要集中在20～49岁，处于这一年龄段的人才数量约占人才总量的79.20%；不同性别人才的年龄差异有所减小，男性人才的平均年龄有所降低。总体来看，研究期内上海市人才队伍年龄结构更趋年轻化，不同性别人才年龄分布特征的差异化有所减小（图6-14）。

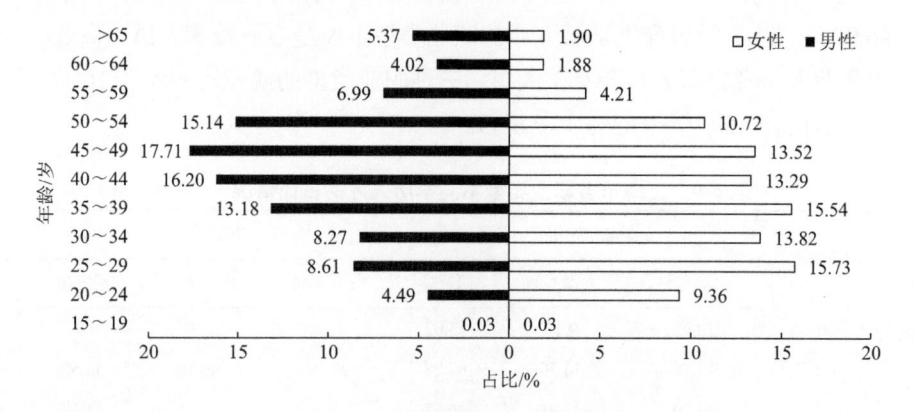

图 6-13 2000年上海市人才的年龄结构

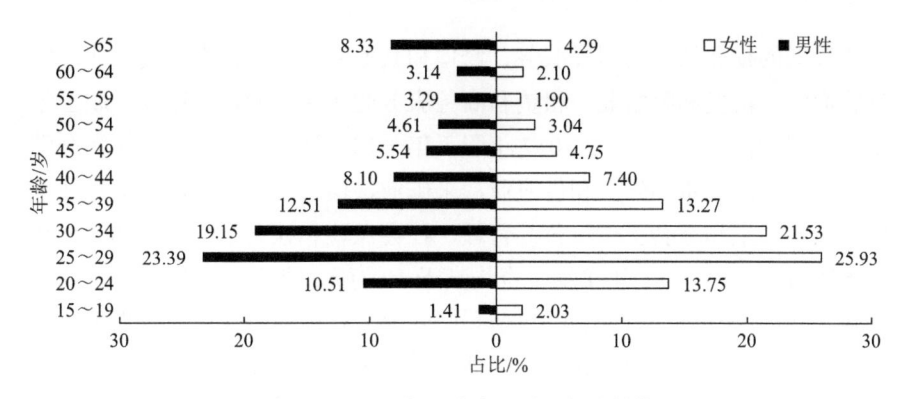

图 6-14　2015 年上海市人才的年龄结构

(三) 人才素质趋向高学历

2000~2018 年上海市各学历人才占就业人口比例均呈上升趋势（图 6-15）。其中，专科学历人才占比由 2000 年的 8.0% 上升至 2018 年的 17.3%，增长率为 111.6%；本科学历人才由 5.3% 上升至 25.6%，增长率为 383.9%；研究生学历人才由 0.6% 上升至 5.2%，增长率高达 781.4%；专科及以上学历人才由 13.8% 上升至 48.1%，增长率为 247.8%。整体来看，研究期内人才占比呈现以大学专科学历为主导向以大学本科学历为主导的转变趋势，大学本科学历人才占比提升最为明显，研究生学历人才占比提升相对较小但其增长率最大。

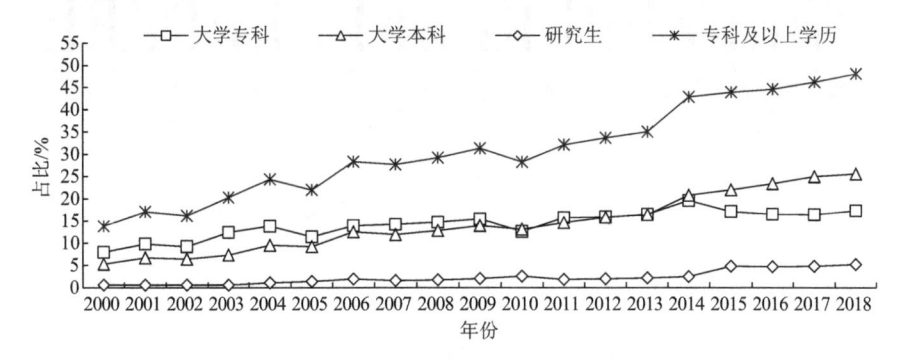

图 6-15　不同受教育程度人口占比情况

(四) 人才薪资趋向增收、行业间差距减小

从各行业职工经济收入来看，2010 年上海市职工年平均工资较高的行业依次为金融业，电力、热力、燃气及水的生产和供应业，公共管理、社会保险和社会组织，卫生和社会工作，信息传输、软件和信息技术服务业，教育业，科学研究和技术服务业，年平均工资均高于 7 万元；职工年平均

工资较低的行业依次为居民服务、修理和其他服务业，住宿和餐饮业，农林牧渔业，批发和零售业，租赁和商务服务业，建筑业，制造业，职工年平均工资均低于3.8万元。2017年职工年平均工资较高的行业依次为金融业，能源生产及水的生产和供应业，采矿业，信息传输、软件和信息技术服务业，卫生和社会工作，公共管理、社会保险和社会组织，科学研究和技术服务业，教育业，年平均工资均高于10万元，职工年平均工资较低的行业与2010年相比略有改变，租赁和商务服务业由低收入行业变为中等收入行业，水利、环境和公共设施管理业由中等收入行业变为低收入行业。

从各行业职工经济收入的变化来看，2010~2017年上海市各行业部门的职工平均工资均呈上升趋势（图6-16）。研究期内租赁和商务服务业，采矿业，批发和零售业，居民服务、修理和其他服务业，信息传输、软件和信息技术服务业的职工年平均工资的变化较为明显，增长率均在89%以上；金融业，文化、体育和娱乐业，水利、环境和公共设施管理业，农林牧渔业，建筑业的职工年平均工资的变化相对较小，增长率均在59%以下。

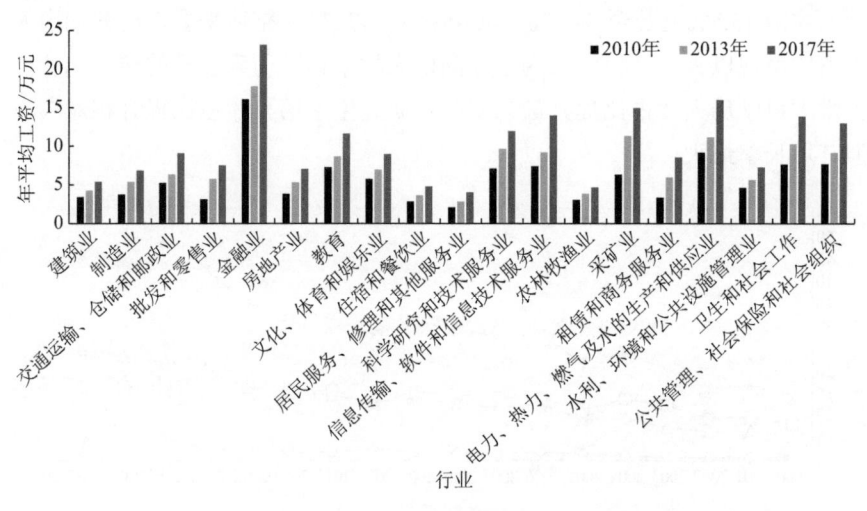

图6-16 2010~2017年上海市各行业职工年平均工资

从各行业收入差距来看，研究期内上海市各行业职工收入差距较为明显。2017年职工收入最低的行业（居民服务、修理和其他服务业），其职工年收入仅为职工收入最高的行业（金融业）的1/6。从各行业收入差异的演变趋势来看，2010~2017年各行业职工收入的基尼系数由0.276降为0.255，表明研究期内各行业职工收入差异态势有所减小。

三、上海市较全球科创高地人才质量落差显著

上海市人才质量虽有较大提升，但与全球科创城市相比，其人才质量仍有待提高。根据 2019 年全球人才竞争力指数（GTCI）报告，上海在全球城市人才竞争力指数排名中位列第 72 位，高等教育入学率、高等教育人口等指标得分远低于纽约、伦敦、巴黎等全球科创城市，人才质量仍有较大提升空间（表 6-10）。

表 6-10 2019 年全球部分城市人才竞争力指数及指标得分情况

城市	全球城市人才竞争力指数排名	全球城市人才竞争力指数	主要大学	高等教育入学率	高素质劳动力	高等教育人口
华盛顿	1	69.2	66.8	75.0	78.3	84.1
纽约	8	64.6	99.8	65.5	62.8	64.7
巴黎	9	63.5	76.8	48.4	73	79.1
首尔	10	62.7	75.0	56.1	65.4	57.4
伦敦	14	62.1	99.3	36.8	88.3	94.3
台北	15	60.5	51.2	n/a	n/a	n/a
新加坡	17	58.7	76.5	n/a	76.1	70.4
东京	19	58.4	74.1	37.2	70.1	47.9
悉尼	26	55.6	75.3	74.1	52.1	64.2
香港	27	55.2	88.9	27.9	n/a	11.4
多伦多	33	53.9	43.7	n/a	100.0	78.7
北京	58	44.1	75.6	27.9	n/a	11.4
上海	72	39.4	67.6	27.9	n/a	11.4

纽约、伦敦等全球科创城市人才质量的提高得益于其专注人力资本的发展，也得益于稳定的高质量教育水平和不断完善的人才引进政策，吸引了大量全球性人才和国际企业。纽约及伦敦聚集有哥伦比亚大学、伦敦大学学院等多所世界名校，其对教育的投入远高于上海等国内城市，从而为人才发展提供了较为优越的条件。纽约及伦敦作为国际化大都市聚集了许多跨国公司总部及研发中心，从而可以为人才提供较多的就业机会。另外，纽约及伦敦通过完善移民政策、留学生政策、签证政策等也为其留住国际化人才开通了绿色通道，加之其追求自由化的社会理念及开放包容的文化氛围等，也对国际化人才产生了较大吸引力，从而提升了人才总体质量。

相比之下，上海仅有两所大学进入世界 400 强，尚无高校入围百强名

校，每万名常住人口中，理工科类本科毕业生仅 15 名，表明上海在科技创新潜在人才培养方面存在显著不足（徐庆东，2005）。另外，上海不仅在引进国际化人才的政策体系方面有待健全，面对其他城市不断出台的引进高层次人才的优厚政策，其也面临生活成本高、落户困难等引起的人才流失问题，上海在引进和留住本土人才及国际化人才方面仍有待完善。综上所述，上海今后可在本土人才培养及人才引进政策制定两个层面进行优化完善进而提高上海人才总体质量。

第五节　本 章 小 结

人才是全球科创中心建设的核心要素，促进人才集聚是推动上海建设全球科创中心城市的关键。本章剖析了世界主要科创中心建设的人才依赖路径，明晰了上海市人才规模与质量现状，识别了上海建设全球科创中心城市的现实困境，并据此提出驱动上海集聚全球科创人才的建议。经过研究可知，研究期内，上海市各行业人才、国际人才储备增加；上海市人才规模总量递增，各区县人才密度均呈上升趋势，不同学历水平人才规模均有所增加；上海市人才质量有较大提升，人才学历提升水平显著；上海市的人口以具备劳动能力人口为主，整体文化素质明显提升，为上海市科创能力提升了提供人力资源保障。总体而言，上海市人才发展状况较之前有较大提升，但是与世界上典型全球科创中心城市相比，仍存在人才资源的配置效率有待提高、人才的服务意识仍待强化、人才引进政策体系有待优化等问题，今后上海市应积极通过完善人才引进政策、提升基础设施服务水平、健全人才激励机制、完善人才管理体制、塑造宜居城市等措施提高人才集聚度，从而有效发挥人才对上海建设全球科创中心城市的关键支撑作用。

第七章　上海科创中心建设的创新平台

创新平台作为创新活动的主要支撑载体和创新体系的重要组成部分（孙庆和王宏起，2010），在集聚创新资源、促进科技成果转化和产业化应用、提升区域创新能力等方面的作用日益凸显（唐承丽等，2020），同时也是推动人才开展科学研究、技术开发、创意变现等创新活动的主要环境，在整个创新体系中起着重要的协调与链接作用，能够为人才信息共享、社交与创业提供服务支持，降低人才价值自我实现的门槛，促进人才获得更多接入创新系统的机会。面对日趋激烈的全球科技与经济竞争，世界主要发达国家均已将建设一流的科技创新平台作为创新发展的重要战略举措（Davila et al.，2006）。我国 2006 年出台的《国家中长期科学和技术发展规划纲要（2006—2020 年）》也强调了加强科技基础条件建设的重要性。上海市为进一步落实科学发展观，加速实施科教兴市战略，基于国家的政策导向和本市实际发展需求，上海市于 2006 年发布了《上海中长期科学和技术发展规划纲要（2006—2020 年）》，其指出通过聚焦重点学科领域建设、提升创新产业竞争优势等加强上海市科创基础条件平台的设计与管理；2021 年上海市发布的《上海市建设具有全球影响力的科技创新中心"十四五"规划》，从重点国家实验室建设、研发经费支出占比、核心技术突破、专利产出规模等层面提出了上海市科创基础条件平台建设的目标、任务和重点。

由此可见，上海市政府等相关部门过去一直致力于完善创新平台，以期加快全球科技创新中心城市建设进程。鉴于此，为深入探究上海市创新平台建设现状，理清现阶段上海市创新平台建设取得的成果及存在的不足之处，本章基于对创新平台文献梳理，从上海市政产学研创新平台建设及创新平台成果产出两个视角切入，对上海市的创新平台建设情况进行分析，以期为推进上海科创中心建设进程分析提供现状基础。

第一节　创新平台构成与分布影响因素

一、概念界定

从国家层面提出建设创新平台最早可追溯于 1999 年美国竞争力委员会提交的《走向全球：美国创新新形势》研究报告，其中提出创新平台主要是指创新基础设施及创新过程中不可或缺的要素（Harmaakorpi，2006）。我国在《2018 年政府工作报告》中正式提出"积极构建面向企业的创新支撑平台"，其从硬件的实体空间和软件的服务制度机制两个层面对创新平台的内涵进行界定（郭小婷，2020）。国内外学者主要是从区域创新平台、科技创新平台、产业技术创新平台等视角对创新平台的相关概念进行界定。如陆立军和郑小碧（2008）认为区域创新平台是指面向产业集群的共性和关键技术创新需求，有效联结各创新结点的创新功能或服务的聚合体。Cusumano 等（2019）认为创新平台是平台企业与供给端用户，基于共同的技术研发活动来提供新产品和服务的平台。张振刚和景诗龙（2008）认为产业集群共性技术创新平台是指区域内围绕特定产业的共性技术研发的一些组织（政产学研等）共同兴建，致力于满足产业集群内企业对共性技术需要的公共服务机构。黄宁生（2005）认为科技创新平台既是优化并集成科创资源、开展科创活动、推广科创成果的重要载体，也是自主科创能力建设的主要载体。

二、构成要素

创新平台的运转既离不开对创新资源的获取、储存及利用，也离不开为创新资源从获取到利用过程中提供技术支撑和服务的载体。由于国内外学者对创新平台的认知与理解存在差异，从而导致其对创新平台构成要素的观点也略有不同。Eisenmann（2008）、Thomas 等（2009）从构成创新平台的参与主体出发，提出创新平台主要包含需求端用户、供给端用户、平台提供者和平台所有者四类主体。饶扬德（2008）、徐绪松和李慧（2008）均对企业创新平台的构成要素进行了阐释，他们都认为企业创新平台是由创新网络（资源接口）、知识库（核心）、技术基础设施（实现工具）、学习型组织（动力）以及创新型文化（创新催化剂）等五要素组成的创新管理系统。傅建球和张瑜（2010）探讨了产学研合作创新平台的组织结构及构成要素，认为创新平台主要由主体要素、环境要素以及资源要素三类构成，其中，主体要素包含主导性主体（企业）、支撑性主体（高校及科研院所）、协调性主体（政府、中介机构和金融组织），环境要素包含内部环境、中间环境和外部环境，资源要素包含人力资源、知识资源、政策资源等。基于投入产出视角，本文认为创新平台的投入主体主要涉及政府、高新技术企业、高校及科研院所等，创新平台的产出成果主要为专利、论文等。

三、空间格局及影响因素

既有文献主要从地级市、城市群、省域等尺度切入分析区域创新平台的空间格局演化特征，从制度、金融、人力资本、产学研联系程度、外资水平等维度对创新平台时空演化的影响机制进行剖析。如唐承丽等（2020）通过探究长江中游城市群创新平台的空间分布特征及其影响因素，发现该区域创新平台整体呈现以武汉、长沙和南昌为核心的"品字形"的分布格局，金融实力、信息化程度、利用外资水平、人力资本条件是影响创新平台空间分异的主要因素。Hu 和 Yang（2019）指出中国的科技创新平台带有明显的制度主导基因，强有力的组织领导体制推进区域治理体制和体制环境发生重大变化。蔡丽茹等（2020）探究了我国地级市创新平台的时空演化及影响因素，发现创新平台空间格局呈现从北京单极化的点状布局向沿海沿江发达区域的线面发展，再向中西部地区零星分布转变，产学研联系程度、高素质创新人才、创新产业生态等是影响创新平台分布的主要因素。滕堂伟等（2018）分析了上海企业孵化器空间布局演化及区位影响因子，结果表明上海企业孵化器主要集中于中心城区和浦东新区，外围县区数量较少，产业基础和科研实力是影响企业孵化器分布的主要因素。

四、城市创新平台集聚研究方法

围绕政府、产业、大学三个创新主体形成的三螺旋理论（Triple Helix Theory，简称 TH 理论）是探究区域创新产业培育、科技成果转化、跨领域创新合作等创新活动的重要理论。三螺旋理论的核心是指在创新活动中，通过加强政府、产业和大学等创新主体间的合作交流及协同关系，使各种功能有机结合，实现创新资源整合与共享，进而提高创新效率（张秀萍等，2016）。三螺旋理论是上海市政产学研创新平台建设的理论基础，其为创新活动提供了研究范式。在基于三螺旋理论的上海市政产学研创新平台建设中，各创新主体基于企业及产业的发展需求共同开展创新活动，打破了传统的行业边界以及地域边界等，将行政领域、生产领域以及知识领域的三股力量相融合，共同推动上海市社会经济健康持续发展。

知识溢出是区域间通过互动交流、相互学习获取研发成果，从而带动经济增长（王铮等，2003）。学术界对知识溢出的研究始于 19 世纪 60 年代，最初被用于探究外商直接投资的效应问题。随着知识溢出理论的不断发展与完善，这一理论已经被广泛应用于企业创新、政产学研协同创新等问题的探究，国内外学者对知识溢出的测度、发生机制及其空间效应等也进行了广泛而深入的探索，知识可以在政府、企业、高校、科技中介等创新主体间发生溢出效应已成为学术界的共识（李燕萍和李洋，2018）。上海市政产学研创新主体间的互动交流为知识溢出提供了可能，政府科技委员、企业技术人员、高校及科研院所研究人员等通过召开座谈会等交流活动，实现知识及技术的溢出及扩散。高水平的溢出及扩散效应可以推动知识科技的广泛传播与应用，进而提升政产学研创新平台的产出质量，促进经济社会及生态环境的高质量发展。

创新平台相关成果主要利用熵值法、投入产出法、模糊综合评价法、多目标决策法等对区域创新平台发展水平及其绩效进行评价，多运用最邻近指数法、核密度估计、GIS 空间分析方法等探究区域创新平台的空间分布及集聚特征，主要借助地理探测器、空间计量模型、面板回归模型等分析区域创新平台区位分布的影响因素。如陈洪玮和王欢欢（2020）通过构建创新平台指标评价体系，借助熵值法确定中国省级创新平台的相对发展水平，结果表明创新平台发展水平高值区主要位于东部沿海及长三角地区中心腹地等，低值区主要集中在新疆等西部地区。李燕萍和李洋（2018）运用空间自相关模型等方法分析了中国科技企业孵化器的空间分布特征，研究发现科技企业孵化器目前的集聚效应显著，且倾向分布于经济发展水平较高和创业投资较为活跃的地区。丛海彬等（2015）运用地理探测器等方法探究了浙江省区域创新平台空间分布的影响因素，结果表明政府财政支持、科研人员投入与教育事业投入等是影响该区域创新平台空间分异的主要因素。

第二节　学科及实验室平台的行业与区域结构

一、上海市学科发展结构特征

学科实力既是高校实力的集中体现，也是服务社会的基石。建设世界一流大学,必须抓住学科建设的龙头。作为国家改革开放的前沿城市,上海市树立了明确的学科建设目标,即大力推进高峰高原学科建设计划,通过对学科布局进行优化和调整,努力让上海高校的学科"高峰凸显""高原崛起",在"高原"之上建"高峰"。除了提出高峰高原学科建设计划外,上海市还提出强势学科、重点学科相关学科建设计划,并制定一系列政策加强紧缺学科建设及紧缺人才引进,力图推进上海建设世界一流学科建设进程。

（一）高峰高原学科

2018 年上海市教委公布《上海高校高峰高原学科建设第二阶段动态调整学科名单的通知》,对高峰高原学科实施动态调整。截至 2018 年 10 月,上海市共 121 个学科入围计划,其中,32 个Ⅰ类高峰学科、13 个Ⅱ类高峰学科、11 个Ⅲ类高峰学科、9 个Ⅵ类高峰学科;36 个Ⅰ类高原学科、20 个Ⅱ类高原学科。

1. 高峰学科

上海市高峰学科主要集中于复旦大学、上海交通大学、同济大学及华东师范大学四所在沪 985 高校及上海大学,高峰学科在名校的集聚现象较为明显。就不同类型高峰学科而言,Ⅰ类高峰学科主要聚焦于复旦大学、上海交通大学、同济大学、上海中医药大学及华东师范大学;Ⅱ类高峰学科也是主要集中于在沪四所 985 高校;Ⅲ类高峰学科主要聚焦于上海大学、上海师范大学以及上海理工大学;Ⅳ类高峰学科主要聚焦于同济大学。

不同类别高峰学科所涉学科数量具有明显异质性,Ⅰ类高峰学科涉及学科数量最多高达 32 个学科,主要包括政治学、中国语言文学、新闻传播学、基础医学、公共卫生与预防医学、理论经济学、数学、哲学等,其他类别高峰学科所涉学科数量相对较少,Ⅱ类高峰学科主要包括化学、物理学、中西医结合、管理科学与工程、物理学、海洋科学、交通运输与工程、地理学等 13 个学科;Ⅲ类高峰学科主要包括社会学、材料科学与工程、光学工程等 11 个学科;Ⅳ类高峰学科主要包括上海智能电子与系统研究院、上海国际设计创新研究院、上海污染控制与生态安全研究院等 9 个学科（表 7-1）。

表 7-1 上海市纳入高峰学科建设范围的学校名单

高校	I类高峰	II类高峰	III类高峰	IV类高峰	合计
复旦大学	9个	3个		1个	13个
上海交通大学	6个	2个			8个
同济大学	3个	2个		3个	8个
华东师范大学	2个	2个		1个	5个
华东理工大学	1个	1个			2个
东华大学	1个				1个
上海外国语大学	1个				1个
海军军医大学	1个				1个
上海中医药大学	3个				3个
上海交通大学医学院	1个	1个		1个	3个
上海音乐学院	1个				1个
上海体育学院	1个			1个	2个
上海海洋大学	1个				1个
上海戏剧学院	1个				1个
上海财经大学		1个		1个	2个
华东政法大学		1个			1个
上海大学			4个	1个	5个
上海理工大学			2个		2个
上海海事大学			1个		1个
上海工程技术大学			1个		1个
上海师范大学			3个		3个

资料来源：上海市教委。

2. 高原学科

整体而言，上海市高原学科主要集中于上海大学、上海师范大学、上海交通大学医学院及上海理工大学。就不同类型高原学科而言，Ⅰ类高原学科主要聚焦于上海大学、上海交通大学医学院、上海理工大学、上海师范大学、上海音乐学院、上海海洋大学及上海海事大学；Ⅱ类高原学科主要集中于上海大学及上海师范大学。与高峰学科比较而言，高原学科的名校集聚现象明显弱化。

Ⅰ类高原学科涉及学科数量明显高于Ⅱ类高原学科，前者主要包括艺术学理论、戏剧与影视学、心理学、海洋科学、食品科学与工程、机械工程、动力工程及工程热物理等36个学科；后者主要包括心理学、中国史、生物学、环境科学与工程、艺术学理论等 20 个学科（表 7-2）。

表 7-2 纳入上海市高原学科建设范围的学校名单

高校	I类高原	II类高原	合计
上海音乐学院	艺术学理论、戏剧与影视学		2 个
上海体育学院	心理学		1 个
上海海洋大学	海洋科学、食品科学与工程		2 个
上海理工大学	机械工程、动力工程及工程热物理、生物医学工程、管理科学与工程		4 个
上海师范大学	哲学、世界史、化学	心理学、中国史、生物学、环境科学与工程、工行管理学	8 个
上海海事大学	交通运输工程、船舶与海洋工程		2 个
上海戏剧学院	设计学	艺术学理论	3 个
华东政法大学	公共管理		2 个
上海对外经贸大学	应用经济学	工商管理	2 个
上海立信会计金融学院	工商管理	应用经济学	2 个
上海政法学院	法学		1 个
上海大学	马克思主义理论、新闻传播学世界史、数学、力学、机械工程、冶金工程、信息与通信工程、环境科学与工程、设计学	应用经济学、中国语言文学、中国史、物理学、控制科学与工程、管理科学与工程	16 个
上海中医药大学	科学技术史		1 个
上海交通大学医学院	生物学、基础医学、公共卫生与预防医学、药学、医学技术、护理学		6 个
上海电力学院		电气工程	1 个
上海应用技术大学		化学工程与技术	1 个
上海第二工业大学		环境科学与工程	1 个
上海商学院		应用经济学	1 个
上海电机学院		机械工程	1 个
上海健康医学院		医学技术	1 个

资料来源：上海市教委。

（二）强势学科

上海市共有 84 个强势学科，就学校分布而言，上海市强势学科共分布于 11 所高校，主要集中于复旦大学、上海交通大学、同济大学。就学科领域分布而言，主要分布于医学、理学、历史学、教育学、文学、农学、工学、法学、管理学及经济学等 10 个学科领域，其中，工学领域的强势专业最多，主要分布在上海交通大学、同济大学、华东理工大学、东华大学及复旦大学；医学领域的强势专业相对较多，主要分布在复旦大学、上海交通大学医学院及上海中医药大学；农学、历史学、法学、管理学等学科领域的强势专业相对较少，每一学科领域仅包含 1~2 个强势专业[①]。

（三）重点学科

上海市共有 49 个重点学科，其中，"重中之重"学科主要包含药学、海洋地质、桥梁工程等 10 个学科领域，主要分布在同济大学、上海交通大学医学院等 8 所高校；第二批理工医学类重点学科主要包含机械设计及理论、材料学、岩土工程、结构工程等 26 个学科领域，主要分布于同济大学、上海交通大学医学院、上海大学等 8 所高校；第二批人文社会科学类重点学科主要包含汉语言文学、中国哲学等 13 个学科领域，主要在华东师范大学、上海外国语大学等 6 所高校。整体而言，上海市重点学科主要集中于同济大学、华东师范大学、上海交通大学医学院、华东理工大学以及上海大学[②]。

（四）紧缺学科

据上海居住证积分网资料，目前上海可落户的紧缺人才专业主要包含种子生产与经营、城市轨道交通车辆、航海技术、民航运输、应用化工技术、生物制药技术、发电厂及电力系统、给排水工程等 105 个专业，上海紧缺人才专业仍面临较为明显的人才短板现象。紧缺人才专业主要涉及农业技术类、城市轨道交通运输类、水上运输类、民航运输类、港口运输类、化工技术类、制药技术类、电力技术类等 23 个行业类别，其中，民航运输类、机械设计制造类、自动化类、化工技术类、水上运输类以及电子信息类是上海市较为紧缺的行业类型。整体而言，上海紧缺学科相对较多，紧缺学科人才需求相对较大，未来上海市应着力扶持紧缺学科建设进程，以超常规方式加快紧缺人才培养及引进，竭力解决人才供需矛盾问

---

① 上海市强势学科情况数据详见：附录二 附表 2-1。
② 上海市重点学科名单数据详见：附录二 附表 2-2。

题，进而推动上海市经济社会高质量发展①。

（五）世界大学学科排名

根据 2021～2022 年 QS 世界大学学科排名表（表 7-3），在艺术与人文学科，上海四所 985 高校是上海市该领域学科带头人。在工程科技学科，上交、复旦、同济三所 985 高校以及上海大学和华东理工大学两所 211 高校是上海该学科领域的名校。在社会科学与管理学科，复旦、上交、同济三所 985 高校以及上海大学、上海财经大学两所 211 高校是上海该学科领域的领导者，且上交、复旦的位次远高于其他高校。在生物科学与医学专业，复旦、上交及同济三所 985 高校是该专业的领头羊。在自然科学专业，复旦、上交、同济、华师大四所 985 高校以及上海大学和华东理工大学两所 211 高校是上海该专业的领导者。总体而言，在以上五个学科专业领域，上海交通大学、复旦大学以及同济大学三所 985 高校在上海均是领军者。

表 7-3　2021～2022 年 QS 世界大学学科排名

学科/专业	学校	世界排名	中国（大陆）排名	总分
艺术与人文	复旦大学	62	3	77.9
	上海交通大学	165	8	70.2
	同济大学	178	9	69.4
	华东师范大学	314	12	63.1
工程科技	上海交通大学	23	2	85
	复旦大学	43	5	80.5
	同济大学	160	13	71.2
	上海大学	340	24	63.6
	华东理工大学	380	27	62.2
社会科学与管理	复旦大学	49	3	78.4
	上海交通大学	51	4	78.2
	上海大学	401～450	17	
	同济大学	401～450	18	
	上海财经大学	451～500	21	
生物科学与医学专业	复旦大学	66	2	75.6
	上海交通大学	68	3	75.4
	同济大学	82	18	58.2

---

① 上海居住证积分紧缺人才目录数据详见：附录二　附表 2-3。

续表

学科/专业	学校	世界排名	中国（大陆）排名	总分
自然科学专业	复旦大学	68	4	82.4
	上海交通大学	71	7	81
	同济大学	85	22	65.5
	上海大学	85	23	65.3
	华东师范大学	88	24	63.9
	华东理工大学	91	27	62.9

资料来源：http://rankings.betteredu.net/qs/world-university-rankings/latest/2020-2021.html.

二、重点实验室发展结构特征

重点实验室是依托大学和科研院所建设的科研实体，是国家科技创新体系中重要的实验室，是国家组织高水平基础研究和应用基础研究、聚集和培养优秀科技人才、开展高水平学术交流、科研装备先进的重要基地。重点实验室分为国家重点实验室、教育部重点实验室、省部级重点实验室等类型，不同类型的重点实验室在其牵头单位及层次水平等方面存在一定差异，本章将从上海市国家重点实验室和上海市重点实验室两个层面探究上海市重点实验室发展情况。

（一）上海市国家重点实验室发展特征

1. 学科领域分布

截至 2019 年 5 月，上海市共有 32 个学科国家重点实验室，主要集中于医学、生物、材料、信息、工程、化学、数理及地学 8 个领域。其中，医学及生物领域国家重点实验室数量最多，占比均为 18.75%；材料及信息领域国家重点实验室数量相对较多，占比均为 12.50%；剩余 4 个领域占比相对较小，均为 9.38%（图 7-1）。

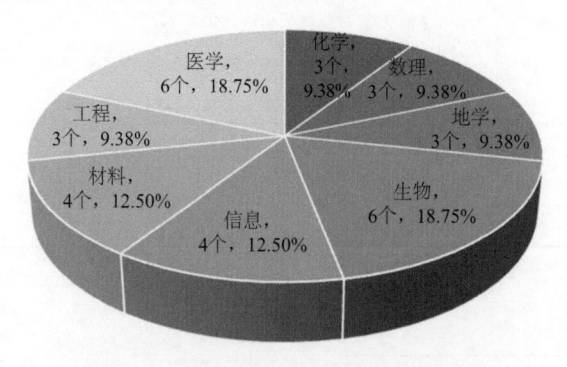

图 7-1 上海市国家重点实验室学科领域

2. 所属部门分布

整体而言，上海市国家重点实验室的主管部门较为集中，仅有中国科学院、教育部、国家卫健委及中央军委训练管理部 4 个主管部门。其中，主管部门为教育部的国家重点实验室数量为 18 个，占比高达 56.25%；主管部门为中国科学院的国家重点实验室数量相对较多，占比为 37.50%；主管部门为国家卫生健康委员会、军委训练管理部的国家重点实验室数量最少，占比均为 3.13%（图 7-2）。

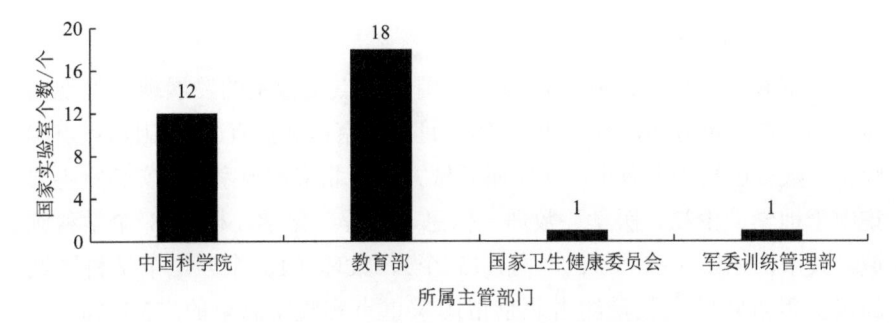

图 7-2 上海市国家重点实验室所属部门分布

3. 依托单位分布

上海市高校数量居于全国领先地位，依托上海高校建立的国家重点实验室数量也位居前列。上海市 32 个国家重点实验室所属依托单位共有 17 个，拥有国家重点实验室最多的科研单位是上海交通大学（6 个）和复旦大学（5 个），中国科学院上海生命科学研究院和同济大学拥有的国家重点实验室也相对较多，分别为 4 个和 3 个，另有 3 个科研单位拥有 2 个国家重点实验室，10 个科研单位拥有 1 个国家重点实验室。整体而言，上海市国家重点实验室依托单位主要是中国科学院在沪分所以及上海四所 985 高校（表 7-4）。

表 7-4 上海市国家重点实验室所属依托单位分布

所属依托单位	个数/个	所属依托单位	个数/个
中国科学院上海有机化学研究所	2	中国科学院上海微系统与信息技术研究所	2
复旦大学	5	中国科学院上海技术物理研究所	1
中国科学院上海光学精密机械研究所	1	东华大学	1
华东师范大学	2	中国科学院上海硅酸盐研究所	1
同济大学	3	上海市肿瘤研究所	1

续表

所属依托单位	个数/个	所属依托单位	个数/个
中国科学院上海生命科学研究院	4	中国科学院上海药物研究所	1
华东理工大学	1	中国人民解放军第二军医大学	1
上海交通大学	6		
中国科学院电子学研究所	1		

注：所属依托单位为 2 个及以上的国家重点实验室，其依托单位分别统计.

4. 京沪两市对比分析

北京和上海作为国际大都市，其国家重点实验室的发展现状呈现明显差异。在数量方面，截至 2019 年 5 月，北京市共拥有 79 个国家重点实验室，数量远高于上海市。在所属领域方面，北京市国家重点实验室主要集中于地学、生物、医学、数理、信息、工程、化学、材料 8 个学科领域，其中，地学（17 个）、生物（15 个）、数理（10 个）三个学科领域的国家重点实验室数量约占北京市国家重点实验室总量的 53.16%，材料（3 个）及化学（4 个）两个学科领域的国家重点实验室数量相对较少。京沪二市相比，北京市地学、生物、医学、数理等领域的国家重点实验室较为集中，而上海市材料领域的国家重点实验室相对集中。在国家重点实验室主管部门方面，北京市的主要主管部门（中国科学院和教育部）与上海市相同，但上海市国家重点实验室仅有 4 个主管部门，而北京市国家重点实验室的主管部门有 8 个，涉及单位相对较为广泛。在国家重点实验室依托单位方面，北京市国家重点实验室依托单位数量远高于上海市，且北京市依托单位的合作科研院所相对较多，而上海市国家重点实验室依托单位多是独立单位，与其他科研院所合作相对较少。

（二）上海市国家重点实验室发展特征

1. 领域分布

根据上海市科委研发基地建设与管理处统计资料显示，2012 年上海市共有 92 个重点实验室，主要集中于医学、工程、信息、材料及环保 5 个领域。其中，医学领域重点实验室数量最多，占比高达 45.65%；工程领域重点实验室数量相对较多，占比为 23.91%；材料及环保领域重点实验室数量相对较少，占比均低于 10%（图 7-3）。

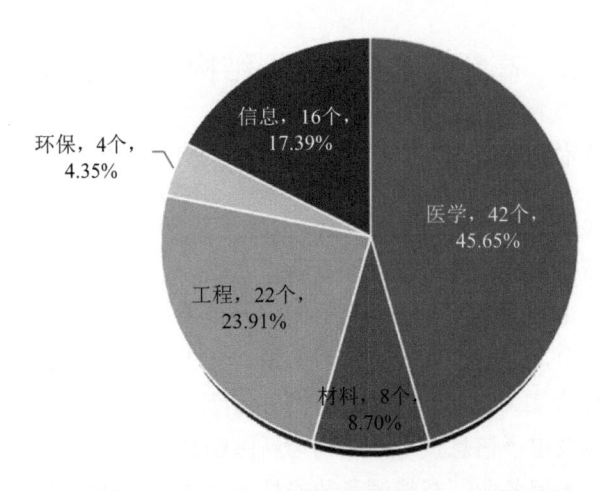

图 7-3 2012 年上海市国家重点实验室学科领域

2. 依托单位分布

上海市国家重点实验室所属依托单位较多，共涉及 59 个，拥有重点实验室最多的科研单位是上海交通大学（9 个），华东师范大学（6 个）及上海大学（6 个），第二军医大学、复旦大学、华东理工大学和同济大学拥有重点实验室也相对较多，均为 4 个，上海交通大学医学院附属第九人民医院和上海交通大学医学院附属瑞金医院分别拥有 3 个重点实验室，除此之外，另有 6 家科研单位分别拥有 2 个重点实验室，44 个科研单位分别拥有 1 个重点实验室。整体而言，上海市重点实验室依托单位主要集中于上海四所 985 高校以及上海大学、第二军医大学和华东理工大学三所 211 高校，实验室的名校依托现象较为突出（表 7-5）。

表 7-5 上海市国家重点实验室所属依托单位分布

所属依托单位	个数/个	所属依托单位	个数/个
上海交通大学	9	上海交通大学医学院附属第九人民医院	3
华东师范大学	6	上海计量测试技术研究院	2
上海大学	6	上海交通大学医学院	2
第二军医大学	4	上海交通大学医学院附属第一人民医院	2
复旦大学	4	上海交通大学医学院附属新华医院	2
华东理工大学	4	上海师范大学	2
同济大学	4	上海市农业科学院	2
上海交通大学医学院附属瑞金医院	3		

注：此表仅统计依托单位拥有 2 个及以上国家重点实验室的科研单位。

第三节　高新技术企业发展结构与区域特征

一、高新技术企业概念

高新技术（high technology）起源于 20 世纪 70 年代的美国，其具有两层含义，即高技术与新技术。由于高新技术是一个动态概念，因此国内外对其概念的界定并无统一标准。我国国家科技委员将其界定为：在科学综合研究基础之上，处于当代科学技术前沿，对于生产力的发展、社会文明进步和国家综合实力的提升起先导作用的新技术群（武晓静，2017）。高新技术主要涉及电子信息技术、生物与新医药技术、航空航天技术、新材料技术、高技术服务业、新能源及节能技术、资源与环境技术以及先进制造与自动化等领域。美国主要使用研发强度、研发人员占比等定量指标来界定高新技术企业；日本则主要运用定性的方法，从高新技术企业的特质及其经济社会效应对高新技术企业进行界定（李茜雯，2011）。我国对高新技术企业的认定工作开始于 20 世纪 90 年代初期（许玲玲等，2021），并多次进行完善，2016 年修订后的《高新技术企业认定管理办法》从核心技术领域、企业研发人员占比、研发经费占销售总额比例等 8 个方面对高新技术企业的认定条件进行规定。基于以上表述，本文认为高新技术企业是以研发人员为主体，以技术创新为先导，在国家重点支持的高新技术领域内致力于科技研发和成果转化的知识密集型创新型企业。

二、高新技术企业数量演变

基于上海市科学技术委员会相关资料，本章整理出 2010~2019 年上海市高新技术企业数量变化趋势图（图 7-4）。结果表明，研究期内上海市高新技术企业数量呈逐年上升趋势。其中，2011~2012 年、2017~2018 年、2018~2019 年三个时段内高新技术企业数量的增长幅度相对较大，增长率均在 20%以上，尤其是 2018~2019 年，增长率高达 41.11%。上海市高新技术企业数量快速提升，主要归功于近年来上海市各区持续加大对高新技术企业的扶持力度，从首次认定资助、再次认定资助到税收减免等方面给予高新技术企业资金及政策扶持，从而激发了各企业认定高新技术企业的积极性。

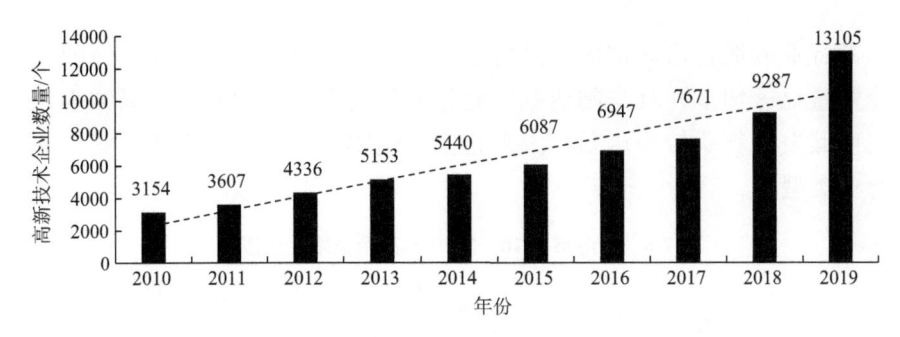

图 7-4　2010～2019 年上海市高新技术企业数量演变趋势

（一）行业分布类型

鉴于上海市科委和高新技术企业认定管理工作网仅有高新技术企业认定名单，并不含高新技术认定的行业类型信息，本文借助"企查查"对 2010 年和 2019 年上海市高新技术企业行业类型进行准确识别，结果显示 2010 年高新技术企业共存在 62 种行业大类，2019 年高新技术企业共存在 78 种行业大类，本文参考国民经济行业分类标准，将 2010 年和 2019 年的行业大类进行汇总，最终得出上海市 2010 年和 2019 年两个年份高新技术企业的主要分布行业门类（表 7-6）。

2010 年上海市高新技术企业主要分布于 15 个行业门类，行业差异性较为明显。其中，制造业，科学研究和技术服务业，信息传输、软件和信息技术服务业以及批发和零售业四个行业高企数量最多，四个行业高企总量占比高达 93.69%。2019 年上海市高新技术企业的行业分布相对较为广泛，各行业高企分布的数量差异亦较为明显。上海市高新技术企业主要集中于科学研究和技术服务业，制造业，信息传输、软件和信息技术服务业以及批发和零售业四个行业，其中，科学研究和技术服务业高企数量最多，占总数的比例高达 41.82%；制造业和信息传输、软件和信息技术服务业高企数量也相对较多，高企占比分别为 21.58%、16.54%；采矿业、住宿和餐饮业、房地产业三个行业的高新技术企业数量最少，尤其是采矿业，其高企数量占比仅 0.01%。

整体而言，2010～2019 年上海市高新技术企业分布的行业类型有所增多、范围更为广泛，但行业分布的不均衡性较为突出，主要聚焦于科学研究和技术服务业，制造业，信息传输、软件和信息技术服务业以及批发和零售业四个行业，而采矿业、住宿和餐饮业以及房地产业等行业的高企数量较少。具体来看，研究期内上海市科学研究和技术服务业领域的高新技术企业数量呈现快速增长态势，研究末期已成为高企数量最多的行业领域。研究期内信息传输、软件和信息技术服务业领域的高企数量显著增多，且与制造业行业领域的高企数量的差距明显减小，表明其发展势头较为迅猛，未来有望赶超制造业成为高企数量第二的行业类型。

表7-6 上海市 2010～2019 年高新技术企业概况

行业类别	2010年 企业个数/个	2010年 企业数量占比/%	2019年 企业个数/个	2019年 企业数量占比/%
住宿和餐饮业	1	0.03	3	0.02
电力、热力、燃气及水生产和供应业	7	0.22	13	0.10
房地产业	5	0.16	5	0.04
建筑业	67	2.12	332	2.53
交通运输、仓储和邮政业	5	0.16	54	0.41
教育	0	0.00	15	0.11
金融业	5	0.16	66	0.50
居民服务、修理和其他服务业	9	0.29	53	0.40
采矿业	0	0.00	1	0.01
科学研究和技术服务业	814	25.81	5480	41.82
农林牧渔业	0	0.00	12	0.09
批发和零售业	254	8.05	1297	9.90
水利、环境和公共设施管理业	15	0.48	42	0.32
卫生和社会工作	2	0.06	19	0.14
文化、体育和娱乐业	4	0.13	75	0.57
信息传输、软件和信息技术服务业	461	14.62	2167	16.54
制造业	1426	45.21	2828	21.58
租赁和商务服务业	79	2.50	643	4.91

数据来源：根据上海市科委相关资料整理计算得出。

(二) 空间分布格局

1. 总体分布格局

为探究 2010～2019 年上海市高新技术企业的空间布局情况，本节选取 2010 年、2013 年、2016 年和 2019 年共 4 个时间节点，对各时间节点上海市高企的空间格局分布情况进行可视化（图 7-5），进而剖析研究期内上海市高新技术企业的空间演变规律及驱动机制。

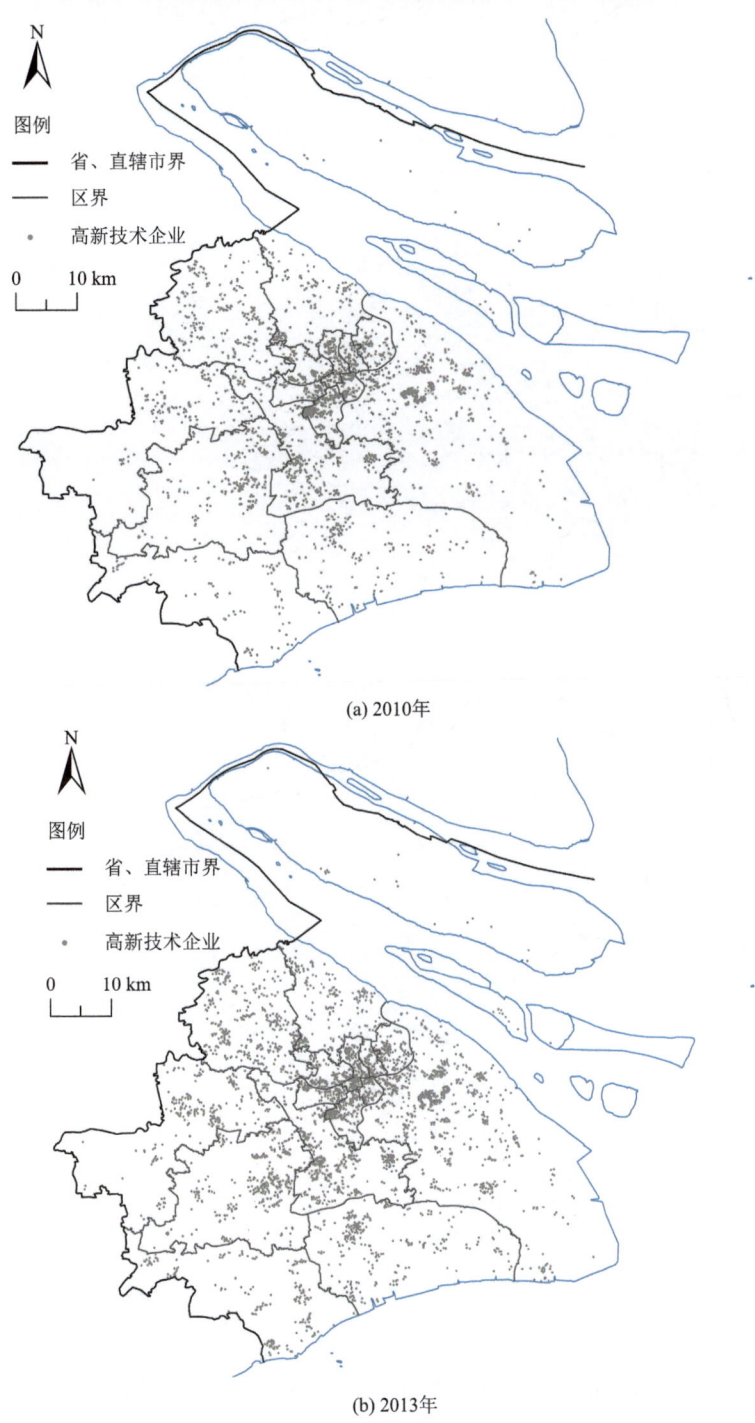

(a) 2010年

(b) 2013年

(c) 2016年

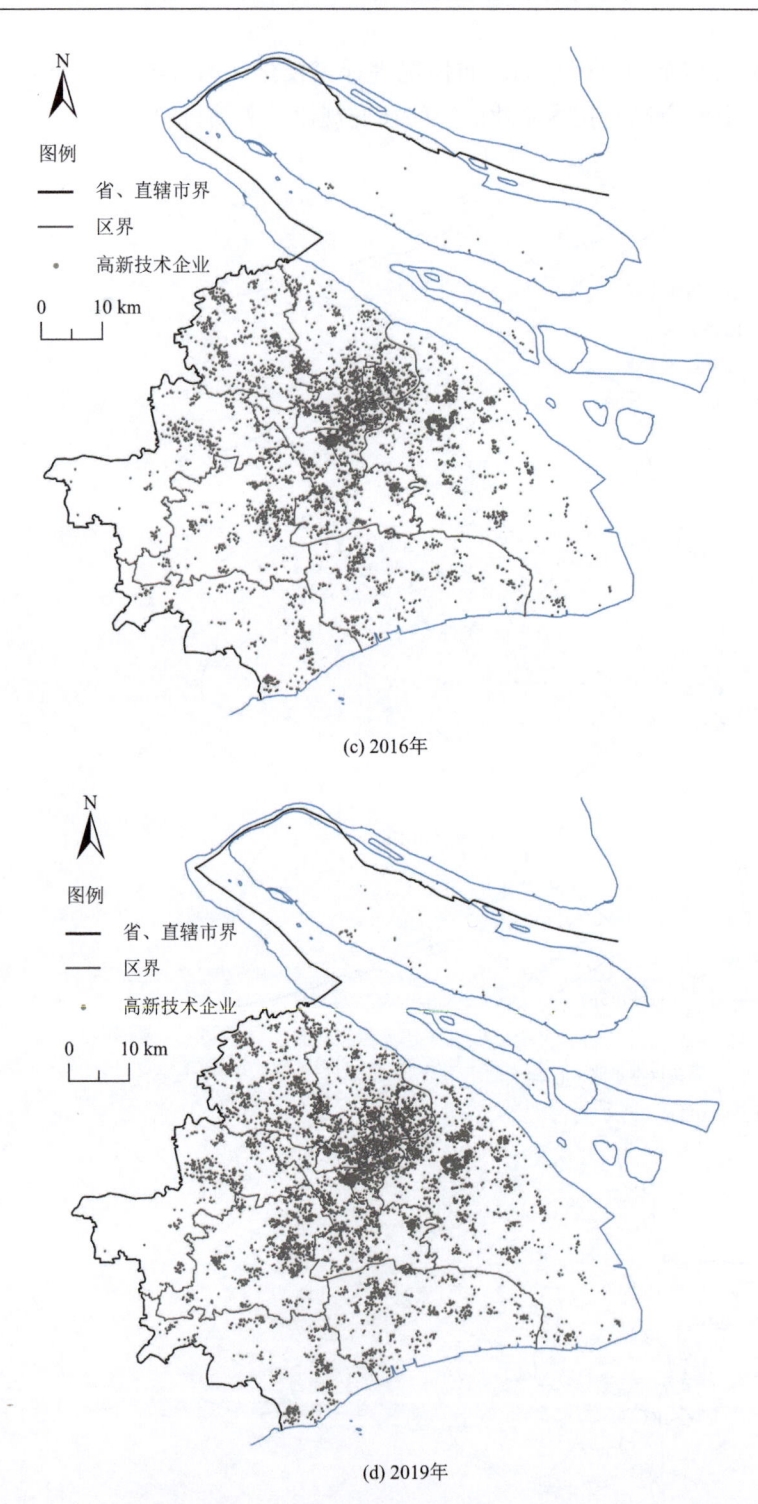

(d) 2019年

图 7-5　2010～2019 年上海市各街道高新技术企业分布格局

2010 年上海市高新技术企业高度聚集于中心城区，而奉贤区、金山区、青浦区、崇明区等远郊街道范围内高新技术企业数量较少、空间集聚态势相对较弱，尤其是崇明区仅有少量高新技术企业在辖域内零星分布。与 2010 年相比，2013 年高新技术企业在市中心街道辖域内的集聚态势有所增强，中心城区以外的街道的高新技术企业的集聚态势开始凸显，呈现出较为明显的"组团式"发展态势。与 2013 年相比，2016 年上海市高新技术企业的分布范围有所扩大，且集聚态势明显加强，尤其是除崇明区以外的城市外围区县，其街道辖域内高企的"组团式"发展的集聚态势更为明显。与 2016 年相比，2019 年上海市高新技术企业的空间分布范围持续扩大，高新技术企业呈现明显的"抱团式"发展特征，而"孤立零散式"发展的高企相对较少。

整体而言，2010~2019 年上海市高新技术企业高度集聚于中心城区街道辖域内；中心城区以外的街道辖域内高企的集聚态势明显增强，至 2019 年呈现典型的"大分散、小集聚"的空间分布特征。中心城区高新技术企业集聚态势明显，主要是因为高企在中心城区选址具有明显的区位优势，能够享有更优质的人才和服务资源；中心城区以外的街道辖域内，高企"抱团"的区域多为科研院所、各类高新技术及产业园区，人才的高度集聚及产业集群的共享式发展为高企的集中布局降低了企业的人力及资源搜寻成本。此外，虽然崇明区近年来实行高新技术企业税收优惠等福利政策，但研究期内其高新技术企业分布格局并无明显变化，辖区内高新技术企业数量仍相对较少，这主要与其位置相对偏远，与市中心基础设施的互联互通性有待增强、创新环境有待优化、高新技术产业集群相对较少、对研发人才的吸引力相对较弱等因素有关。

2. 不同行业类型高企的空间分布格局

为进一步探究 2010~2019 年上海市不同行业领域高新技术企业的空间分布格局，深入剖析不同行业领域高企的空间分布特征是否具有差异性，本节以科学研究和技术服务业，制造业，信息传输、软件和信息技术服务业以及批发和零售业四个行业为例，刻画 2010 年和 2019 年四个行业高新技术企业的空间分布格局，并揭示上海市不同行业领域高企的空间分布规律（图 7-6）。

(a) 2010年

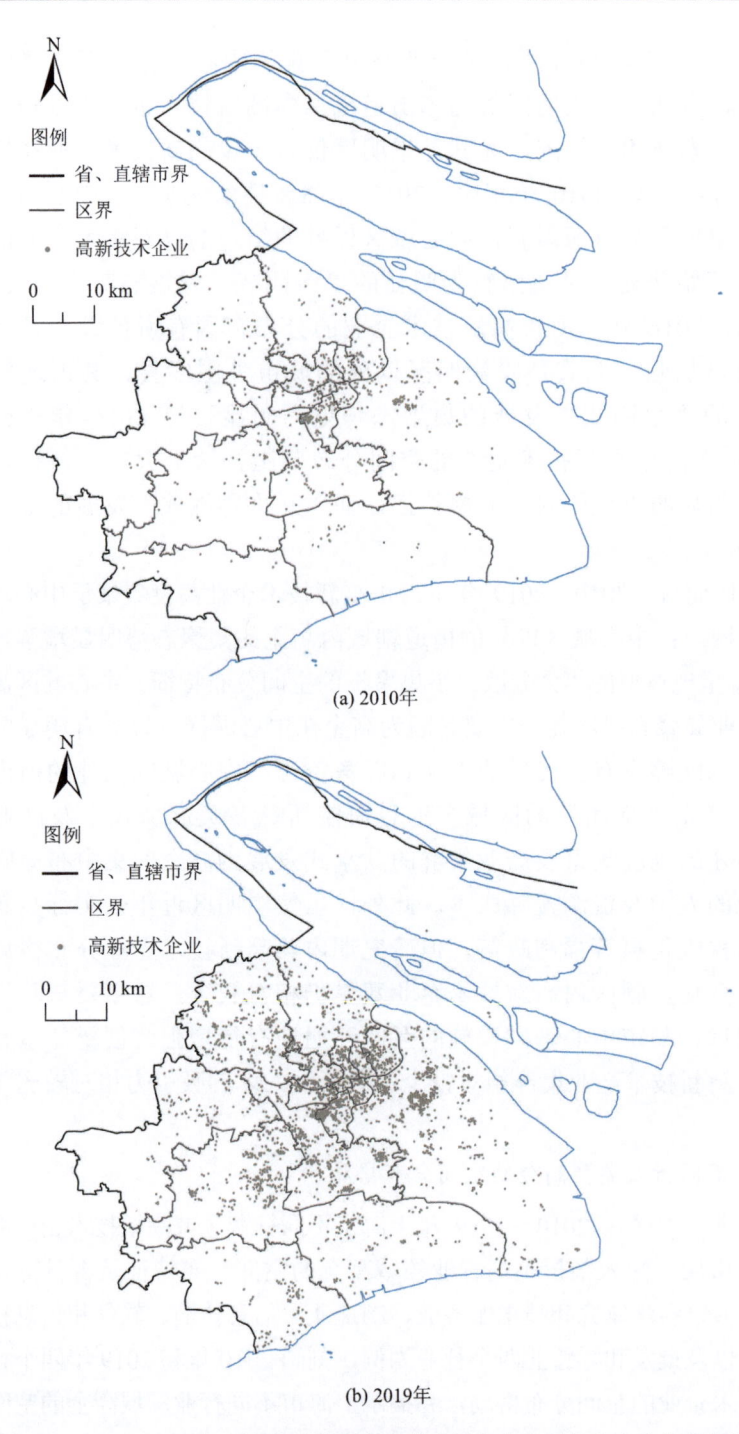

(b) 2019年

图 7-6　2010~2019 年上海市科学研究和技术服务业高新技术企业的分布格局

就科学研究和技术服务业而言，2010 年该行业领域内的高新技术企业主要集聚于市中心街道辖域内，城市外围高企分布明显较少，高新技术企业分布整体呈现由市中心向外围逐级递减态势，大致符合距离衰减定律，且市中心外围的高企分布较为分散，呈现明显的点状分布态势。2019年该行业领域内高新技术企业在市中心街道范围内呈现明显的高密度"面状"分布格局，城市外围高企的空间分布呈现明显的"线状"或"组团式"分布形态；高企的空间分布范围较为广阔，城市外围如浦东、奉贤、嘉定等区县的高企数量明显增多，但崇明区的高企数量仍相对较少。整体而言，2010～2019年上海市科学研究和技术服务行业领域内高新技术企业在市中心的集聚态势明显增强，高企的空间分布范围明显扩大，主要是因为市中心能满足科学研究和技术服务业领域的高企对人才、基础设施、金融服务等方面的需求，且市中心的服务群体相对较多，市场邻近性等优势对高企落地产生一定拉力。

就制造业而言，2010年该行业领域内的高新技术企业分布较为广泛，中心城区街道及邻近街道范围内高企的数量相对较多，而外围街道尤其是上海南部的城市外围街道，高企数量明显较少，制造业领域内的高企整体呈现"大分散、小集聚"的空间分布形态。2019年该行业领域内高新技术企业在市中心的集聚态势有所增强，高企在上海全域范围内的集聚点明显增多，尤其是在上海南部的外围街区，也呈现出较为明显的"组团式"集聚点。整体而言，2010～2019年上海市制造业行业领域内高新技术企业的区域集聚态势明显提升，但该行业领域内高企在市中心的集聚强度远不如科学研究和技术服务业、信息传输、软件和信息技术服务业，主要是因为制造业对生态环境产生的负外部性效应远高于其他三个行业，制造业领域内的高企，尤其是会对生态环境产生负向影响的高企，便会将企业选址于人口和经济活动相对低密度集聚的城市外围地区（图7-7）。

就信息传输、软件和信息技术服务业而言，2010年该行业领域内的高新技术企业分布非常集中，高企高度集聚于市中心街道范围内，外环以外街道高企数量极少，该行业的高企在空间上呈现高度集聚态势。2019年该行业领域内高新技术企业在市中心的集聚态势有所增强，且市中心的集聚点数量有所增多，高企的空间分布范围较为广阔，除了崇明区，市中心以外的街道辖域内高企密度均明显提高，但高企的空间分布相对较为离散。整体而言，2010～2019年上海市信息传输、软件和信息技术服务业行业领域内高新技术企业的空间分布范围明显扩大，但高企的主要集聚区域仍是以市中心街道为主，主要是因为市中心通信及信息领域内的基础设施相对较为完善，且市中心的消费市场占比较大，便于该行业领域内高企服务消费群体并及时获取反馈信息（图7-8）。

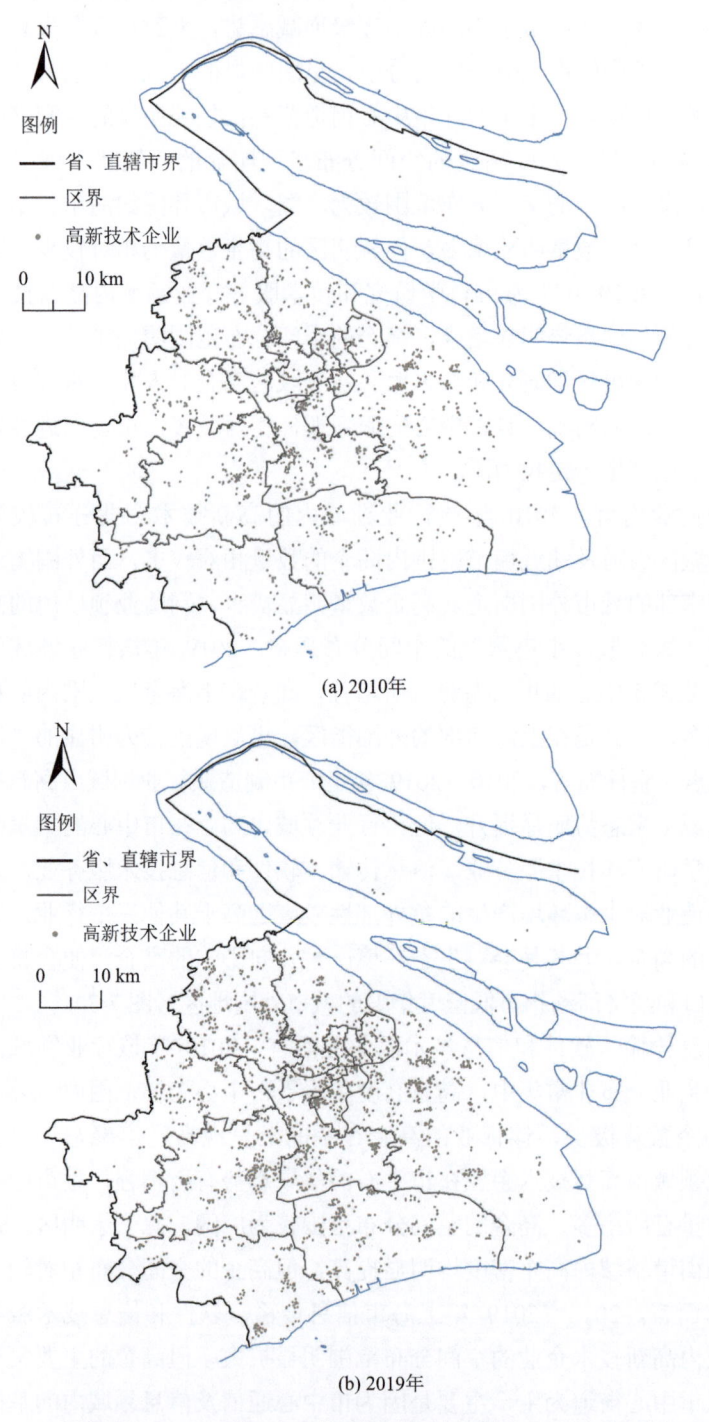

(a) 2010年

(b) 2019年

图7-7　2010~2019年上海市制造业高新技术企业的分布格局

(a) 2010年

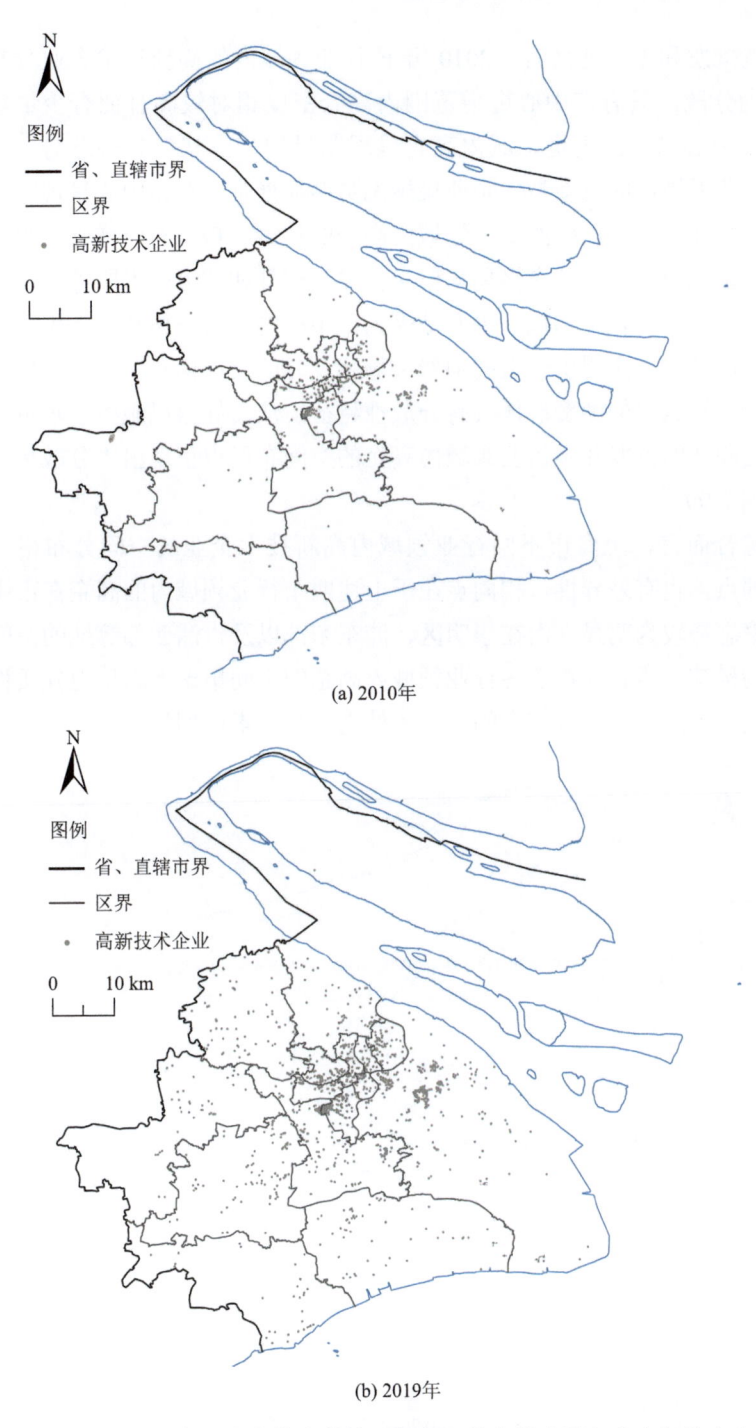

(b) 2019年

图 7-8　2010～2019 年上海市信息传输、软件和信息技术服务业高新技术企业的分布格局

就批发和零售业而言，2010年该行业领域内的高新技术企业分布相对较为分散，只有市中心街道范围内高企密度相对较高且拥有少量集聚点，市中心以外的街道辖域内高企呈现明显的"点状"分布态势。2019年该行业领域内的高新技术企业集聚态势明显增强，在市中心呈现高度集聚态势，在市中心以外的街道辖域内高企的集聚态势也有所增强。整体而言，该领域内的高企分布格局与信息传输、软件和信息技术服务业领域内的高企分布格局较为相似，主要是因为市中心的消费群体高度集聚，可以为该行业领域高企提供较大的消费市场和及时的反馈信息，而中心城区以外的街道辖域内的消费群体具有分散性特征，从而导致以服务于消费群体为主要职能的批发和零售业领域内高企的空间布局也呈现出"分散化"特征（图7-9）。

综合而言，上海市不同行业领域内高新技术企业的空间分布格局既有相同点，也有差异性。相同点在于上述四个行业领域内的高企在市中心的集聚态势较为明显，而在崇明区、浦东东部以及青浦西部等地的空间分布较为稀疏。差异性在于各行业领域内高企的空间集聚形态呈现异质性特征，这与不同行业领域高企的发展条件需求等因素密切相关。

(a) 2010年

(b) 2019年

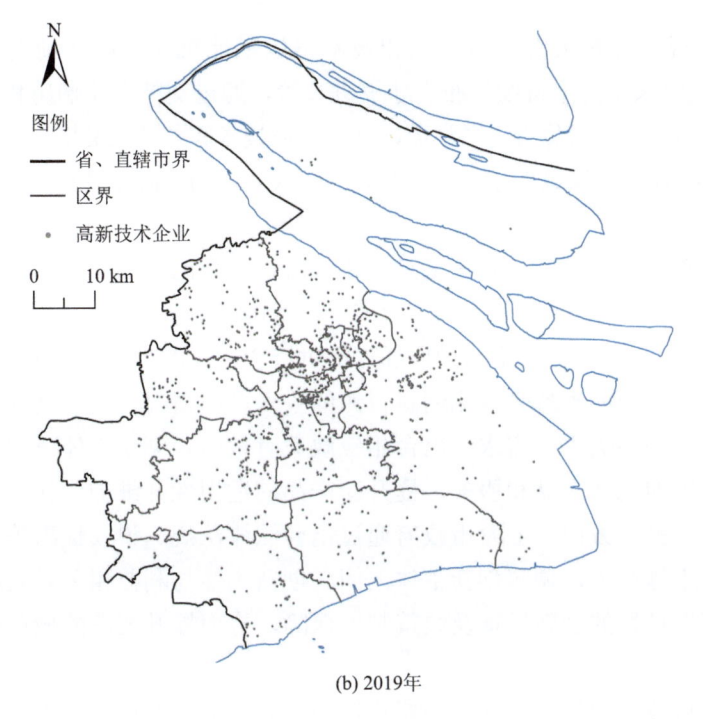

图 7-9　2010～2019 年上海市批发和零售业高新技术企业的分布格局

第四节　创新平台投入产出特征

一、政府在创新平台建设中的角色与功能定位

政府在上海创新平台建设过程中承担着重要角色，作为制度创新的主体，其主要通过制定创新政策为区域创新活动提供支持，进而提升上海产学研创新平台的产出数量及质量，提高上海创新竞争力。本节借鉴宋娇娇和孟微（2020）学者的研究思路，从创新主体维度、政策工具维度以及科技活动领域维度对上海市政府在创新平台建设中的角色与功能定位进行概述。

（1）创新主体维度。创新主体是政府创新政策的作用对象，上海市创新主体主要为高校、科研院所、政府、企业、科技中介、创新人才等。近年来，上海市政府出台了一系列政策支持各创新主体的创新活动，如 2021 年上海市政府发布《"企业技术中心"专项支持服务方案（2021—2025 年）》，明确上海银行建立 3200 亿元的专项信贷用以支持企业加大创新投入；2020 年上海市科委为支持中小微科技型企业抗击疫情和稳定发展，扩大了"创新基金"的支持范围，使与疫情防控、病毒检测、大数据、人工智能等相关的创新产品和技术得以赋能抗疫前线（俞陶然，2020）；近年来上海市持续发布人才引进政策，通过支持人才购房和发放生活补贴等举措，力争引进高学历、具有专业技术职务任职资格、重点行业领域及特殊行业领域人才、企业家等创新人才，为上海建设科创中心储备人才。

（2）政策工具维度。政策工具是政策得以实现的主要媒介，准确适时运用创新工具有助于推进上海市政产学研用协同创新并加速全球科创中心建设进程。一方面，上海市政府通过提供资金、技术、创新基础设施、管理经验等方面的支持来优化创新资源的投入产出情况，通过精准识别群众及企业等各类主体需求，出台相应政策有效引导创新主体研发并提供市场需求的创新产品和服务，提升新产品的适用性并维护创新主体的利益诉求。另一方面，上海市政府通过出台法律法规、税收优惠等政策规范创新主体行为，调节创新主体之间、创新主体与利益相关者之间的关系，塑造良好的创新环境及政策制度保障，进而提升上海的城市创新竞争力。

（3）科技活动领域维度。创新政策是政府营造创新环境、引导重点及特殊行业领域开展创新活动的主要手段。为了凸显上海市科技创新特色，2021 年发布的《上海市国民经济和社会发展第十四个五年规划和二〇三五年远景目标纲要》提出要在发挥三大产业引领作用的同时，着力打造电子信息产业、生命健康产业、汽车产业、高端装备产业、新材料产业、现代消费品产业等六大重点产业集群。近年来，上海市政府引导特定行业领域开展创新活动的干预作用也日益凸显，如上海市科委发布的 2020 年度"科技创新行动计划"高新技术领域项目申报指南，力争引导创新主体在新一代信息技术、先进制造与装备技术、新材料技术等领域实现创新突破；2020 年上海市政府出台《上海市推进科技创新中心建设条例》，指出上海要开展重点领域的技术创新规划布局，突出共性关键技术、前沿引领技术、现代工程技术、颠覆性技术创新技术，有效推进上海市技术创新工作。

二、R&D 活动投入特征

在知识经济时代，创新成为推动经济高质量发展、优化经济结构和培育增长新动力的主引擎。创新水平的直接表现为研发投入和创新产出，研发投入不一定能全部转化为创新产出，但没有研发投入一定不存在创新产出（周泰云，2020）。研发投入为研发活动的顺利开展提供了物质保障，是创新成果产出的重要驱动力。为探究上海市研发投入情况，本节从研发人员投入和研发经费投入两个视角对上海市研发投入现状进行分析。

(一) R&D 经费投入特征

1. 上海市 R&D 经费投入特征

1) R&D 经费投入类型

就研发经费投入来看，2000~2018 年上海市基础研究与试验发展两个层面的研发经费投入总额均呈平稳上升趋势，而应用研究层面的研发经费总额呈现波动上升态势。就研发经费投入类型来看，2000 年以来，试验发展在上海市研发经费投入中一直占据主导地位，2018 年其占比高达79.76%；研究期内应用研究的研发经费投入占比呈现明显下降态势，而基础研究的研发经费投入占比呈现小幅度上升态势。整体而言，上海市研发经费投入与研发人员投入结构一致，上海市的研发经费投入主要集中于实验发展活动（图 7-10）。

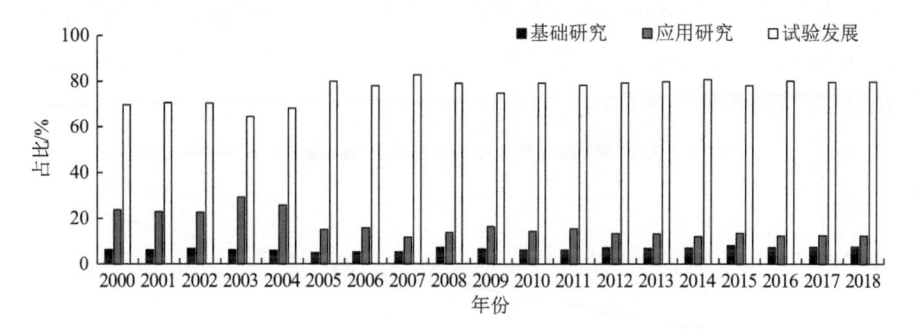

图 7-10　2000~2018 年上海市 R&D 经费投入情况

2) R&D 经费来源结构

从研发经费总额来看，上海市研发经费内部支出总额由 2010 年的 481.70 亿元稳步上升至 2018 年的 1359.20 亿元，研发经费支出总额呈高速扩张态势。从研发经费来源来看，经费来源相对单一，主要来源于企业资金和政府资金，研究末期二者资金总额占研发支出总额的比例高达96.44%，而境外资金及其他资金来源占比相对较小。研究期内政府资金占比呈现明显上升趋势，而企业资金、境外资金和其他资金占比呈下降态势（图 7-11）。

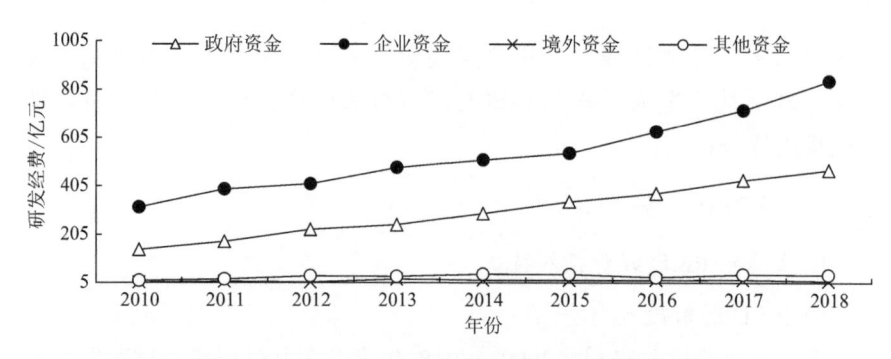

图 7-11　2010～2018 年上海市 R&D 经费来源结构

2. 长三角 R&D 经费投入特征

根据 2016 年发布的《长江三角洲城市群发展规划》及其相关文件，本文选取上海、江苏、浙江、安徽三省一市共 41 个地市作为长三角研究区域[①]。整体而言，2010～2018 年长三角 41 市的 R&D 经费投入总量由 2010 年的 1996.47 亿元上升至 2018 年的 5951.97 亿元，R&D 经费投入规模呈迅速扩张态势（图 7-12）。从省份来看，2010～2018 年上海市、江苏省、浙江省、安徽省的 R&D 经费投入规模均呈现上升趋势，其中江苏省的 R&D 经费投入最多，上海市和浙江省的经费投入基本持平，安徽省的 R&D 经费投入处于末位。

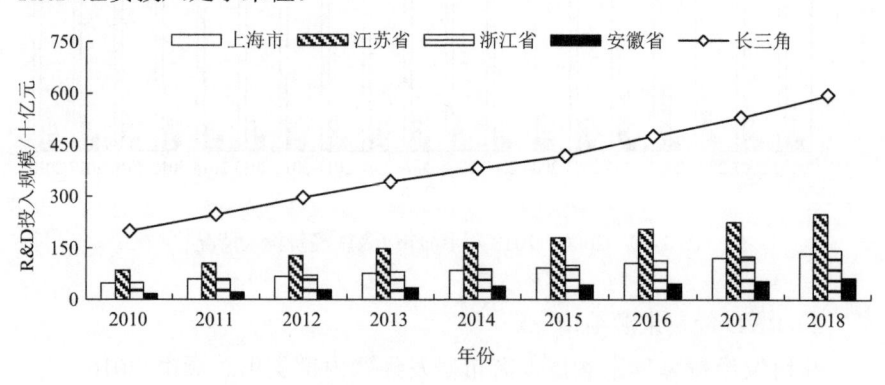

图 7-12　2010～2018 年长三角地区 R&D 经费投入规模

1）R&D 经费投入类型

就 R&D 经费内部投入金额来看，2010～2018 年长三角地区的基

---

① 长三角 41 地市：上海、常州、徐州、南京、淮安、南通、宿迁、无锡、扬州、盐城、苏州、泰州、镇江、连云港、合肥、马鞍山、淮北、宿州、阜阳、蚌埠、淮南、滁州、六安、芜湖、亳州、安庆、池州、铜陵、宣城、黄山、杭州、湖州、嘉兴、金华、丽水、宁波、衢州、绍兴、台州、温州、舟山。

础研究、应用研究、试验发展等三类经费投入金额均呈现平稳上升态势。就 R&D 经费内部投入类型占比来看，2010 年以来，试验发展在长三角地区的研发经费中一直占据主导地位，均占比 85%以上，2018年占比达 88.52%；研究期内的应用研究的经费投入占比小幅下降，基础研究的经费投入占比呈小幅波动上升态势。整体而言，长三角地区的经费投入结构与上海市经费投入结构一致，同样集中于试验发展活动（图 7-13）。

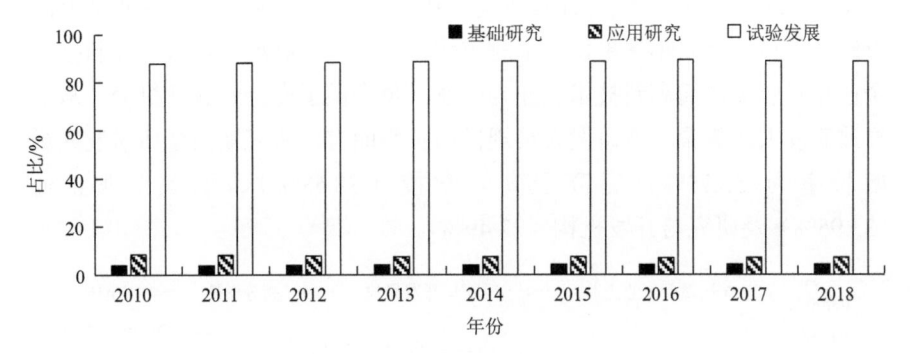

图 7-13　2010~2018 年长三角 R&D 经费投入情况

2）R&D 经费来源结构

就 R&D 经费内部支出的资金来源来看，长三角地区的资金来源中企业资金占据主要地位，在研究期内的资金投入呈现显著上升态势，至 2018 年资金投入达到 4849.08 亿元，占经费内部支出总额的 81.38%；政府资金投入位于第二，呈小幅平稳上升态势，2018 年资金投入额达 943.98 亿元；国外资金和其他资金占比较少，2018 年二者占经费内部支出总额的 2.77%。研究期内企业资金占比呈现波动上升趋势，而政府资金、国外资金和其他资金占比呈波动下降态势（图 7-14）。

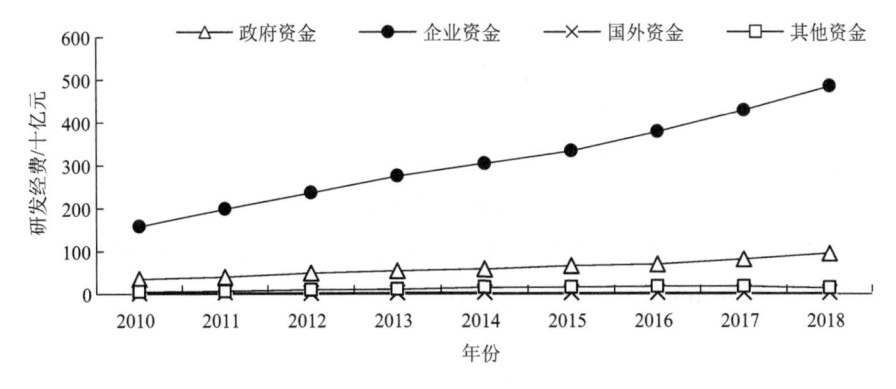

图 7-14　2010~2018 年长三角 R&D 经费内部支出来源结构

（二）R&D 人员投入特征

1. 上海市 R&D 人员投入特征

1）R&D 人员规模演变特征

2010~2018 年上海市研发人员规模总量呈现稳步增长态势，规上工业企业、高等院校及研究与开发机构等不同研发主体单位的研发人员规模也均呈波动上升趋势（图 7-15）。就研发人员规模而言，整体呈现规上工业企业>高等学校>研究与开发机构，由此可以得出规上工业企业是上海市研发人员的重要集聚单位。上海市作为区域科创高地，辖区内高新技术企业相对较多，而高新技术企业为研发人员提供了充分的就业机会，从而导致研发人才集聚。就研发人员规模增长率而言，研究期内全体研发人员增长率为 52.79%，远高于高等学校（38.58%）、规上工业企业（33.95%）及研究与开发机构（22.49%）。

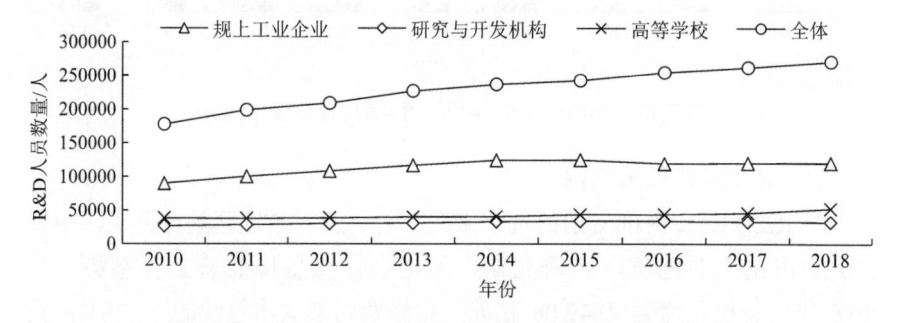

图 7-15　2010~2018 年上海市 R&D 人员规模演变趋势

2）R&D 人员投入类型特征

2010~2018 年上海市研发人员全时当量呈现波动上升趋势，表明研究期内上海市研发人员投入强度有所提高。就不同研究类型而言，试验发展研发人员的全时当量明显高于应用研究和基础研究，研究末期其研发人员全时当量约占上海市研发人员全时当量的 73.31%。研究期内虽然基础研究研发人员全时当量最小，但其研发人员增长率（52.82%）明显高于试验发展（40.86%）和应用研究（24.45%）。整体而言，上海市研发人员主要从事实验发展活动，基础研究与应用研究活动研发人员全时当量相对较小，表明上海市研发人员投入的不平衡现象较为突出（图 7-16）。

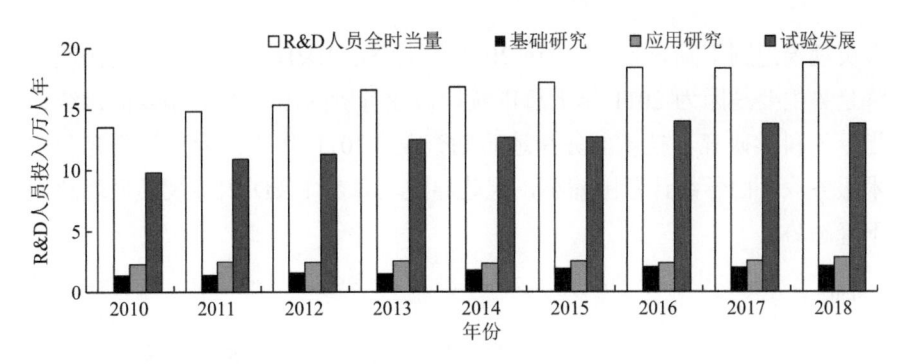

图 7-16　2010～2018 年上海市 R&D 人员投入类型概况

2. 长三角 R&D 人员投入特征

1）R&D 人员投入类型特征

2010～2018 年长三角地区 R&D 人员全时当量呈现上升趋势，即研究期内长三角地区研发人员投入强度有所提升。分不同研究类型而言，基础研究、应用研究、试验发展等三类研究的人员投入均呈上升趋势，其中试验发展的增长率（85.29%）高于基础研究（77.71%）和应用研究（64.89%）。试验发展的人员投入强度明显高于另外两类，同样处于首位，研究末期其研发人员全时当量约占上海市研发人员全时当量的 88.27%。整体而言，长三角地区的研发人员投入类型与上海市的研发人员投入类型一致，主要从事试验发展活动，研发人员投入不平衡现象较为突出（图 7-17）。

2）长三角 R&D 人员规模和类型演变特征

根据 2016 年发布的《长江三角洲城市群发展规划》及其相关文件，本文选取上海、江苏、浙江、安徽三省一市共 41 个地市作为长三角研究区域。鉴于长三角城市数量较多，各地市相关指标统计口径不一致，基于数据可得性，本文选取科学研究和技术服务业从业人员数量表征长三角城市 R&D 人员规模。需要说明的是，研究时段内上海市科学研究和技术服务业这一指标在 2011 年以前的统计口径为科学研究、技术服务和地质勘查业，而在 2011 年及以后年份统计口径变为科学研究和技术服务业。

整体而言，2000～2018 年长三角 41 市的 R&D 人员规模总量呈明显波动上升趋势（图 7-18）。从直辖市及省会城市来看，2000～2018 年上海、南京、杭州三市的 R&D 人员规模均呈明显波动上升趋势，研究末期 R&D 人员规模总体呈现上海>杭州>南京。2010～2011 年长三角 R&D 人员规模呈现明显下降趋势，这一变化趋势主要是由该时段内上海市 R&D

人员规模急剧下降导致。2010～2011 年上海市 R&D 人员规模呈现快速下降趋势主要是因为 2011 年上海市统计口径有所变化，2011 年以前该统计指标为科学研究、技术服务和地质勘查业，2011 年更改为科学研究和技术服务业，由于统计范围缩小，因此导致上海市 R&D 人员规模呈现急剧下降态势。

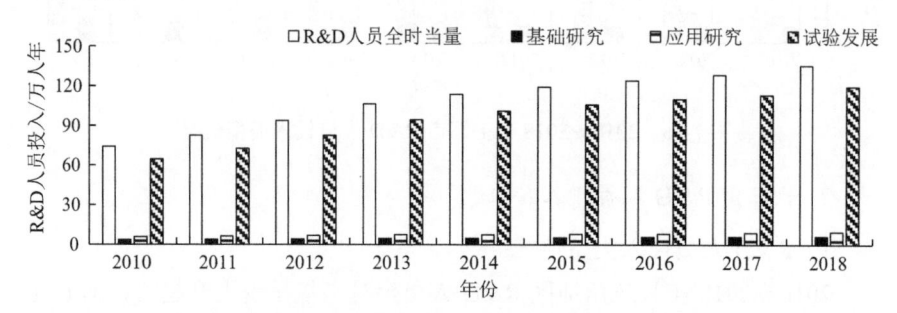

图 7-17　2010～2018 年长三角 R&D 人员投入类型概况

图 7-18　2000～2018 年上海市 R&D 人员规模

3）长三角 R&D 人员空间分布特征

根据 2000～2018 年长三角 R&D 人员规模及各城市行政区划面积，计算得出长三角 R&D 人员密度，以此分析长三角 R&D 人员的空间分布特征。结果表明，2000 年长三角 R&D 人员主要集中于经济发达的直辖市和南京、杭州、合肥等省会城市，2005 年长三角 R&D 人员在直辖市及省会城市的集聚效应愈发明显，且无锡、苏州、宁波、扬州等 R&D 人员高密度城市的邻近城市的人才密度提升较为明显。2010 年 R&D 人员的空间分布格局与 2005 年较为接近，2017 年除了直辖市及省会城市以外，宁波、苏州等自身条件优越且邻近上海的城市其 R&D 人员优势也日益凸显。整体而言，长三角 R&D 人员主要聚集于"两线一带"区域，其中，

"两线"指以上海为起点，分别通向省会城市的途经地市，由于合肥和南京在一条线上，所以共形成"两线"，而一带则指东部沿海地市。R&D 人员高度聚集于直辖市及省会城市，主要是因为这些核心城市经济社会水平相对较高，作为区域创新高地，其聚集有相对较多的高校及研发企业，为 R&D 人员提供了较多的就业机会。而"两线一带"的沿线城市人才密度相对较高，一方面是因为其本底条件相对较好，另一方面是因为其邻近长三角核心城市，地理临近对这些城市的创新成果产出产生一定促进作用。

4) 长三角 R&D 人员区域差异演变态势

基尼系数与变异系数可用于测度地理事物的集聚或分散趋势，本文借助这两个系数来探究长三角城市群 R&D 人员规模的区域差异态势。2000~2018 年长三角 41 市 R&D 人员规模的基尼系数与变异系数均呈波动下降态势，表明长三角城市群 R&D 人员规模的区域差异态势总体呈缩小态势。基尼系数介于 0.64~0.73 之间，变异系数介于 1.98~2.84 之间，表明长三角城市群 R&D 人员规模的区域差异态势仍然较为显著（图 7-19）。

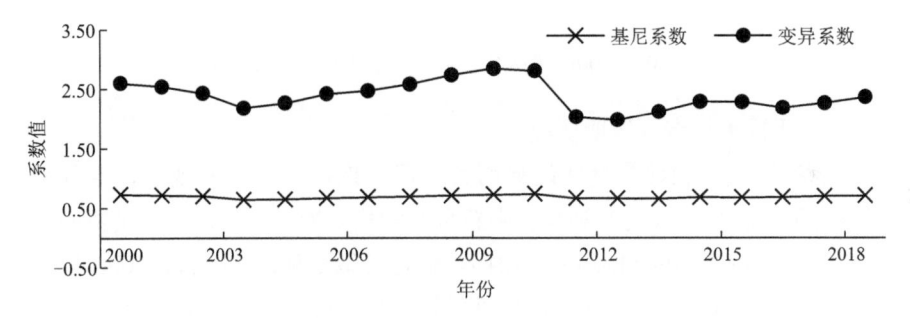

图 7-19 2000~2018 年长三角 R&D 人员规模的基尼系数与变异系数

三、创新平台产出特征

（一）发明专利特征

专利作为科技创新活动的重要产出之一，是评价区域科技创新产出的重要指标（王坤等，2011）。一般而言，专利主要有两种统计指标，一种是专利申请量，另一种是专利授权量。由于只有一部分专利申请可以最终得到专利授权，而只有专利被授权以后才得到社会认可，因此本文利用专利授权量这一指标对上海市、长三角以及全球专利发展现状进行深入分析。

1. 上海市发明专利特征

1）专利发明总体概况

2000~2018 年，上海市专利申请量及专利授权量双双保持快速增长。其中，专利申请量由 2000 年的 11318 件上升至 2018 年的 150233 件，增长率高达 1227%；专利授权量由 2000 年的 4048 件上升至 2018 年的 92460 件，增长率高达 2184%。研究初期专利授权量占专利申请量的比例约为 1/3，研究末期这一比例增长至 5/8 左右，表明研究期内上海市专利申请的通过率明显提升，知识产权创造运用水平稳中有进（图 7-20）。

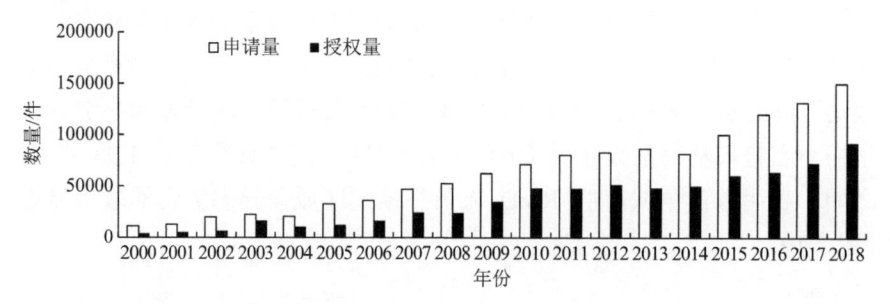

图 7-20　2000~2018 年上海市专利申请量及授权量

2）不同类型专利发明概况

就各类型专利数量变化趋势而言，研究期内上海市外观设计专利呈现显著下降态势，发明专利和实用新型专利均呈增长态势，尤其是发明专利的增长率高达 209.24%（图 7-21）。就各类型专利占比而言，2000 年呈现实用新型专利>外观设计专利>发明专利，2018 年呈现实用新型专利>发明专利>外观设计专利，研究期内实用新型专利一直占据主导地位且仍在提升，而外观设计专利占比波动下降且于 2012 年被实用新型专利反超。

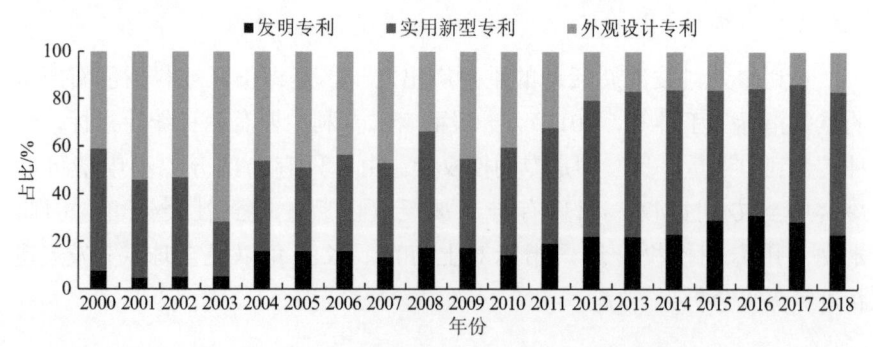

图 7-21　2000~2018 年上海市各类型专利授权量

2. 长三角专利发明特征

1）长三角专利授权总量的时间演变特征

整体而言，2000～2017 年长三角 41 市的专利授权总量呈明显波动上升趋势（图 7-22）。其中，2000～2013 年基本呈平稳上升趋势，2013～2017 年波动态势较为明显但总体亦呈上升态势。从长三角具有引领作用的直辖市及省会城市来看，2000～2017 年上海、南京、杭州三市的专利授权总量亦呈明显波动上升趋势，研究期内三市专利授权总量的区域差异有所增大，研究末期专利授权数量呈现上海>杭州>南京。

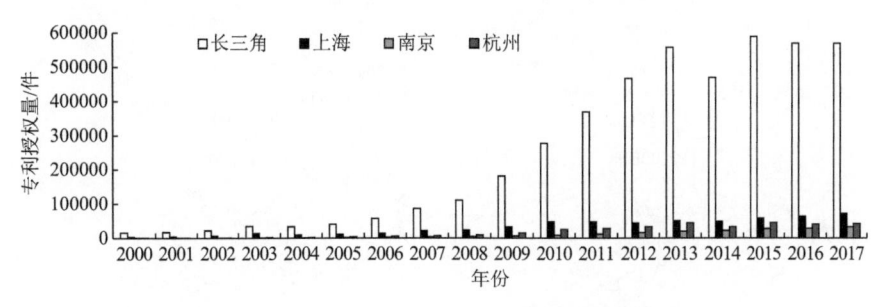

图 7-22　2000～2017 年长三角及部分城市专利授权总量

2）长三角专利授权总量的空间分布格局

长三角专利授权总量的空间分异特征较为明显（图 7-23）。2000 年专利授权总量较高的区域主要包括上海、南京、杭州、宁波等直辖市和副省级市以及苏州、温州等城市。专利授权量较高的城市主要集中在长三角的东南部地区。2005 年长三角城市专利授权量的空间分布与 2000 年较为接近。2010 年，长三角专利授权量较高的城市范围明显扩大，呈现明显的"面状"发展模式，专利授权量较高的城市除了上海、南京、杭州等核心城市，这些城市的周边城市如南通、嘉兴、台州、无锡、绍兴、金华、合肥、芜湖等城市的专利授权量也明显提升。长三角核心城市的周边城市专利授权量明显上升，一方面得益于周边城市近年来研发投入强度不断增大，创新基础设施不断完善等，另一方面得益于长三角核心城市的技术及知识溢出效应对周边城市的创新能力提升起到一定推动作用。

3）长三角专利授权总量的空间自相关分析

2000～2017 年长三角 41 市的专利授权量的全局 Moran's I 统计量均为正值，且均在 5%置信水平下通过了显著性检验，尤其是 2006～2017 年通过了 1%水平下的显著性检验，表明研究期内长三角 41 市的创新产出（专利授权量）在全局范围内存在正的空间相关性，即在长三角范围内各市专利授权量表现出明显的高高型集聚和低低型集聚的区域分布态势。从全局 Moran's I 的变化趋势来看，研究期内 Moran's I 统计量由 0.166 波动升至 0.369，总体呈明显上升趋势，表明长三角城市专利授权量的集聚态势不断增强（表7-7）。

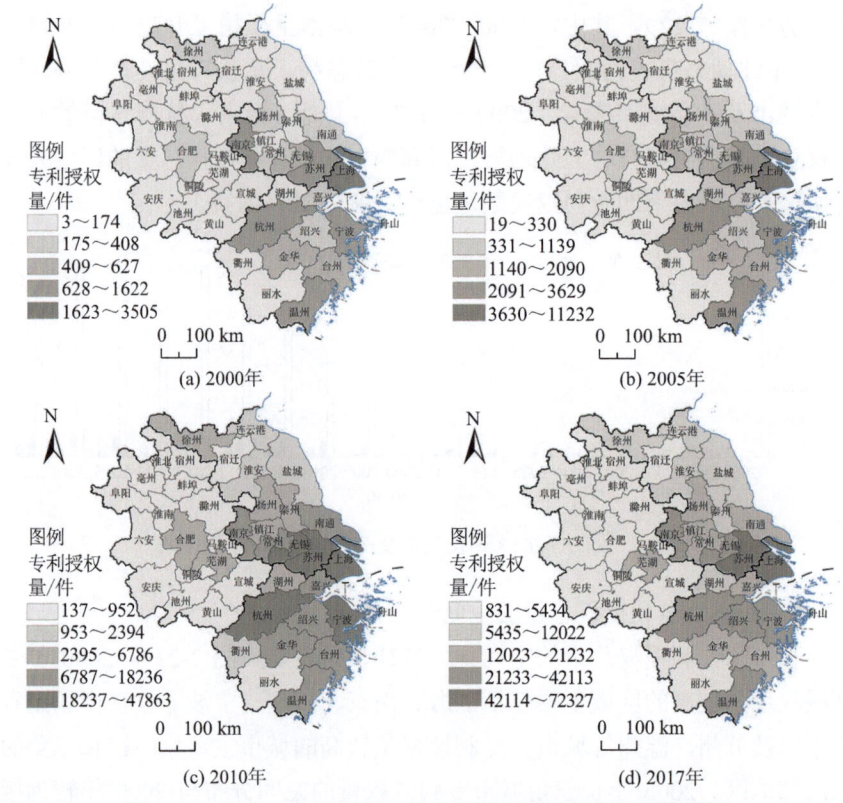

图 7-23 2000~2017 年长三角专利授权总量的空间分布格局

表 7-7 2000~2017 年长三角专利授权量全局自相关情况

年份	2000	2005	2010	2015	2017
Moran's I	0.166	0.134	0.435	0.484	0.369
Z 值	2.063	1.988	4.456	4.682	3.715
P 值	0.039	0.047	0.000	0.000	0.000

本节计算得出 2000 年、2005 年、2010 年和 2017 年四个时点长三角 41 市专利授权量局部莫兰指数，以此探究各地市创新产出的局部空间集聚情况（图 7-24），并进一步分析 Moran's I 散点图中各地市所对应的集聚类型。2000 年高—高型集聚区仅包括无锡、宿州、金华和台州 4 个地市，2005 年上海和嘉兴成为高—高型集聚区，高—高型集聚区范围有所扩大，2010~2017 年绍兴、南通、宁波等亦成为高—高型集聚区，此时段

内高值集簇现象较为显著。整体而言，近年来尤其是 2010 年以来，长三角城市群创新产出的聚类特征更加明显，上海及其周边城市如苏州、宁波、嘉兴、南通等长三角东南部地市成为创新产出的高集聚区，上海作为长三角乃至中国的区域科创中心，其先进的科技及管理经验等对其周边城市的创新产出起到一定推进作用。

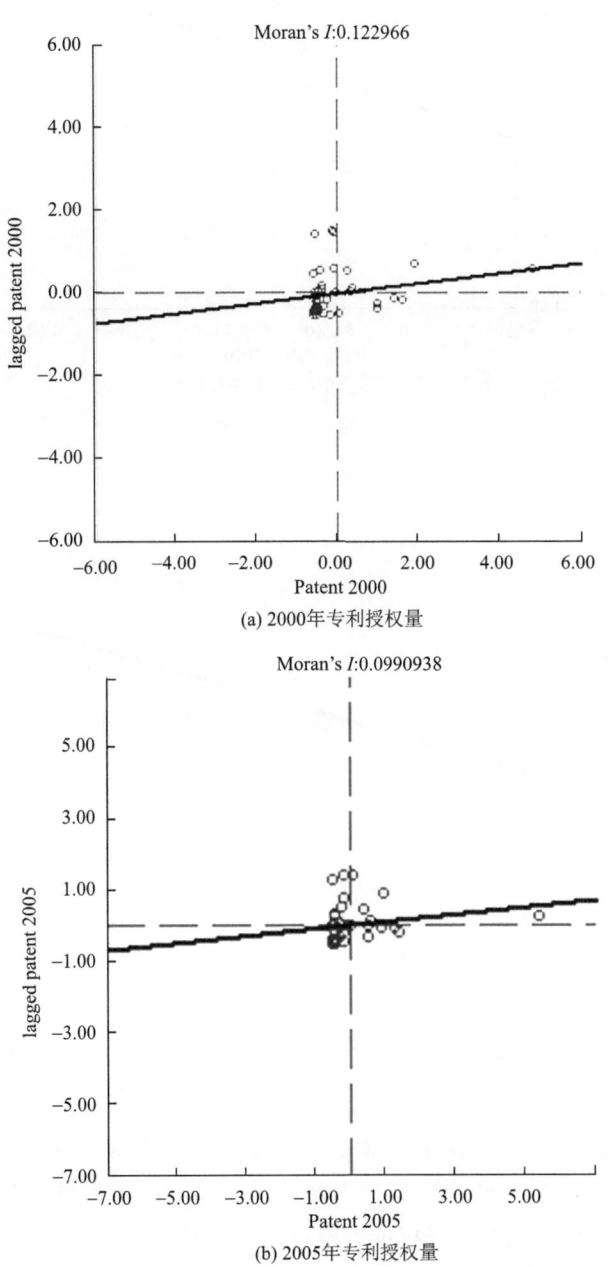

Moran's I:0.122966

(a) 2000年专利授权量

Moran's I:0.0990938

(b) 2005年专利授权量

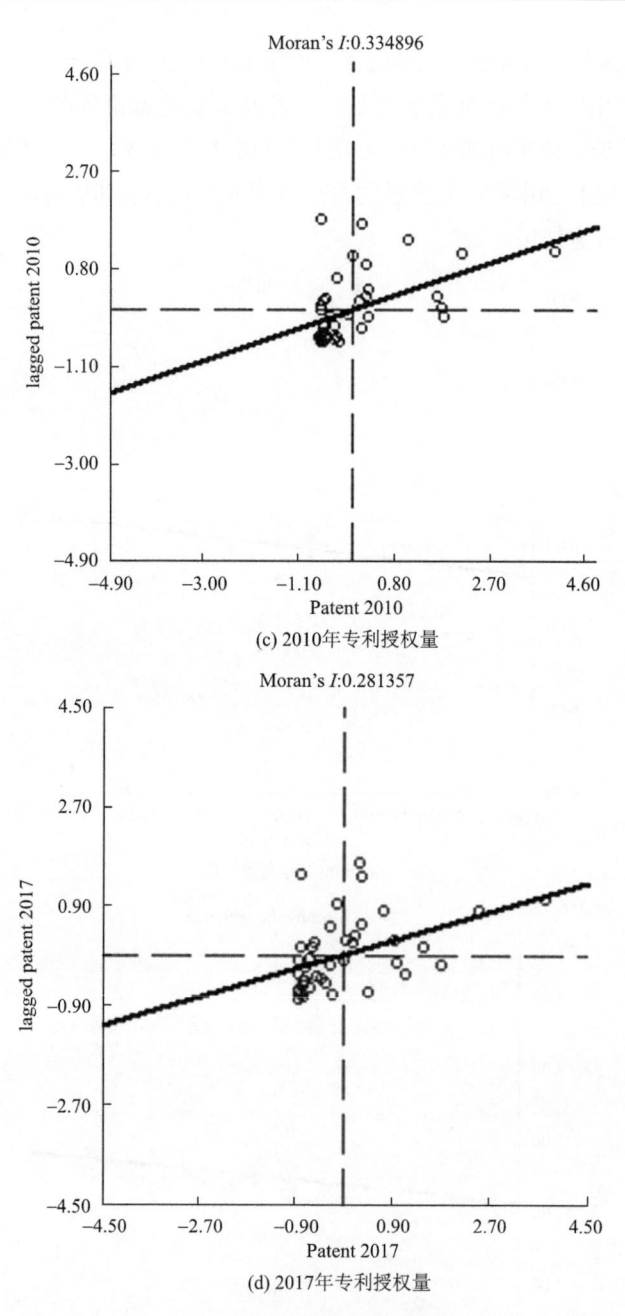

图 7-24 2000~2017 年长三角专利授权总量的局部 Moran's I 散点图

连云港、马鞍山、滁州、淮安、盐城、蚌埠等长三角北部地市位于第三象限,属于低—低型创新产出集聚区,这些地市本身专利授权量就少,而其邻近城市的专利授权量也相对较少,形成了低创新产出洼地。整体而言，这些地市经济发展相对落后，在创新人才培养、研发经费投入、创新体制机制建设等方面存在较大提升空间，致使这些城市的创新成果产出稍逊于长三角其他相对发达地市。

位于第二、四象限的舟山、丽水、南京、宣城、衢州等地市与其邻近地市间的创新产出存在一定程度的异质性。南京、杭州、温州邻近地市的专利授权量相对较低，使得这三个地市一直处于高—低型集聚区，而邻近地市的宣城、衢州、湖州等地市则处于低—高型集聚区。南京和杭州作为江苏省和浙江省的省会城市，市域范围内高校相对较多，创新人才高度集聚及创新环境日臻完善，对其创新成果产出产生一定推动作用，从而使得这两个省会城市成为长三角创新成果产出的核心地带之一。黄山、池州、亳州等地市处于长三角的边缘地带，本身经济、科技、社会发展水平相对不高，加之距离上海、南京、杭州等核心城市相对较远，核心城市对这些边缘城市的知识、技术及人才溢出效应相对较低，从而使得这些城市的创新成果产出相对低（表7-8）。

表7-8 2000~2017年长三角局部散点图对应城市

年份	高—高型	低—高型	高—低型	低—低型
2000	无锡、苏州、金华、台州	舟山、南通、嘉兴、绍兴、湖州、丽水、镇江、台州、常州、衢州	南京、杭州、宁波、温州、合肥	连云港、马鞍山、安庆、黄山、滁州、六安、宣城、淮安、扬州、盐城、徐州、阜阳、芜湖、蚌埠、亳州、池州、宿迁、宿州
2005	上海、苏州、嘉兴、金华、台州	舟山、南通、绍兴、湖州、丽水、镇江、衢州、泰州、黄山、宣城	南京、杭州、宁波、温州、无锡	连云港、马鞍山、滁州、淮安、扬州、盐城、徐州、芜湖、蚌埠、宿迁、合肥、淮北、淮南
2010	上海、无锡、苏州、常州、南通、宁波、嘉兴、湖州、绍兴、金华、台州	舟山、泰州、宣城、丽水、黄山	南京、杭州、温州	连云港、马鞍山、淮安、盐城、徐州、阜阳、芜湖、蚌埠、宿迁、淮北、淮南、扬州、镇江、合肥
2017	上海、无锡、常州、苏州、南通、宁波、嘉兴、绍兴、金华、台州、镇江	泰州、湖州、衢州、舟山、丽水、宣城	南京、杭州、温州、合肥、扬州	连云港、马鞍山、安庆、黄山、滁州、六安、淮安、盐城、徐州、阜阳、芜湖、蚌埠、亳州、池州、宿迁、宿州、淮北、淮南、铜陵

本节基于局部 Moran's I 统计量显著（$P<0.01$）对应的城市，对 2000 年、2005 年、2010 年和 2017 年四个时间节点的 LISA 集聚图进行绘制（图 7-25），以此探究长三角创新产出的冷热点分布情况。2000 年苏州呈现高—高型自相关特征，2005~2017 年热点区数量明显增多，截至 2017 年

热点区主要包括上海、苏州、南通、嘉兴和绍兴五个地市，这五个城市创新产出的空间关联效应较为明显。上海作为区域科创中心，其创新成果产出一直位于长三角首位，其他四个城市创新产出的空间关联效应相对较强，一方面是因为这些城市经济社会发展本底条件相对较好，另一方面是因为其拥有良好的区位条件，与上海、杭州、宁波等直辖市及副省级城市相邻，能够快速学习并引进核心城市的先进技术及管理经验等，有助于其科技水平稳步提升。

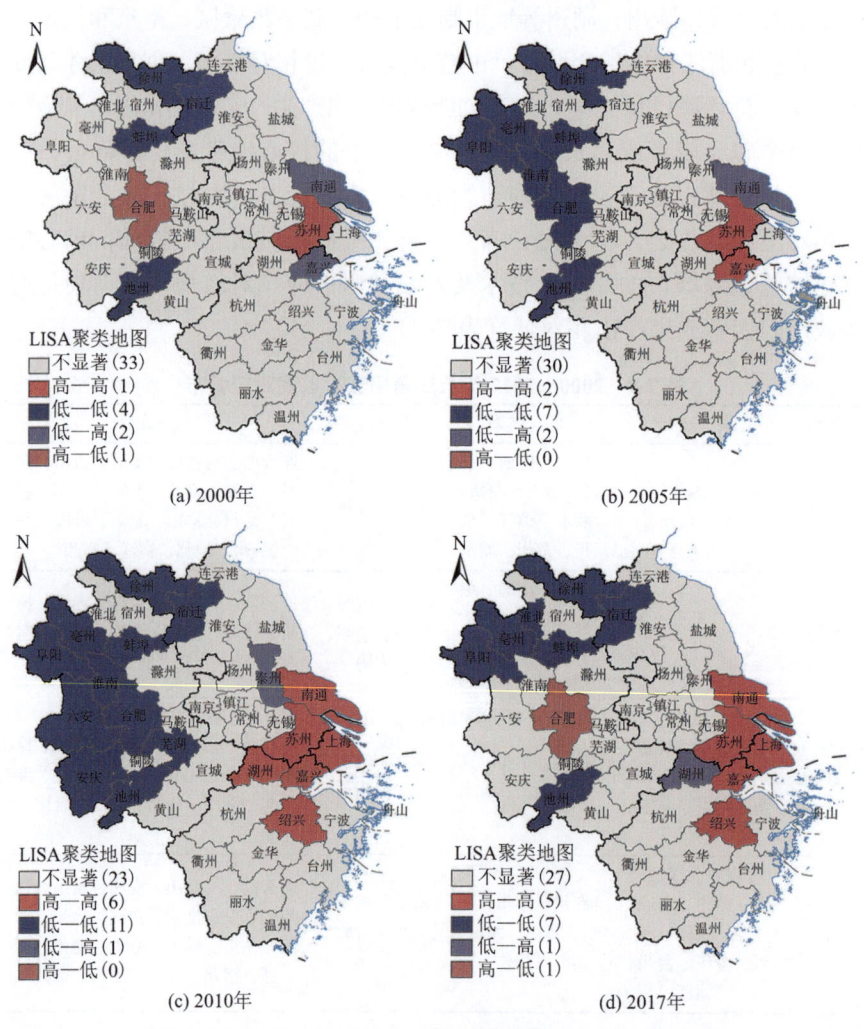

图 7-25 2000~2017 年长三角专利授权总量 LISA 集聚图

2000 年冷点区包括徐州、宿迁、蚌埠和池州四个地市。2005 年冷点区数量明显增多，亳州、阜阳、淮南、合肥也变为冷点区，而宿迁不再是冷点区。2010 年冷点区范围继续扩大，除了新增芜湖、六安、安庆 3 个冷点区以外，宿迁也重新变为冷点区。研究期内冷点区多位于长三角的东北部地区，且冷点区范围明显扩大，表明这些地市不仅属于低创新产出集聚区域，而且通过邻近关系产生相互影响。2000年南通和嘉兴表现出低—高型自相关特征，主要是因为这两个地市与上海、苏州这两个创新产出高地相邻。2010~2017年随着热点区范围持续扩大，低—高型自相关区域也在不断变化，2010年和2017年低—高型自相关区域均仅包含一个地市，分别是泰州和湖州。研究期内只有2000年和2017年两个年份出现高—低型自相关区域（合肥），合肥作为安徽省省会，其创新成果产出量位列本省首位，但其周边地市专利授权量相对较低，因此导致合肥呈现显著的高—低型自相关特征。

（二）发表论文特征

1. 上海高校发表SCI论文特征

根据LetPub发布的2017~2019年《中国高校发表SCI论文综合排名报告》，在中国发表SCI论文数量排名前100的高校中，位于上海的高校发表的SCI论文数量在2017~2019年呈现持续增加态势，尤其是SCI论文发表数量排名前三位的上海交通大学、复旦大学和同济大学，其在研究期内的SCI论文发表数量明显增加。

2019年上海交通大学发表SCI论文15294篇，是上海发表SCI数量最多的高校，其发表数量在中国高校的排名中也位居前列，仅次于中国科学院大学（22754篇），表明该校在科学研究方面具有较高的学术水平与强大影响力，但其发文量与位列第一的中国科学院大学差距仍然较大，尚有较大的提升空间（图7-26）。

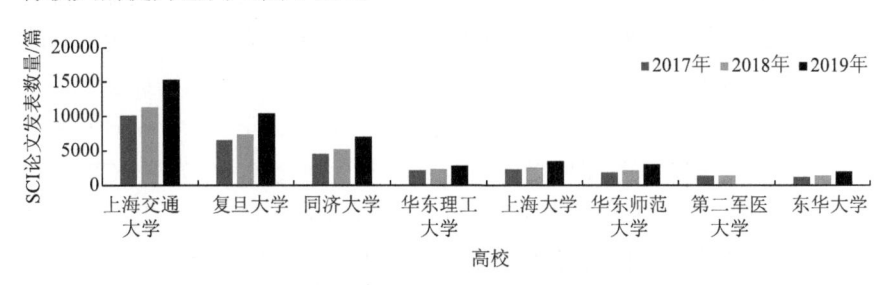

图7-26　2017~2019年上海市高校发表SCI论文数量

根据LetPub发布2017~2019年《中国高校发表SCI论文综合排名报告》，2017年上海只有东华大学SCI发文量增长率位列前50名之内，其余高校均未上榜，2018年上海高校SCI发文量增长率均位列 50 名以后，没有高校上榜，而 2019 年上海高校 SCI 发文量增长率明显提升，有 6 个高校入围中国高校发文量增长率排名榜（TOP50）。基于数据可得性，本节整理出 2019 年上海高校 SCI 发文增长率排名表（表 7-9），分析上海高校发文量增长情况。与 2018 年相比，2019 年上海高校 SCI 发文量变化最为明显的是上海交通大学和复旦大学，分别增加了 3922 篇和 3017 篇，远高于东华大学、华东师范大学等上海高校；增长率最高的是复旦大学，高达 40.74%，华东师范大学、东华大学、上海交通大学、上海大学、同济大学等上海名校发文量增长率也较为明显，增长率均高于 30%。整体而言，2017～2019 年上海高校 SCI 发文量及其增长率均呈现上升态势，科研成果产出明显增加。

表 7-9　2019 年较 2018 年上海高校发表 SCI 论文增长率排名（TOP50）

高校	上海排名	中国（大陆）排名	发文量变化/篇	发文量增长率/%
上海交通大学	4	40	3922	34.49
复旦大学	1	19	3017	40.74
同济大学	6	44	1782	33.92
上海大学	5	43	999	34.16
华东师范大学	2	24	849	38.43
东华大学	3	37	524	35.38

资料来源：LetPub 发布的 2019 年《中国高校发表 SCI 论文综合排名报告》。

2. 上海高校发表 JCR 一区论文特征

根据 LetPub 发布的 2017～2019 年《中国高校发表 SCI 论文综合排名报告》，在中国发表 JCR 一区论文数量排名前 50 的高校中，位于上海的高校发表的 JCR 一区论文数量在 2017～2019 年亦呈现持续增加态势，尤其是论文发表数量排名前列的上海交通大学和复旦大学，二者在研究期内的 JCR 一区论文发表数量明显增加。2019 年上海交通大学发表 JCR 一区论文 2638 篇，是上海市发表 JCR 一区论文数量最多的高校，其发表数量在中国高校的排名中位居第 5，仅次于中国科学院大学（5715）、清华大学（2979）、北京大学（2979）、浙江大学（2711）（图 7-27），表明上海交通大学是上海发文数量及质量最高的高校，但其一区论文发文量相对中科院、清华等高校仍有提升空间。

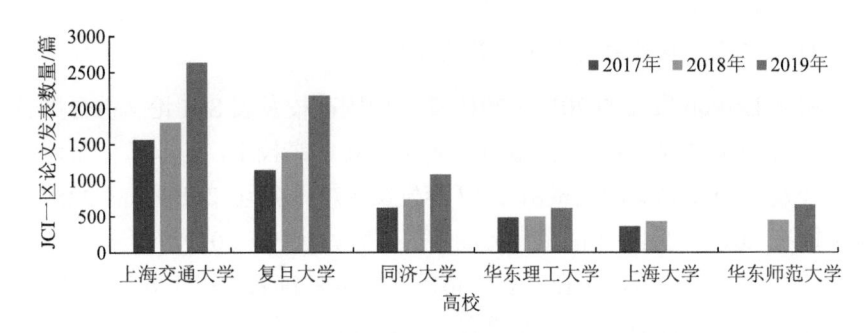

图 7-27　上海市高校发表 JCR 一区论文数量

根据上海高校发表 SCI 论文量和 JCR 一区论文量，本节做出各高校发表 JCR 一区占该校发表 SCI 论文总量的比例图（图 7-28），以期分析上海高校发表高质量论文情况。研究表明，2017~2019 年除了华东理工大学发表 JCR 一区论文占比波动下降以外，上海其余高校 JCR 一区论文发表比例均呈持续提升态势，表明研究期内上海高校在努力提升论文成果发表数量的同时，也在致力于提升论文发表质量，上海高校论文发表成果整体向好。

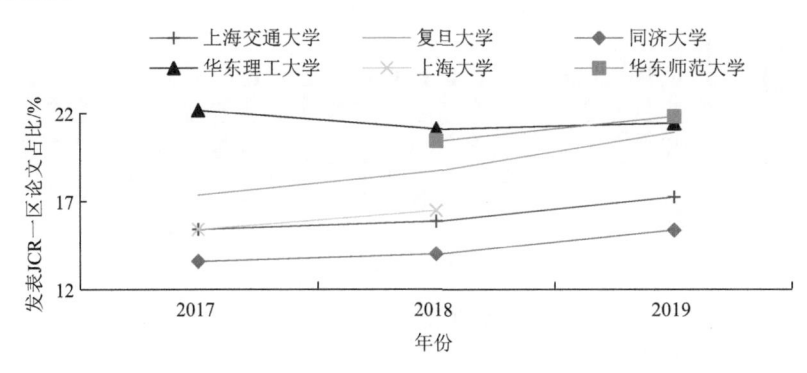

图 7-28　上海市高校发表 JCR 一区论文占该校发文量比例

整体而言，上海市高校发表论文数量持续提高，发表质量稳中向好。就 SCI 论文而言，上海交通大学、复旦大学、同济大学是上海市 SCI 论文发文量最多的三所高校，上海交大发文量在中国高校排名榜中仅次于中国科学院大学；2017~2019 年上海高校 SCI 论文发文量增速提升明显，上海入围高校发文量增速排名榜 TOP50 的高校数量明显增多。就 JCR 一区论文而言，2017~2019 年上海市高校 JCR 一区论文发文量持续增加，发文量最多的是上海交通大学和复旦大学两所知名高校；2017~2019 年上海高校 JCR 一区发文量占比多数呈持续提升态势，表明上海市高校高水平论文成果日渐丰硕。

3. 长三角地区高校发表 SCI 论文特征

根据 LetPub 发布的 2017~2019 年《中国高校发表 SCI 论文综合排名报告》，在中国发表 SCI 论文数量排名前 100 的高校中，位于长三角地区的高校发表 SCI 论文的数量由 2017 年发文 87233 篇至 2019 年的 325705 篇，即在 2017~2019 年间呈现持续增加态势。2017~2019 年上榜两次及以上的高校共 28 所，所在三省一市的高校数量排名为：江苏省（15）>上海市（7）>浙江省（4）>安徽省（2），江苏省在科学研究方面领先于长三角地区其他省市。研究期内，长三角地区发表 SCI 论文数量排名前五的高校为上海交通大学（10142、11372、15294）、浙江大学（9377、10778、14657）、复旦大学（6591、7045、10422）、中国科学技术大学（5449、6725、8776）、南京大学（5302、5969、7409），其中上海交通大学的 SCI 发文数量三年内均位于全国第二，浙江大学均位于全国第三，复旦大学均位于前十名内（图 7-29）。

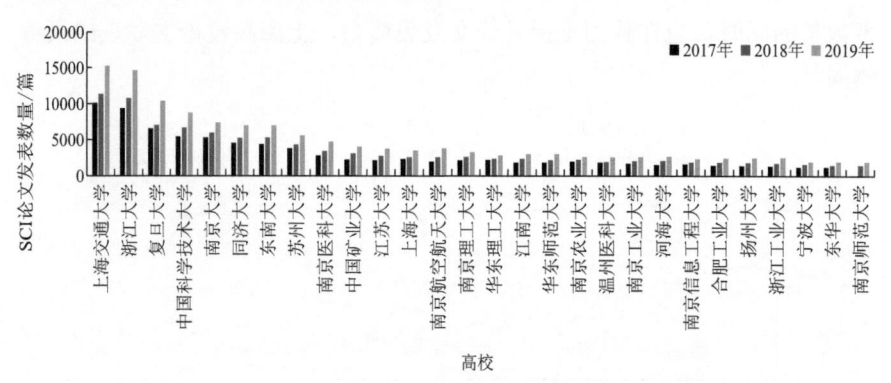

图 7-29　2017~2019 年长三角高校发表 SCI 论文数量

根据 LetPub 发布 2017~2019 年《中国高校发表 SCI 论文综合排名报告》，2017~2019 年长三角地区分别有 16、10、13 所高校入围《中国高校发表 SCI 论文增长率排名（Top50）》，其中研究期内三省一市的高校入选数量分别为上海市（1、0、6），江苏省（10、6、5），浙江省（3、2、2），安徽省（2、2、0），可以看出 2019 年上海市高校迅速发展，江苏省略显疲态，浙江省较为稳定，而安徽省无一高校入榜。基于数据可得性，本文整理出 2019 年长三角高校发文增长率排名表（表 7-10），分析长三角高校发文量增长情况。与 2018 年相比，2019 年长三角高校发文量变化最明显的为上海交通大学、浙江大学和复旦大学，发文量分别增加了 3922 篇、3879 篇和 3017 篇；增长率最明显的为南京航空航天大学、浙江工业大学及复旦大学，增长率分别为 48.48%、44.60%和 40.74%。整体而言，2017～2019 年长三角高校 SCI 发文量及其增长率均呈现提升态势，长三角地区高校科研成果产出显著增加。

表 7-10 2019 年较 2018 年长三角高校发表 SCI 论文增长率排名（TOP50）

高校	长三角排名	中国（大陆）排名	发文量变化/篇	发文量增长率/%
上海交通大学	10	40	3922	34.49
浙江大学	7	35	3879	35.99
复旦大学	3	19	3377	40.74
中国科学技术大学	16	—	2051	30.50
南京大学	26	—	1440	24.12
同济大学	12	44	1782	33.92
东南大学	15	—	1691	31.85
苏州大学	18	—	1288	29.57
南京医科大学	5	25	1327	38.40
中国矿业大学	17	—	925	29.67
江苏大学	9	39	982	35.02
上海大学	11	43	899	34.16
南京航空航天大学	1	8	1256	48.48
南京理工大学	24	—	665	25.14
华东理工大学	27	—	502	21.12
江南大学	20	—	665	27.94
华东师范大学	4	24	849	38.43
南京农业大学	28	—	358	15.74
温州医科大学	14	—	644	32.71
南京工业大学	22	—	560	27.01
河海大学	21	—	575	27.17
南京信息工程大学	23	—	481	25.37
合肥工业大学	19	—	551	28.80
扬州大学	6	33	673	36.34
浙江工业大学	2	14	797	44.60
宁波大学	25	—	400	24.88
东华大学	8	37	524	35.38
南京师范大学	13	49	493	33.02

4. 长三角地区高校发表 JCR 一区论文特征

根据 LetPub 发布的 2017~2019 年《中国高校发表 SCI 论文综合排名报告》，在中国发表 JCR 一区论文数量排名前 50 的高校中，位于长三角地区的高校发表的 JCR 一区论文数量在 2017~2019 年间亦呈现持续增加态势，由 2017 年的 10632 篇增加至 2019 年的 16899 篇。研究期内长三角地区入围《中国高校发表 JCR 一区期刊论文数量排名（Top50）》的高校分别有 12 所、12 所、11 所，即位于排行榜内的高校较为稳定，仅有 2019 年上海大学掉出排行榜。长三角中发表 JCR 一区论文数量排前五的为上海交通大学、浙江大学、中国科学技术大学、复旦大学、南京大学，均呈现明显的增加趋势。其中 2019 年浙江大学发表 JCR 一区论文数量最多，为 2711 篇，位于排行榜第四名，上海交通大学（2638 篇）紧随其后，位于第五名（图 7-30）。上海交通大学虽然发文总量位于长三角首位，但其 JCR 一区论文数量低于浙江大学，表明其发文质量仍有一定提升空间。

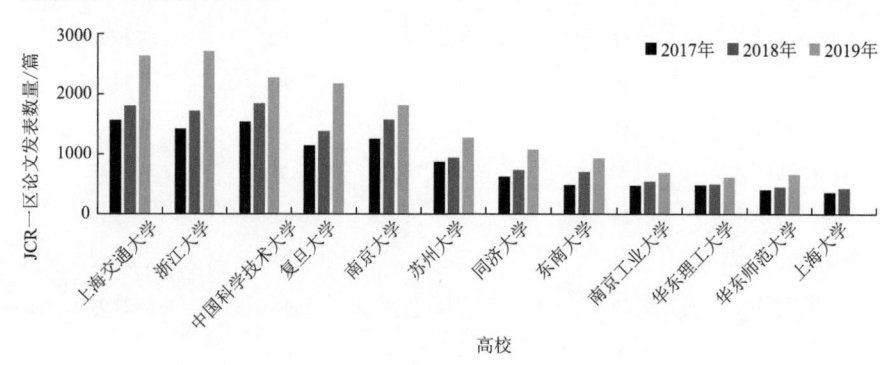

图 7-30 长三角高校发表 JCR 一区的论文数量

根据长三角地区高校发表 SCI 论文量和 JCR 一区论文量，本文做出各高校发表 JCR 一区占该校发表 SCI 论文总量的比例图（图 7-31），以期分析长三角地区高校发表高质量论文情况。研究表明，2017~2019 年，仅有中国科学技术大学、南京工业大学、华东理工大学的发表 JCR 一区论文占比呈现波动下降，长三角其余 9 所高校 JCR 一区论文发表比例均呈提升态势。整体而言，研究期内长三角高校在提升论文成果发表数量的同时，也在致力于提升论文发表质量，长三角地区的高校论文发表成果整体向好。

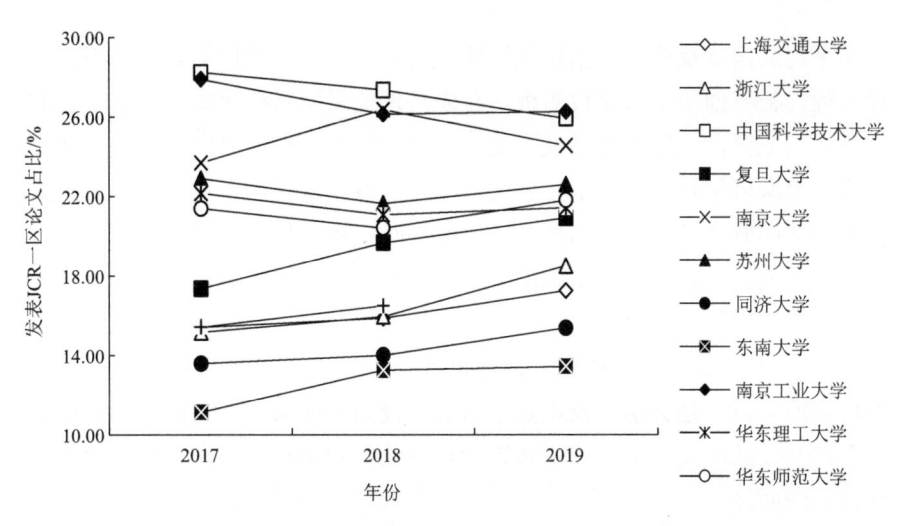

图 7-31　长三角地区高校发表 JCR 一区论文占该校 SCI 发文量比例

整体而言，长三角地区高校发表论文数量持续提高，发表质量稳中向好。就 SCI 论文而言，2017~2019 年长三角地区 SCI 发文数量持续增加，上海交通大学、浙江大学、复旦大学、中国科学技术大学、南京大学是长三角地区 SCI 论文发文量最多的五所高校；2017~2019 年上海高校 SCI 论文发文量增速提升明显，但长三角地区入围高校发文量增速排名榜 TOP50 的高校数量有所下降。就 JCR 一区论文而言，2017~2019 年上海市高校 JCR 一区论文发文量明显增多，发文量最多的是上海交通大学、浙江大学、中国科学技术大学、复旦大学、南京大学等五所高校，与 SCI 发文数量最多的高校重合；2017~2019 年长三角高校 JCR 一区发文量占比多数呈持续提升态势，表明长三角地区高校高水平论文成果质量日渐进步。

第五节　本 章 小 结

创新平台是驱动创新发展的关键机构，同时也是人才开展科学研究、技术开发、创意变现等创新活动的主要环境，在整个创新体系中起着重要的协调与链接作用，能够为人才信息共享、社交与创业提供服务支持，降低人才价值自我实现的门槛，促进人才获得更多接入创新系统的机会。着力加强实验室、高新技术企业、高校及科研院所等创新平台建设，营造创新生态环境，有助于加快推动区域科创中心建设进程。鉴于创新平台对上海全球科创中心建设的重要驱动作用，本章对上海科创中心建设的创新平台的构成及投入产出特征等概况进行了探究，以期明晰创新平台建设进程，补齐创新平台建设短板。首先从理论层面系统梳理了创新平台的内涵、构成要素、空间格局及影响因素、创新平台集聚研究方法等，其次探究了上海市学科及实验室平台的行业与区域结构特征，然后剖析了高新技术企业的概念及上海市高新技术企业的时空演化特征，最后从 R&D 活动投入及创新平台产出两个维度分析了上海市创新平台的投入产出特征。研究主要得出如下结论：

（1）上海市推出一系列学科建设计划以推进学科布局优化和调整，高峰高原学科、强势学科及重点学科的名校集聚现象较为明显，主要集中于在沪 985 高校及 211 高校，紧缺学科专业类别相对较多，紧缺专业人才短板仍较明显。

（2）上海市国家重点实验室及市重点实验室均主要集聚于医学领域，上海市国家重点实验室的依托单位主要是中国科学院在沪分所以及上海四所 985 高校，且国家重点实验室依托单位显著多于市重点实验室依托单位。

（3）2010~2019 年上海市高新技术企业分布的行业类型更为广泛但行业分布的不均衡性较为突出；研究末期高企中心城区街道已形成高密度"面状"分布态势，而中心城区以外街道呈现典型的"大分散、小集聚"的空间分布特征；不同行业领域内高新技术企业的空间分布格局的相同点在于市中心集聚态势明显，不同点在于各行业领域内高企的空间集聚形态呈现异质性特征。

（4）2000~2018 年上海市研发经费投入金额持续提升，经费主要来源于企业和政府资金；研发人员规模及全时当量均呈提升态势，研发人员规模整体呈现规上工业企业>高等学校>研发机构，研发人员投入活动呈现实验发展>应用研究>基础研究；长三角研发人员规模呈显著提升态势，研发人员高度集聚于"两线一带"区域，长三角内部研发人员规模的区域差异呈现缩小趋势。

（5）2000~2018 年上海市专利申请量及授权量均保持快速增长，研究期内实用新型专利一直占据主导地位且持续提升；长三角专利授权量的空间分异特征较为明显，授权量高值区分布于直辖市、省会城市等核心城市及其周边城市。

（6）上海市高校发表论文数量持续增加且发表质量稳中向好，SCI 发文量呈现明显的名校集聚现象，发文量及发文质量相比清北等名校仍有提升空间。

第八章　上海科创平台与城市宜居的耦合性

　　人才集聚对于高新技术企业、重点实验室等创新平台发展的重要性已得到学界和政界的广泛认同，区域"抢人大战"呈现白热化态势，如2018年北京市政府提出建立优秀人才引进的"绿色通道"；2020年上海市政府提出本市四所985高校应届毕业生可直接落户上海，随后又放宽到全国985高校应届毕业生。与此同时，以杭州、西安、武汉为代表的30多个大中城市纷纷出台人才引进计划，特别是在落户、住房等方面提供了比北京、上海等一线城市更多的优惠政策。此外，为提升城市人才吸引力，各地市还致力于提升交通、医疗、教育等基础设施便利性水平以塑造宜居城市环境。

　　相比较而言上海市因其经济基础较高、就业机会较多，对于优秀人才的吸引力相对较大，但要确保城市对人才的长效吸引提升城市的发展潜能还需要积极塑造人才宜居环境，优化人才发展环境。为此，本章将在构建城市宜居性环境场势能指标，分类分析上海城市宜居性环境空间集聚特征的基础上选取上海实验室、上海市高新技术企业与高等院校和科研院所分析上海市科创平台集聚特征，在此基础上分析探讨城市宜居性环境与科创平台耦合特征，剖析上海市各区人才发展环境的优势与不足，以期宏观把控、引导与优化各区人才流向，从而提高上海市人才竞争优势，推动全球科创中心建设进程。

第一节　科创平台集聚演化逻辑、建设模式及耦合需求

　　集聚是经济活动最突出的地理特征，在工业化和经济发展进程中，产业集聚现象普遍存在，并成为提升企业和区域竞争力的重要因素。传统经济地理学认为，产业集聚源于原材料、动力能源及交通区位便捷性等因素。马歇尔在《经济学原理》中重点讨论了劳动力的汇聚、技术知识的溢出和基础交通设施的完善三要素对经济增长的正面效应。而后佩鲁提出的增长极理论认为，不同地区会因为不同限制条件和限制因素而形成差异化的经济增长动力，从而导致经济发展不平衡，而

较为领先的部门或地区会成为整个国家的"增长极",并通过不同的途径带动其他部门和地区实现经济增长。缪达尔和赫希曼的观点则是集聚的外部性可以帮助集聚的空间产生较大的边界溢出效应,形成良性循环,从而促进整个地区的经济增长。不同于传统经济地理理论,20世纪90年代,新经济地理理论开始兴起,其将运输成本纳入了理论分析框架之中,认为运输成本差异会引发聚集经济、外部性、规模经济等问题,并把这些要素融入企业区位选择、区域经济增长及其收敛与发散性问题中。自20世纪下半叶以来,科学与技术呈现出综合化的发展趋势。科学发展的技术化与技术进步的科学化,使得科学与技术融合程度越来越深。随着科技、通信技术的发展以及知识经济时代的到来,信息化进程和经济协同发展进程不断加快,加速了人才要素在地区之间快速流动,但也由于各地区经济发展水平、地理环境特征、社会保障程度等因素的差异,存在着严重的区域发展不平衡现象。以Florida和Gleaser等学者为主的新经济学家提出城市舒适性、非市场因素也是吸引人才集聚和高新技术产业集聚的关键因素。科技创新人才所具有的创新意识和能力,不仅是驱动城市加快发展的关键因素,更是增强城市核心竞争力、提升城市综合实力的决定性力量(阳立高等,2014)。基于此,本节将梳理舒适物理论等相关理论对人才及平台集聚的触发作用及其在我国城市发展规划中的政策体现,并在我国当前关键科创平台建设模式的基础上探究科创平台与宜居耦合性对上海科创中心建设的作用。

一、宜居相关理论对人才与平台集聚作用解析

科技型人才是区域创新发展的基础,也是区域实现从要素驱动向创新驱动转变的重要前提。许多地区将对人才等创新资源的争夺摆在首位,拟以高素质人才规模化集聚带动地区技术创新,引领经济高质量发展(郭金花等,2021)。目前学界对于人才集聚的研究主要集中于测算人才集聚度、分析区域创新活动集聚及人才等要素分布的空间格局、人才集聚与分散的影响机制以及非市场要素对人才集聚的影响等方面,尽管学界已有诸多研究对此领域进行探索,但仍存在不足之处,尤其对科研环境与宜居环境等非经济性因素的重视不足。鉴于此,本节将在梳理相关理论、概念内容及研究切入点(表8-1)的基础上,分析宜居环境对人才与平台集聚的影响,揭示不同理论对于人才与平台的触发作用。

表 8-1　相关理论与概念内容与研究切入点

理论/概念	主要人物	研究切入点	理论内容
舒适物理论	厄尔曼	将环境场分为不同类型舒适物，从舒适物类型上分析环境场对个体选择的影响	"舒适物"就是使人感到舒适、愉悦、快乐、满意的事物
场景理论	特里·克拉克，丹尼尔·亚伦·西尔	将不同舒适物所组成的环境场进行整体考虑，提供了整体认知城市空间价值的理论和分析视角	场景由众多舒适物及其相关场所构成
场动力理论	库尔特·勒温	通过环境场和心理场以及二者共生关系，从环境与个体心理之间的相互关系来考量个体对于环境场的需求	物理学中"场"的概念，以及数学中的"拓扑学"创造性地提出的场动力理论
城市形象		目前暂未形成系统理论体系	
地方消费主义		目前暂未形成系统理论体系	

（一）舒适物理论

舒适物（Amenities）理论自 20 世纪 50 年代由西方经济学家厄尔曼提出以来（Ullman，1954），已成为解释新知识经济时代后工业化城市发展的一个重要理论框架。舒适物理论的提出使舒适物不再作为城市经济活动的产物或附属物，而成为促进城市经济发展和吸引人口，尤其是高端人才移入的重要决定变量。舒适物理论认为，人的流动不仅基于经济和工作机会，同时也基于生活机会。特别是对于那些敢于创新、富有创造力的新知识阶层和创意阶层而言，城市的人文环境和氛围尤其重要。西方学者主要是将舒适物分为自然舒适物、人造舒适物、市场消费舒适物、社会舒适物四类，特别强调了社会舒适物对于城市发展和吸引力的作用，它既反映城市社会经济的多样性，也体现了城市居民的价值观和态度。

随着生活水平的不断提高，城市宜居性也成为影响人口迁移的重要因素，完善的休闲舒适物配套逐渐成为影响人口尤其是高端人才居留地决策的重要"拉力"，也由此形成了高端人才构成高新产业所需的劳动力池，进而吸引高新技术产业集聚。同时，交通网络的扩张以及运输成本的压缩让人力资本在企业布局决策中的影响力显著提升，这使得高新技术产业公司部署选址时也会基于员工的居住地选择偏好，着重考虑城市休闲舒适物水平（Blair，1998；马凌，2015）。随着高新技术产业在经济结构中占比提高，城市经济增长与休闲舒适物之间的相关性也越来越显著（Clark，2004）。随后，学者们从多个角度证明了舒适物对创新、高质量发展的正向促进作用；王宁（2014）认为城市的休闲、娱乐、消费与生活功能凸显，有利于城市的更新与产业升级；吴志斌和姜照君（2015）从舒适物的视角探讨了可参观性的空间生产与乡村舒适物的耦合关系，认为二者和谐共生的耦合关系应成为乡村建设的重要发展方向；李妍和李秋（2018）通过分析舒适物四种形态对我国特色小镇建设的发展思路提供思路；黄瓴和王婷（2021）在街道尺度基于场景理论对城市街道更新进行研究，认为舒适物设施是地方风格外化的体现，应强化地方场景的整体感知。舒适物已经在一定程度上影响城市规划与城市更新，同时程燕林等（2021）提出生存、生活、精神、环境四种舒适物对人才吸引与职场稳定有密切关系，认为职场舒适物是企事业单位吸引和保留人才的重要手段，合理利用城市舒适物系统，将资源最大化，构建职场舒适物系统才能有效吸引并留住人才。

（二）场景理论

后工业化时代，传统的以土地、劳动和资本为主的经济模式逐渐升级为以文化经济和创意经济为主导的经济发展模式。场景理论在此背景下应运而生，新芝加哥学派学者特里·克拉克（Terry Nichols Clark）和丹尼尔·亚伦·西尔（Daniel Aaron Silver）所提出的场景理论认为，场景由众多舒适物及其相关场所构成。"场景"不仅是各种舒适物的组合，更是体验、意义和情感的载体。一座城市的文化与价值观隐藏在社区、建筑、风俗、社会活动、人口特征之中，并外化为城市空间中的"舒适物"。场景理论的学术价值在于从消费角度解释后工业城市发展的经济社会现象，这一点区别于以生产为导向的工业理论，其核心是软要素信息的智能匹配与传播的场景营造，不仅把消费当作消费活动本身去研究，而且还着重研究消费的社会组织形态。在后工业城市中，场景的构成被视作城市舒适物的组合。"场景"一词具有二层含义：第一层是以物质或非物质为形态、以满足市民精神文化生活需要为目的的独立设施；第二层则将空间范畴拓宽至基于舒适物本体，又突破物理界限的文化价值聚合体概念。场景理论不仅提供了从都市生活娱乐设施中所蕴含的文化价值取向来考察城市发展的视角，更重要的是构建了一个衡量场景文化价值观的分析框架。

在目前对于场景理论的研究当中，我国学界一是探讨了研究基于场景理论视角下文化与创意类产业集群实证分析（詹绍文等，2020）以及文创产业集群集聚影响机制，分析其对于城市更新与城市发展方向所起的影响作用；二是分析城区公共空间发展方向（陈波，2019），以城市街区公共文化空间作为切入点，分析公共文化空间主观认识体系与居民参与率之间的关系（陈波和侯雪言，2017），重构公共文化空间；三是场景理论的范式研究，从"前场景"到"后场景"的转向，对"场景"一词在当今社会学研究深入程度进行剖析，从实证角度分析场景理论的范式转变；四是基于场景理论对企业建设、运营的影响作用，通过移动互联时代的"场景革命"、消费变动趋势中的供需协同和社群经济下的多元主体文化参与建立二者的关联性并加以解析。

在全球创新创业高速发展时期，新一轮的科技革命和产业革命带动人才的大量缺失，科技在国家和地区的经济发展中起着至关重要的作用，地区综合实力的竞争是科技的竞争，更是以科技创新人才为代表的人才的竞争。而研究与发展人才是科技创新活动的基础，更是科技创新人才最为重要的组成部分。如何吸引高技术人才入驻，壮大高技术人才规模，优化高技术人才结构，提升高技术人才创新能力，对于高新技术人才吸引条件也应从多方面进行考虑，除了政府出台优惠政策以外，还需考虑在各类舒适物所构成的"场景"中，高技术人才在其中进行消费实践，由此获取情感体验，其文化资源对高技术人才的吸引使其所做出的选择将对各种舒适物设施起到正向指引作用。

（三）场动力理论

美国社会心理学家库尔特·勒温（Kurt Tsadek Lewin）结合物理学中"场"的概念及数学中的"拓扑学"创造性地提出了场动力理论。场动力理论可以用于解释个体行为动力及其变化的深层原因，尤其关注特定时空与情境下个体心理场与环境场的要素关联，在"场"概念中审视两者的动态变化。具体来说，为了理解和预测行为，剖解处于特定时空中的个体行为过程及其变化原因，就必须把人与环境相互作用的过程看作是一种整体形态，而这种整体形态（生活空间）即所谓的"场"。"场"不仅包括个体行为发生的物理空间场域即环境场（E），同时也包括个体在特定时空影响下的心理空间场域即心理场（P），还包括两种空间场域相互间的依存共生关系，而个体行为动力即是来自环境场与心理场的相互作用（杨进等，2021）。从高技术人才的心理空间来看，他们具有较高的自主意识和自我实现需要，对其生活场所有重要需求，勇于尝试与自我探索。高技术人才对自身发展前景、未来发展机会、就业环境及生活便利性的强调，决定了一个城市对其吸引仅靠各种优惠政策还远远不够，越是高层次人才，其考量维度相应也更多（叶晓倩和陈伟，2019）。不仅要考虑城市所出台的优惠政策、企业所提供的社会福利，还要考量其企业区位、生活环境给自身带来的生活便利性与体验感。

（四）城市形象

城市形象是指城市内部公众和外部公众对该城市的内在综合实力、外显活力和市民生活状态的综合评价，是城市内在素质和文化内涵在城市外部形态上的直观反映，是该城市有别于其他城市的内在因素和外在形象的总和，而宜居城市是指适宜人类居住和生活的城市，美国是较早提出"宜居"概念并进行宜居城市评定的国家，"宜居"概念的提出是在 20 世纪 70 年代初；在我国，北京市政府年制定的《北京城市总体规划（2004—2020 年）》，提出了"国家首都、国际城市、文化名城、宜居城市"的城市建设目标，淡化了"经济中心"，首次在官方规划文件中提出了"宜居城市"的概念。美国旧金山市将宜居城市定义概括为五大基本要素：有无健全的社区、是否易于步行、公共空间是否富有活力、有无合理价位的住房以及便利的交通。《中国宜居城市建设报告》中将宜居城市概念内涵概括得较为系统和全面，宜居城市应该是经济持续繁荣的城市，应该是社会和谐稳定的城市，应该是文化丰富厚重的城市，应该是生活舒适便捷的城市，应该是景观优美怡人的城市，应该是具有公共安全度的城市。随着知识经济时代的到来，各类出台的优惠政策以吸引人才，在一定程度上凸显了知识在经济发展中的重要地位，考虑到高新技术人才对城市生态宜居环境的要求，对高新技术企业人才吸引有着重要影响。因此分析高技术人才的流动问题需考虑城市公共服务以及企业周边的便利设施等非市场因素，深度解析城市宜居环境对科创平台集聚的影响，为城市吸引并保留高技术人才提供指引方向。

（五）地方消费主义

舒适物系统决定了一个地方或城市的宜居性、舒适性和享乐性。随着生活水平的不断提高，人们不再将城市作为一个工具性功能的对象看待，在考虑工具性功能的同时，逐渐重视城市、区域以及周边带来的感官感受，将城市作为一个消费对象看待，因此人们不仅看重被消费主体本身，还连带考虑被消费主体周围的舒适物系统。拿企业消费来讲，应聘者不仅看重企业所给的薪资及待遇，还考虑企业本身所在区域公共设施等舒适物系统完善程度。地方消费主义作为一种消费价值观决定了知识精英或专业技术人才的舒适物导向的择地行为或移民倾向。一方面，他们的人力资本拥有更高的市场价值使得他们有能力选择到高舒适物城市去就业。另一方面，知识精英和专业技术人才对地方质量舒适物系统有更高的要求，换言之，他们有更高的地方消费主义倾向。一旦某个地方的舒适物系统难以满足他们的要求或者反舒适物过多他们就会离开这些地方。

以上相关理论及相关概念无一不指出在知识经济时代，人才成为社会发展和科技进步的关键因素，而高技术人才所看重的除了基本需求以外，对高质量地方舒适物系统与休闲公共空间同样有着重要需求。科创平台的工作主体归根到底是技术与设备的统一体，而人才则是技术创新与更迭不可或缺的因素之一，科创平台的集聚不仅考虑经济、社会等影响因素，同样需要考虑技术的集聚影响即高技术人才集聚的影响，而固定资产、开放度以及公共便利设施等也在一定程度上对高技术产业集聚具有促进作用，因此考虑人才与平台的集聚作用机制时需重视非经济因素的影响作用，深入分析地方舒适物系统对人才与平台的触发作用，进而分析科创平台与城市宜居之间的耦合性。

二、中国关键科创平台建设模式演化

迄今为止，我国的科技体制经历了不同阶段的发展：新中国成立初期，我国实行计划经济，各事项遵从"计划调配、全面管理的体制"，到现在倡导的"系统性创新治理"，科技力争在政府、企业和社会组织之间形成正和博弈，产生"1+1+1>3"的效果。随着资源与规则的变化，权威与权力也会相应调整，社会资源配置主要有市场配置和政府配置两种模式。在科技创新领域已逐渐由政府科技管理转向科技治理，主张"将纵向中央与地方科技合作、横向政府之间的合作以及多主体公私合营这三种模式有机结合起来形成一种网络治理模式"。科技治理过程中科技创新治理是近年来实施创新国家战略的重要内容。从目前来看，关于科创系统治理的研究主要集中于对发达国家先进治理经验的总结。科技创新治理的研究多从企业创新治理角度讨论制度安排对内外创新资源进行优化配置、协调企业利益，从而实现共创价值。

目前，我国科技体制改革取得明显成绩，其改革进程大致可以分为六个阶段（表8-2）。第一阶段：1949~1977年，是科技管理体系和科研组织体系形成的时期，中国逐步建立了适应计划经济体制的集中型科技体制，奠定了科技体制的三个核心标志，即以中央和地方各级科委为主管部门的政府科技管理体系，由中国科学院、高等院校和各产业部门的国立科研机构主导的科研组织体系以及以科技计划为核心开展国家主导的科研活动的科技计划体系。在国内外发展条件艰苦、人才与科技资源十分紧缺的情形下，这一阶段建立起来的集中计划型科技管理体制确保了有限资源对少数战略性领域的投入，但由于国内的国家科委和各级地方科委被撤销等一系列事件，科技体制的发展面临困境。

第二阶段：1978～1984 年，将恢复科技体系作为重点，开启试点改革。本阶段党的工作重心转向经济建设，努力实现设立的"四个现代化"目标，在此背景下，中央高度重视科学技术推动我国发展的重要作用。同时，在服务经济建设思想的指导下，我国迅速恢复了以"四大体系"为核心的国家科技体系。

第三阶段：1985～1994 年，将简政放权作为重点，扶持基础研究和高新技术发展。本阶段，科研机构改革发生转变，逐步侧重内部管理制度，对政府与科研机构的关系进行调整，同时，基础研究、高新技术研究以及高新技术产业发展受到重视。北京市高新技术产业开发实验区于 1988 年被国务院批准建立，同年，正式启动支持高新技术产业发展的"火炬计划"。直至本阶段，虽然长期以来，我国基础研究和高新技术研究的水平和经费投入都较低，产业的"技术含量"不高，但国家的提前布局对长期科技水平提升和技术产业发展打下了重要基础。

第四阶段：1995～2000 年，此阶段的重点是调整科研体系，突出企业创新主体地位。在中央明确提出"建立社会主义市场经济体制"，改革开放步伐加快的背景下从以国立科研机构改革为重点，转向构建社会化的、多元主体的研发组织体系，尤其突出了企业的创新主体地位，同时国家科研体系出现重大调整，行业性科研机构转为企业，此次改革使得市场上出现了一批科技型企业，但也对我国产业共性技术供给能力和技术扩散产生了不利影响。自此，科研机构改革在科技体制改革中的地位明显下降。

第五阶段：2001～2011 年，此阶段国家科创体制改革重在建立初步创新体系，强化我国自主创新能力。21 世纪开始，我国科技实力实现跨越式提升，但仍面临研发投入力度低、产出专利少，整体自主创新能力弱，难以强有力支撑我国经济增长实现高质、创新驱动转型。因此，加快提升自主创新能力成为该阶段重要战略目标。党的十七大报告中强调提高自主创新能力的重要性，明确提出"全面推进国家创新体系建设",创新和国家创新体系的理念在这一时期被正式引入国家政策,是我国科技体制改革的重大变革,市场力量和系统性制度建设的重要性受到更高重视。

第六阶段:2012年至今的工作重心在全面深化改革中推进科技体制改革。这个阶段我国经济增长由高速转向中高速,经济发展进入"新常态"阶段,迫切需要摆脱对传统增长方式的依赖,转向创新驱动的新型、可持续发展方式。该阶段侧重通过改善营商环境和鼓励创新等措施促进自主创新发展,尤其是激活微观主体创新活力。2015年出台政策营造公平的创新竞争环境、建立技术创新市场导向机制、强化金融创新的功能、完善成果转化激励政策、构建更加高效的科研体系、推动形成深度融合的开放创新局面、加强创新政策统筹协调七个方面深化改革,并提出要在2020年将我国建设成为创新型国家的目标。同时围绕科技计划体系,科研经费管理,扩大高校和科研机构自主权,落实科研成果转化的股权、期权和分红激励、强化知识产权保护等进行改革。此外,围绕"大众创业、万众创新"也相继出台了一系列政策措施。

表8-2 1949~2016年出台科技发展规划条例

年份	规划条例	最终结果
1956	《1956—1967年全国科学技术发展远景规划》	中国科技事业"大体上达到了国际上20世纪40年代的水平"
1963	《1963—1972年科学技术规划》	总方针为"自力更生,迎头赶上",但由于"文化大革命"计划停滞
1977	《1978—1985年全国科学技术发展规划纲要》	国家核心科研机构——中国科学院,以及省、地(市)、县三级科研机构也陆续恢复了科研活动。全国科技活动逐步回归正轨
1984	《中央关于经济体制改革的决定》	拉开了经济体制改革的序幕,也为科技体制改革指明了方向
1985	《中共中央关于科学技术体制改革的决定》	提出"经济建设必须依靠科学技术,科学技术工作面向经济建设"的战略方针
1986	《高技术研究发展纲要》	—
1995	《中共中央、国务院关于加速科学技术进步的决定》	首次从体系构建的角度确立科技体制改革的思路和目标
1996	《"九五"期间深化科技体制改革的决定》	解决"科研机构与市场脱节"问题
1999	出台鼓励企业创新的政策	标志着支持科技型中小企发展成为科技政策的重点之一

续表

年份	规划条例	最终结果
2001	《国民经济社会发展"十五"计划纲要》	提出"建设国家创新体系"
2006	《关于实施科技规划纲要,增强自主创新能力的决定》 《国家中长期科学和技术发展规划纲要（2006—2020年）》	提出2020年将我国建设成为创新型国家的目标
2015	《关于深化体制机制改革,加快实施创新驱动发展战略的若干意见》 《深化科技体制改革实施方案》	提出七个方面的深化改革 基本建立适应创新驱动发展战略要求、符合社会主义市场经济规律和科技创新发展规律的中国特色国家创新体系
2016	《国家创新驱动发展战略纲要》	加快实施国家创新驱动发展战略

根据《国家中长期科学和技术发展规划纲要（2006—2020年）》文件精神，科创平台是整合集聚科技资源、具有开放共享特征、支撑和服务于科学研究与技术开发活动的科技机构或组织。科创平台是国家创新体系的重要组成部分，是全社会开展科学研究与技术开发活动的物质基础和重要保障，是深化科技体制改革的重要举措，也是推进政府职能转变、提升科技公共服务水平的有力抓手。当企业无法单独承担创新所需的资金和技术时，往往需要在外部与其他优势企业、大学和研究所合作（高良谋等，2014），这种开放式科创平台通过吸纳、集聚和整合社会创新资源，开展共性技术和高精尖技术的攻关，在网络内实现创新要素的流转与共享，最终创立公共创新服务与产业技术支持体系，服务于创新系统内各主体。

科创平台成员主要包括企业、重点实验室与科研院所，三方有各自的角色定位。"211工程"建设、"985工程"建设实施以来，我国高层次创新人才培养的主力军"大学"发挥其日益增强的自主创新能力和较高的科研水平，我国现有的国家重点实验室中，依托高校建设的占一半以上。1984年起，针对当时国家研究实力薄弱的问题实施了国家重点实验室建设计划。后经过科技部统一管理、省部共建国家重点实验室、企业国家重点实验室。国家（重点）实验室专项经费、三位一体国家重点实验室体系的发展（张龙鹏和邓昕，2021）。

习近平总书记在2016年的"科技三会"上提出："依托最有优势的创新单元，整合全国创新资源，建立目标导向、绩效管理、协同攻关、开放共享的新型运行机制,建设突破型、引领型、平台型一体的国家实验室"。根据科技部发布的 2016 年国家重点实验室年度报告,截至 2016 年底,正在运行的国家重点实验室共 254 个,试点国家实验室 7 个,分布在地球科学、工程科学、生物科学、医学科学、信息科学、化学科学、材料科学、数理科学 8 个学科领域,承担了各类在研课题研究任务,代表了中国科研能力的一流水平并成为中国基础研究的中坚力量。《国家中长期科学和技术发展规划纲要(2006—2020 年)》指出,支持鼓励企业成为科技创新的主体,发挥经济、科技政策导向作用,并全面启动企业国家重点实验室的建设,自此开启了高校-企业-政府共同主导的重点实验室建设模式。

自 20 世纪 60 年代上海水产学院大搞实验室设备现代化以来,很多学者针对上海市重点实验室的研发能力展开调查。2008 年科技部发布的《国家重点实验室建设与运行管理办法》提出重点实验室的建设要求布局合理,保持适度规模,并且要求具有结构合理的高水平科研队伍、良好的科研实验条件。国家重点实验室的领域划分、依托单位选择、地域特征对其区位选择造成了一定的局限性。国家重点实验室主要在依托单位周边聚集,彼此之间关联性差,这也是中国重点实验室建设的弊端。而美国的联邦实验室采用 GOCO 模式,保持卓越的竞争力,开展前沿综合交叉研究,注重与大学协同合作,实现资源开放共享,上海市与中科院共建张江实验室,突出地方需求和特点,围绕优势学科和科学装置设施,更关注前沿学科和多学科交叉领域(徐晓丹和柳卸林,2019)。科技实力提升是中国建设的重中之重,大科学时代,重点实验室是科研活动的组织模式创新,是国家重大需求牵引的必然结果(卞松保和柳卸林,2011),重点实验室能代表一个城市的科研水平,代表城市科技创新发展的基本状态。

在科创平台的相关研究中,政府政策和企业行为如何影响创新活动的问题倍受关注。在产业经济发展过程中,技术创新与升级是其面临的关键挑战同时也是机遇,尽管长期以来科创平台和技术基础设施处于不断建设与完善的过程,但由于缺乏资源与成果的共享机制,平台网络中创新主体的积极性难以被调动,导致科技资源存在利用效率低的困境,尽管科创平台仍有创新成果产出,但囿于共性技术知识分享、创新服务的激励以及成果转化与收益分配等科技创新机制不完善,科创平台的科技共创共享发展受到阻碍。目前,科创平台建设的影响作用、体制机制管理等方面受到广泛关注,也有科创平台网络化发展的相关研究，例如许强等（2010）探索了科创平台的运行机理，从创新链视角揭示了公共科创平台具有组织性质，并分别阐述了平台成员的角色定位，刻画了地方科创平台体系的基本结构，强调组织保障、协同整合、创新激励机制是科创平台有效运行的重要保障。魏守华（2013）基于创新模式的异质性，认为产业应采取差异化的创新合作策略。谢家平（2019）通过网络嵌入方法分析了科创平台网络形态特征，将社会网络与外部知识网络纳入到创新平台网络的范畴中，明确了科创平台网络运作的治理范式，继而针对不同的平台网络结构类型提出了异质性的发展战略。

三、科创平台与宜居耦合推进上海全球科创中心建设

科技创新平台建设依赖上海的经济发展。随着这几年上海经济发展的日新月异，技术进步与创新更成为社会发展的重要标志。在上海市推进全球科创中心城市建设的过程中，科创人才创新创业服务的需求日益多元化和个性化的趋势日益明显，其中人才是科创平台发展的关键，人才的流向可以带来发展也可以给企业带来危机，因此科技创新平台要持续发展必须保持人才流动的合理性与有序性。人才流动主要看重舒适物中的文化和消费设施发达程度、卫生医疗水平和交通便利程度，中国目前人才流动对自然舒适物和社会舒适物等"软"环境的重视不如西方国家。

为落实《上海市城市总体规划（2017—2035 年）》，上海市有关部门制定了《上海市浦东新区国土空间总体规划（2017—2035）》（简称《浦东总规》），提出将浦东新区打造为中国改革开放的示范区，上海建设"五个中心"和国际文化大都市的核心承载区，全球科技创新的策源地，世界级旅游度假目的地。对标国际标准，进一步强化浦东新区的综合服务功能，提升城市核心竞争力，全力服务好国家战略，通过上海自贸试验区临港新片区建设，成为推动长三角更高质量一体化发展的重要引擎。

2020 年 5 月，上海市发布《关于建立上海市国土空间规划体系并监督实施的意见》，明确了上海市国土空间规划体系。事实上，2017 年公示的"上海 2035"总规中，已经提出了"两规融合"的规划体系，在成果体系上，"上海 2035"形成"1+3"完整的成果体系，"1"为《上海市城市总体规划（2017—2035 年）报告》，"3"分别为分区指引、专项规划大纲和行动规划大纲。其中，"3"中的分区指引，对应指导各区规划事权，以行政区为对象，从战略引导、底线控制、系统指引等方面指导各区规划

编制。在发展目标上,"上海 2035"提出了建设"卓越的全球城市"的总目标,打造"更具活力的繁荣创新之城、更富魅力的幸福人文之城、更可持续的韧性生态之城"的分目标。在发展模式上,确立了"底线约束、内涵发展、弹性适应"的发展模式。在空间布局上,提出了"一主、两轴、四翼,多廊、多核、多圈"的空间结构和"主城区—新城—新市镇—乡村"的城乡体系。在发展策略上,整合了综合交通、产业空间、住房和公共服务、空间品质、生态环境、安全韧性、低碳环保等领域的重点发展策略。在实施保障上,从提高治理能力的角度出发,建立了规划实施保障框架。

上海市规划和自然资源局指出,"上海 2035"突出以城市总体规划转型引领城市发展转型,具体体现为八个方面:①规划定位:更加突出城市总体规划的引领力、管控力、号召力;②价值取向:更加突出以人民为中心的价值导向;③思维方式:由外延增长型规划思维,转变为内生发展型规划思维;④规划视野:由市域范围,拓展到开放式的全球互联、区域协同发展视野;⑤组织方式:由规划部门主导,转变为全社会共同参与;⑥逻辑框架:由多条线并列、内容独立的逻辑框架,转变为由"目标(指标)—策略—机制"逻辑串联组成的有机整体;⑦技术方法:由相对传统单一的技术方法,转变为平台支撑、开放共享的技术方法;⑧成果内容:由规定性技术文件,转变为战略性空间政策。

《浦东总规》提出浦东新区的功能定位为:中国改革开放的示范区;上海建设"五个中心"和国际文化大都市的核心承载区;全球科技创新的策源地;世界级旅游度假目的地;彰显卓越全球城市吸引力、创造力、竞争力的标杆区域。同时上海市专项规划还提出,通过"公园体系、森林体系、湿地体系"三大体系和"廊道网络、绿道网络"两大网络建设,完善体系构建与品质提升,保障城市生态安全、提升城市环境品质、满足居民的休闲需求,构建"双环、九廊、十区",多层次、成网络、功能复合的生态格局。虹桥主城片区是"上海 2035"总规确定的四个主城片区之一,虹桥主城片区单元规划的编制,着重对于虹桥主城片区的目标定位、功能结构、空间组织、交通组织、品质提升进行再思考和新规划,全面提升虹桥地区的核心竞争力,推动产城融合,提高交通和公共服务水平。规划明确虹桥主城片区未来发展的总目标为"面向全球、面向未来,建设引领长江三角洲地区更高质量一体化发展的国际开放枢纽",并从高端商务、会展、交通三大功能维度以及主城片区的功能定位出发,细化成四个分目标,即高效绿色的国际交通枢纽区、开放引领的国际会展贸易区、创新共享的世界级商务区、生态宜居的主城片区。按照"生态塑本底、组团促多元、中心强链接"的空间优化策略,形成"一网、六片、多组团、多中心"的空间结构。

上海市提出的总体规划,致力于提高上海市各个地区的核心竞争力,同时指出规划引领城市转型需要拓展开放式的全球链、区域协同的发展视野,由传统单一的技术方法转变为平台支撑、开放共享的技术方法,因此上海市全域高新技术企业、高校、实验室之间如何进行协同合作形成开放共享的科创平台,以及科创平台如何可持续发展,吸引与留住高新技术人才是目前科创平台所需解决的重要问题。

上海目前针对这一问题已有行动,例如张江科学城集聚了诺贝尔奖获得者、海外院士、中国两院院士、海外高层次人才以及产业领军人才等一批高端人才。全面落实人才创新政策,持续开展海外人才申请中国永久居留身份证和移民融入服务试点工作,率先试点永久居留推荐直通车制度、外籍人才口岸签证、外国本科及以上学历毕业生直接就业政策;人才服务水平显著提升,浦东国际人才港建成投用,开设上海国际科创人才服务中心,为国内外人才提供一体化便捷服务,人才安居环境进一步改善;科技服务体系日趋完善,创新创业载体建设成效显著,各类双创载体达到 100 家,在孵企业 2500 余家,孵化面积近 80 万 m^2,形成了"众创空间+创业苗圃+孵化器+加速器"的创新孵化链条。大中小企业融通创新格局初步建立,以跨国公司为主的大企业打造开放式创新平台,30 家跨国企业加入大中小企业融通发展联盟,通过联合技术攻关、创新需求发布、应用场景开放等方式,赋能中小微企业发展。同时,金融对科技创新的支撑不断增强,集聚了 160 多家市场化创投机构、上海银行张江科技支行等 23 家银行机构、17 家科创板上市企业。张江科创基金、上海科创中心股权投资基金、上海自贸试验区基金张江事业部等相继设立。与此同时,政务服务不断优化,成立张江科学城建设项目管理服务中心,推出"一窗受理、一件通用、一门办结"服务。

上海科技创新平台的建设与发展具有独特的内在特征,对人才有着较强依赖性。对于高技术人才,不仅要求其数量占比,同时还要求具有一定的专业知识和能力,且部分企业在年龄或经营管理上有一定的要求。同时科技创新平台具有时效性,在当今技术更替频繁,信息变幻莫测的时代,技术创新必须紧跟时代步伐,走在社会前沿,因此科创平台的人员必须要时刻把握社会发展动向,握紧时代进步的脉搏,具有一定的学习能力和紧迫感,同时还应具有创新精神与追求精神。高新技术人才具有高流动性并且流动范围广泛,因此高新技术企业、重点实验室及高校科研机构对于人才的留用以及发展都十分重视,除了对于薪资有所要求以外,高技术人才对于科创平台所在社区是否宜居,是否拥有好的居住环境,社会公共设施是否配套齐全都有更高的要求,因此科创平台布局以及高新技术企业、重点实验室及高校科研机构集聚的影响因素都应考虑区位的宜居条件。

第二节 上海市宜居性环境要素空间集聚

随着经济发展和人民生活水平的提高,城市化水平、收入水平等经济因素已然不是科技创新型人才特别是新兴科创产业人才择业定居的唯一因素,也不是创新创业平台选址的唯一因素。一个对各类人才更具吸引力的科创平台除了资源和技术之外还需营造宜居宜业的社会生活环境。城市环境质量、基础公共设施、社区居住环境等宜居环境因素越来越成为科创平台集聚的重要影响因素。本节将引入环境场势能概念,构建宜居性环境场模型,在核密度方法的基础上定量测度上海各类宜居性环境要素的空间分布特征,为后续科创平台与城市宜居性耦合分析奠定基础。

一、上海城市宜居性环境模型构建

适宜科创产业的区位布局于城市科创场域之中,而科创产业和科创平台的规划建设根本在于科创资源集聚,绝大部分高新技术企业和重点实验室等科创平台都依附实体空间载体而群集,而城市内部往往囿于资源和要素的不均衡存在空间异质性,科创平台的宜居性也因此受到限制,因此引入宜居性环境场概念识别具有宜居性的高新技术企业的微区位。核心是描述城市不同地点所具有产生和培育科技创新产业集群宜居性的强弱。本节将借助基础设施、创新要素、社区居住、科创氛围等城市宜居性环境要素,采用环境场势能指标构建以及核密度分析方法定量计算上海各类城市宜居性环境集聚空间特征,为后续科创平台与城市宜居耦合奠定基础。

（一）数据来源

根据数据可获得性和可测度性选取上海市全域：①娱乐场所、餐饮便利店、商场、风景名胜、交通设施、生活服务、医疗保健、科教服务、科研创新等 POI 数据，将宜居性环境要素具体化。②并选取来自中国科学院地理科学与资源环境研究所的上海市街道层面 SHP 数据、上海市行政区划 SHP 数据，对宜居性环境要素空间特征进行测度。

（二）城市宜居性环境空间特征

本节首先选用核密度估计方法，构建宜居性环境场势能因子指标体系（表 8-3），并根据此指标分类分别测度上海市宜居性环境要素集聚空间特征，并引入环境场势能概念，对上海宜居性环境空间特征进行整体分析。环境场势能是估计未知密度函数的非参数方法之一，具有函数形式不受限制、以数据本身作为分析对象、能够避免因设定的不合理导致的误差、相对于直方图估计结果的连续性更好等优点（王满等，2021）。核密度估计是对点格局进行密度估计从而反映点数据的空间集中度，计算过程中搜索区域内的点会有不同权重，离搜索中心较近点会被赋予较高权重，反之则反。可见，核密度值愈大表示点数据分布愈集中，该算法满足公式：

$$f_n(x) = \frac{1}{nh}\sum_{i=1}^{n}k(x-x_i)/h \qquad (8\text{-}1)$$

式中，n 为点数据；h 为搜索半径；$x-x_i$ 为估计点到样本点的距离。本节选取 500m×500m 网格作为输出单元，搜索半径 h 根据多次调试选择 3000m，以此估计上海市各类宜居性要素矢量数据核密度可得出上海市宜居性环境集聚中心。

影响宜居性环境区位要素及其区位因子可以借助矢量格网建立统计数据空间分布模型，统一矢量与栅格图件为 500 m×500 m 的栅格，并采用缓冲区、核密度分析、赋值叠加以及成本加权距离等方法对区位要素的各单项宜居性环境因子进行测度，选取 3000 m 半径作为核密度分析半径，继而采用极差标准化对单项宜居性环境因子进行标准化处理并利用熵权法确定权重[式（8-2）～式（8-5）]，最后对各项指标进行叠加分析[式（8-6）]得到城市宜居性环境场势能。

表 8-3 城市宜居性环境场势能因子定义与测度方法

区位要素	影响因子	城市高新技术企业区位衡量指标	指标测度方法	指标测度方法说明
社区居住	城市绿地环境	公园、广场的分布	缓冲区分析	按照距离区位因子的距离对缓冲区进行赋值
	生活便利环境	商店分布		
创新要素	科研创新环境	高校、职校、科研机构分布		
基础设施	娱乐设施环境	餐厅、运动场所、咖啡馆分布	赋值叠加分析	对区位因子的影响要素作用程度大小先赋值，再利用 GIS 软件进行叠加分析
	教育设施环境	中小学分布可达性	缓冲区分析	按照距离区位因子的距离对缓冲区进行赋值
	医疗设施环境	医院可达性	成本加权距离算法	在栅格数据上运用最短路径法计算每个网格到某个目的网络的最短加权距离
	交通设施环境	高铁站点可达性		
		地铁站点分布	缓冲区分析	按照距离区位因子的距离对缓冲区进行赋值
科创氛围	产业政策环境	产业园区分布	赋值叠加分析	对区位因子的影响要素作用程度大小先赋值，再利用 GIS 软件进行叠加分析

极差标准化公式如下：

$$X'_{ij} = \left(X_{ij} - \min X_{ij}\right) - \left(\max X_{ij} - \min X_{ij}\right) \quad (8\text{-}2)$$

指标权重计算如下：

$$e_j = -k \sum_{i=1}^{n} \left(Y_{ij} \cdot \ln Y_{ij}\right) \quad (8\text{-}3)$$

$$Y_{ij} = X'_{ij} / \sum_{i=1}^{m} X'_{ij}; \quad k = 1/\ln m; \quad 0 \leqslant e_j \leqslant 1 \quad (8\text{-}4)$$

$$w_j = \left(1 - e_j\right) / \sum_{j=1}^{n} \left(1 - e_j\right) \quad (8\text{-}5)$$

式中，X_{ij} 为原始数据矩阵；$\max X_{ij}$ 和 $\min X_{ij}$ 为指标的最大值和最小值（向云波等，2011）；m 为评价数量；n 为指标数。

利用 ArcGIS 10.2 软件栅格计算器对各项指标进行叠加得到基于格网尺度的城市宜居性环境场势能值，宜居性环境要素区位值计算方法见式（8-6）：

$$S_i = \sum b_1 x_{i1} + b_2 x_{i2} + \cdots + b_j x_{ij} \qquad (8\text{-}6)$$

式中，$\sum b_i = 1$；S_i 理单元（500m×500m）的区位综合值；x_{ij} 为第 i 个地理单元中第 j 个测度指标的得分；b_j 为第 j 个指标权重；S_i 值越大，表明评价单元城市宜居性环境场势能值大。下节将在城市宜居性环境场势能指标体系与测度模型的基础上进一步分析上海核心科创平台与城市宜居性的耦合特征。

二、上海城市宜居性环境要素空间特征

（一）基础设施环境要素呈现由中心城区向外围城区扩散

根据核密度估计（KDE）结果可知，上海市基础设施环境要素分布密度由中心向外围呈现圈层式递减，主要以黄浦区、徐汇区、长宁区、静安区为核心，密度向外沿辐射方向递减（图 8-1）。其中咖啡厅、西餐厅、运动场所等娱乐设施主要集中在黄浦区、徐汇区和静安区。核心集聚区位于黄浦区人民广场、淮海中路、南京西路以及瑞金二路，该区域是上海中央商务区，同时也是上海高端服务业集聚区；其他几个次中心，如杨浦区的五角场街道同样属于上海市主要商务中心。此外，松江、闵行区等也有小范围的娱乐设施集聚，主要集中在大学城周边以及住宅小区周

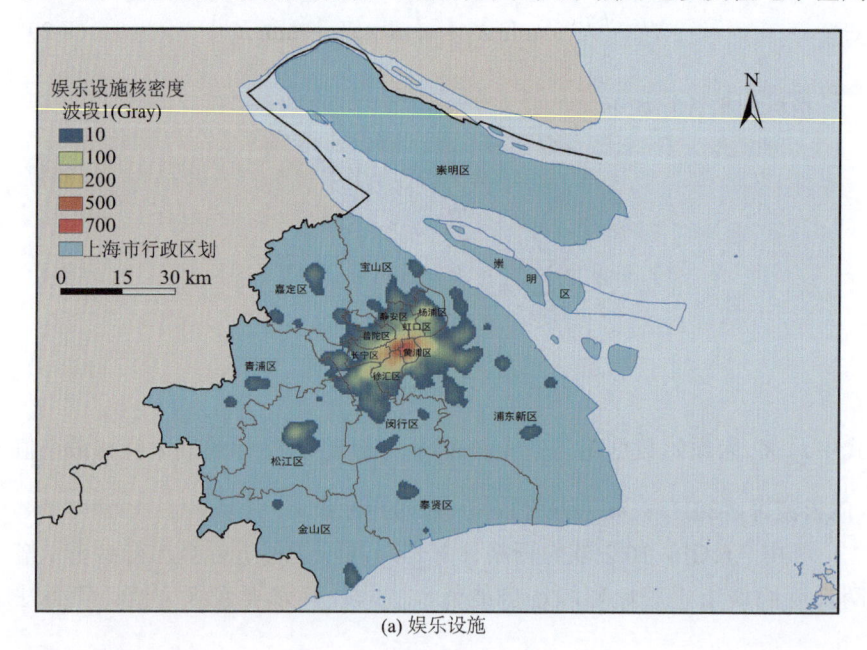

(a) 娱乐设施

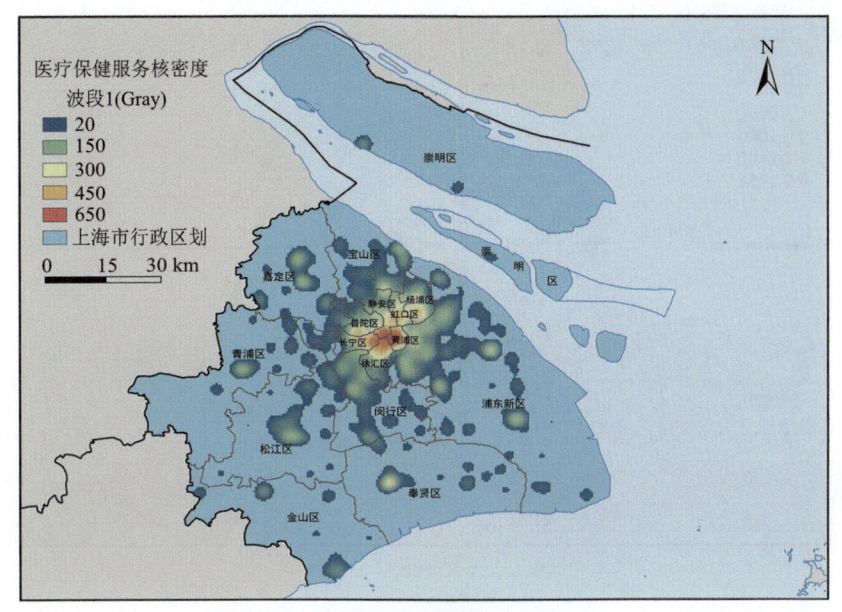

第八章 上海科创平台与城市宜居的耦合性 215

(b) 医疗设施

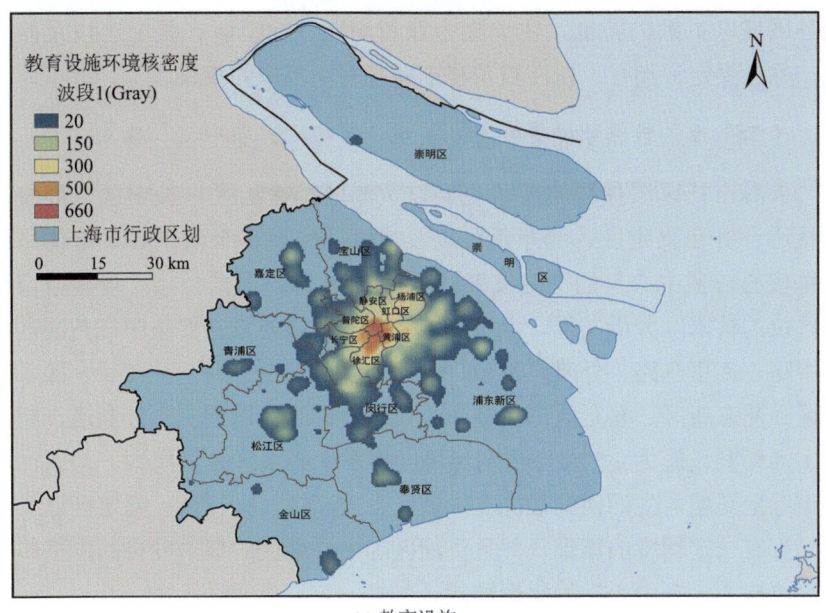

(c) 教育设施

(d) 交通设施

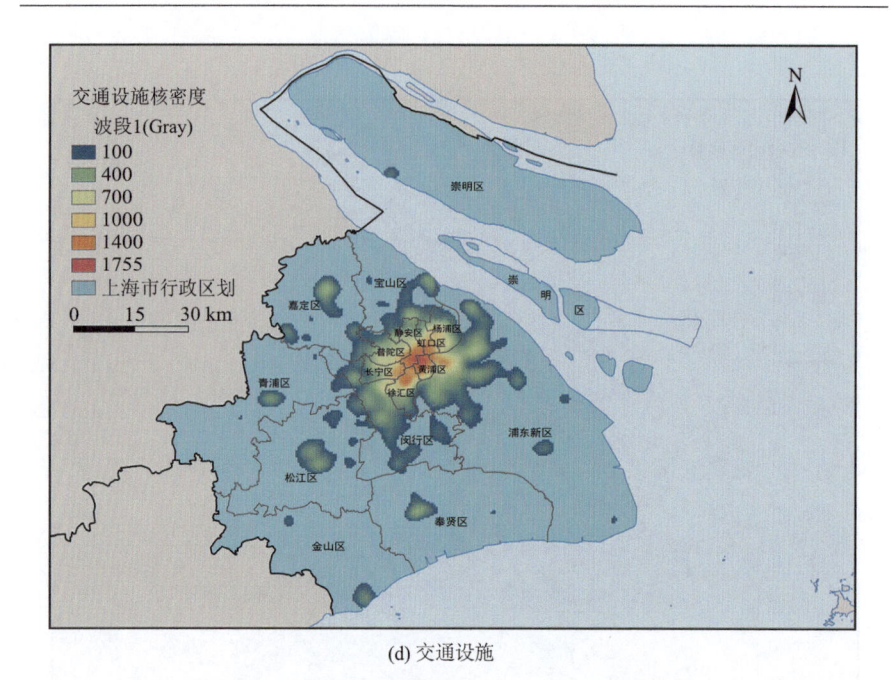

图 8-1　上海市基础设施环境要素核密度分析

边。此外，上海市医疗设施、教育设施以及交通设施同样呈现由中心城区向外围城区扩散的特征，主要集中在黄浦区、徐汇区、长宁区以及静安区，并在嘉定、闵行、松江以及浦东新区有小范围的集聚。

（二）社区居住环境要素整体呈现"单核心，多中心"模式

上海市社区居住环境要素主要以黄浦区、徐汇区、长宁区、静安区为核心，并在嘉定区、浦东新区以及松江区出现多个次中心，整体呈现"单核心，多中心"的空间集聚特征（图 8-2）。根据公园广场等城市绿地区位的核密度分析发现，上海市城市绿地环境要素主要集中在黄浦区淮海中路、南京东路、外滩、豫园、老西门以及瑞金二路，并在长宁区、徐汇区、浦东新区、嘉定区形成多中心集聚。同时，以便利店、商店、超市等生活便利设施为主的生活便利环境同样在中心城区大量集聚。但相比于城市绿地环境，生活便利设施在奉贤区、松江区、闵行区、嘉定区以及崇明岛都有一定程度的集聚，并且黄浦区等中心城区的集聚度更高，整体呈现"单核心，多中心"的集聚模式。

（三）创新要素环境和科创氛围环境要素再现多中心集聚

上海市创新要素分布密度呈现多中心模式，以杨浦区、虹口区为主

要集聚区，根据核密度分析显示主要分布在五角场街道、曲阳路街道和四平路街道（图 8-3）。创新要素由核心密度向外沿着辐射方向递减，形成以徐汇区、长宁区、黄浦区以及闵行区为主的次中心，嘉定区、奉贤区、浦东新区以及松江区也有小范围的聚集，整体呈现多中心分布。与之相似

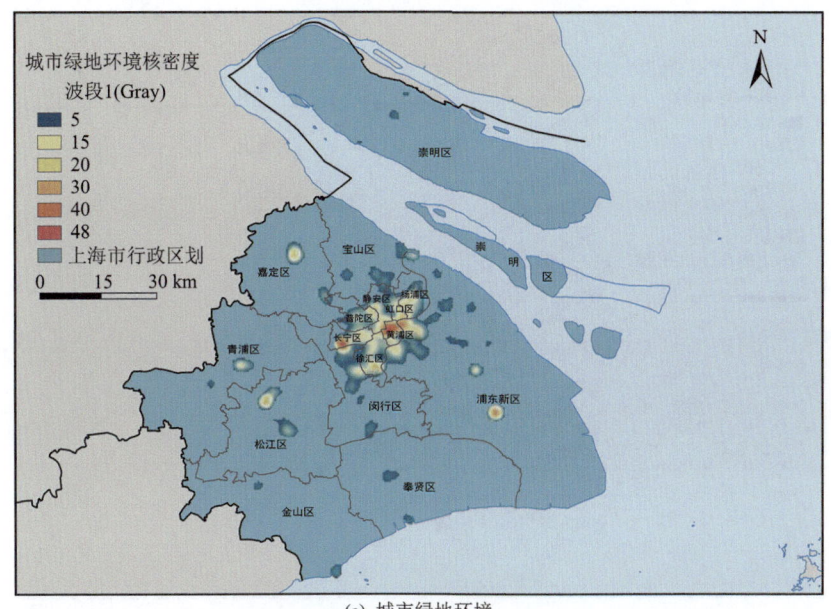

(a) 城市绿地环境

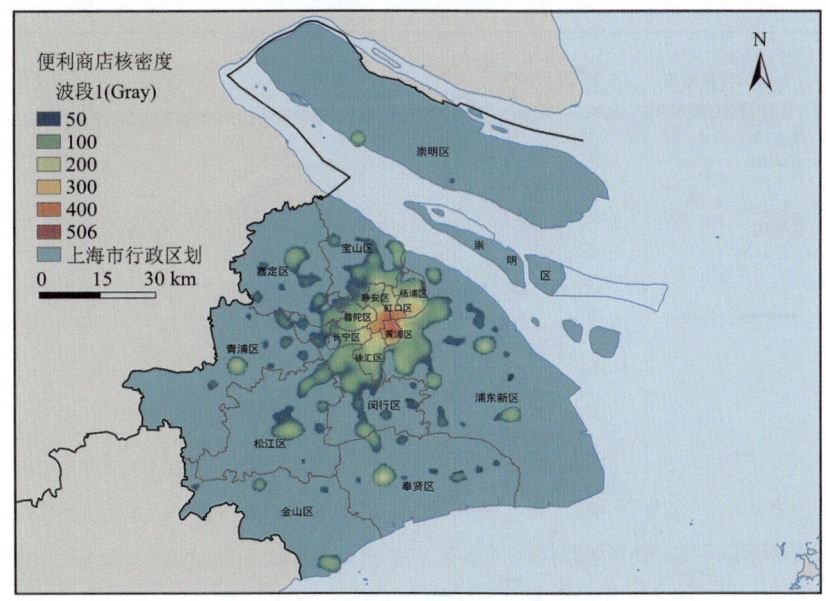

(b) 生活便利环境

图 8-2　上海市社区居住环境核密度分析

的是上海市科创氛围环境集聚情况，以产业园区为主要指标的科创氛围环境同样呈现多中心模式，主要分布在静安区和徐汇区，以虹梅路街道、大宁路街道和彭浦镇为主要集聚区（图 8-4），杨浦区、浦东新区以及闵行区也有小范围的集聚，整体并未出现中心集聚区。

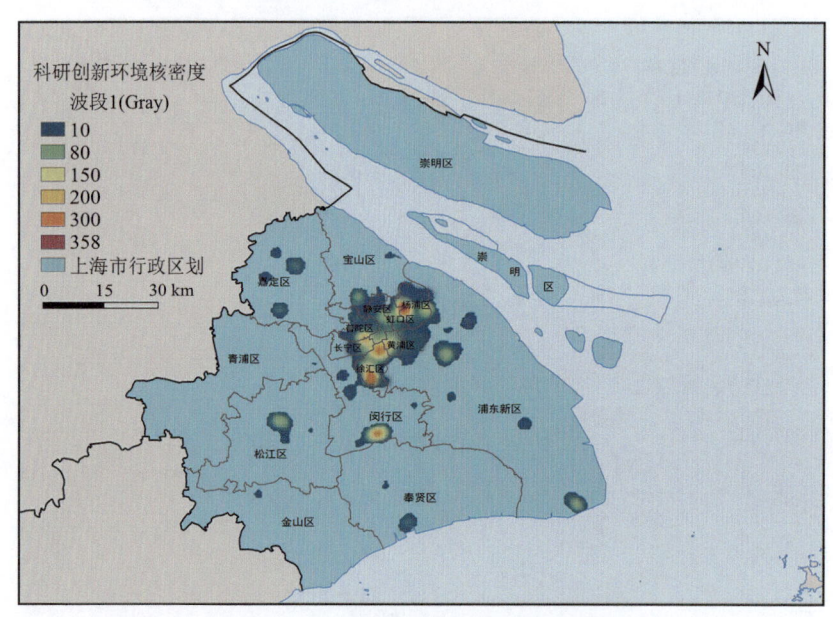

图 8-3 上海市科研创新环境核密度分析

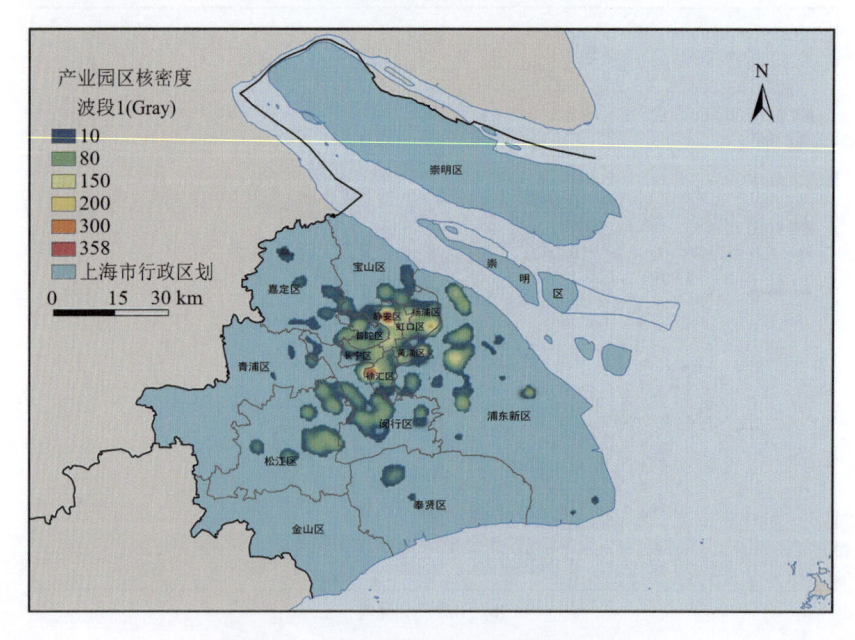

图 8-4 上海市科创氛围环境核密度分析

整体来看，上海城市宜居性环境要素空间集聚呈现由中心城区向外围城区扩散的模式，其中娱乐设施、医疗设施、教育设施以及交通设施等基础设施环境主要以黄浦区、徐汇区、长宁区、静安区为核心集聚区，密度向外沿着辐射方向递减；城市绿地环境以及生活便利环境等社区居住环境要素呈现"单核心，多中心"的集聚模式，这种分布与中央商务区、大学城以及住宅小区的分布重合程度较高；而科创氛围和创新要素环境则呈现多中心的集聚格局。

第三节　上海核心科创平台与城市宜居性耦合特征

科创平台在越来越大的程度上依赖宜居性要素，因此，为明确上海科创平台未来建设方向，有必要对目前上海核心科创平台与宜居性关键要素的区位分布进行耦合分析。结合上述科创中心城市建设的宜居性环境场势能空间分析，将其与高新技术企业为代表的科创平台的集聚度进行耦合，在分析上海核心科创平台格局的基础上测度上海高新技术企业与宜居性的耦合水平，并为未来上海建设更加宜居的科创平台提供理论支持。

一、分析科创平台与城市宜居性的耦合模型构建

科创平台都依附空间载体而群集，并且由于高新技术企业、重点实验室以及高校科研院所对公共便利设施等关键宜居性要素产生依赖性，而城市内部资源与要素则存在空间分配差异等问题，因此在识别适合科创平台的区位条件时需综合各个影响其布局的因子进行分析，为此构建科创平台区位模型，这有利于将科创平台区位选址要素与城市公共便利设施等宜居性关键要素进行对应。本部分将基于上述城市宜居性环境分析，进一步利用双变量空间自相关判断上海市高新技术企业、重点实验室以及高校科研院所集聚度与城市宜居性环境场的耦合、空间相关性及空间分异。

（一）数据来源

选取上海市全域：①2019年上海市高新技术企业数据筛选、整理后得到13105家高新技术企业，通过高德地图 API 接口识别并校对企业空间坐标信息，继而与截至 2018 年的上海市市场监督管理局登记数据进行校对，确定数据的可靠性与权威性，最终使用 ArcGIS 10.2 软件将企

业坐标转化为上海高新技术企业空间矢量数据。②上海市 2012 年重点实验室数据与 2019 年国家重点实验室数据。③通过高德地图 API 爬取的上海市 2019 年高等院校与科研机构（包括各类研究院所、工程技术中心等）POI 数据。

（二）科创平台集聚度测算

目前国内关于高新技术企业集聚研究主要围绕集聚效应对经济的影响、集聚区位的经济影响因素、微观集聚格局等偏向经济方面的研究，针对高新技术企业集聚与城市便利设施发展程度耦合性的研究几乎没有，而高新技术企业的主体为高新技术人才，人才对于公共便利设施的发展程度也同样重视。为了更好预测未来高新技术企业人才集聚规模、把握企业科技创新态势以及分析高新技术企业集聚空间分布特征，发现问题并及时采取有效措施调控，为上海市具有全球影响力的科创中心建设实现人才精准布局提供支撑，有必要结合科创平台集聚度，定量剖析宜居性要素对高新技术企业区位影响特征。继而，利用双变量空间自相关模型分析上海市高新技术企业集聚区位与城市宜居性环境的耦合性及空间特征，探求科创平台集聚区位规律，并为未来科创平台规划寻求指引。

核密度估计是估计未知密度函数的非参数方法之一，具有函数形式不受限制、以数据本身作为分析对象，避免了因设定的不合理导致的误差、相对于直方图而言估计结果的连续性更好等优点（王满等，2021）。核密度估计对点格局进行密度估计从而反映点数据的空间集中度，计算过程中搜索区域内的点会有不同权重，离搜索中心较近点会被赋予较高权重，反之则反。可见，核密度值越大表示点数据分布越集中，该算法满足公式：

$$f_n(x) = \frac{1}{nh} \sum_{i=1}^{n} k(x - x_i)/h \qquad (8-7)$$

式中，n 为点数据；h 为搜索半径；$x-x_i$ 为估计点到样本点的距离。本节选取 1000 m×1000 m 网格作为输出单元，搜索半径 h 根据多次调试选择 3000 m，如此估计上海市高新技术企业点矢量数据核密度可得出上海市高新技术企业集聚中心。

（三）科技创新平台集聚度与城市设施便利性的空间自相关模型构建

空间统计研究与地理位置相关数据间的空间依赖、空间关联或空间自相关，能够弥补传统数量统计分析的不足。本节采用双变量空间自相关的方法来测算城市设施便利性与高新技术企业集聚度之间的空间耦合关系。首先计算各网络的核密度值与场势能值，运用叠加分析将各要素进行叠加形成具有多要素的多重空间属性和统计特性数据层。继而运用双变量全局空间自相关[式（8-8）～式（8-9）]验证城市高新技术企业集聚度与城市设施便利性的空间相关性及异质性（詹璇等，2016）。

$$I_{ab} = \frac{n\sum_{i=1}^{n}\sum_{j=1}^{n}w_{ij}(X_i^a - \overline{X}_a)(X_i^b - \overline{X}_b)}{(\sum_{i=1}^{n}\sum_{j=1}^{n}w_{ij})\sum_{i=1}^{n}(X_i^a - \overline{X}_a)(X_i^b - \overline{X}_b)} \quad (8\text{-}8)$$

式中，n 为空间单元总数，文中表示网格数；w_{ij} 为空间权重；X_i^a、X_i^b 分别为地理单元 a 属性的 i 和地理单元 b 属性的 j 值；$\overline{X}_a$、$\overline{X}_b$ 分别为属性 a 和 b 的平均值。I_{ab} 的取值为[−1，1]，其中，I_{ab} 为正且越接近 1，表示此类科创平台集聚与城市宜居性环境场势能的正相关性越大；I_{ab} 为 0，表明空间不相关；I_{ab} 为负且越接近−1，表示此类科创平台集聚与城市宜居性环境场势能的负相关性越大。然而双变量全局自相关模型计算结果是一个单一数值，会掩盖不同位置上的空间不稳定性，继而采用局部空间自相关（LISA）能更准确地识别不同空间要素的集聚与分异特征。

$$I_{hk} = \frac{X_h^i - \overline{X}_h}{\sigma_h} \cdot \sum_{j=1}^{n}\left(w_{ij}\frac{X_k^j - \overline{X}_k}{\sigma_k}\right) \quad (8\text{-}9)$$

式中，I_{hk} 为局部双变量空间自相关指数；X_h^i、X_k^j 分别为地理单元 h 属性的 i 和地理单元 k 属性的 j 值；$\overline{X}_h$、$\overline{X}_k$ 分别为属性 h、k 的平均值；σ_h、σ_k 分别为属性 h、k 的方差；w_{ij} 为空间权重矩阵元素，采用行标准化形式。

二、上海核心科创平台分布格局

（一）上海市重点实验室由"一核多区，单核环绕"向"片状蔓延"的空间格局演化

根据核密度估计（KDE）结果可知，上海市重点实验室分布密度由中心向外围呈现圈层式递减，主要以黄浦区、徐汇区、长宁区、静安区为核心，密度向外沿辐射方向递减，形成"一核多区"的空间格局，国家重

点实验室的核密度分析结果与其相似；另外，杨浦区、闵行区也是重点实验室集聚地点，形成"单核环绕"的空间模型（图 8-5 和图 8-6）。

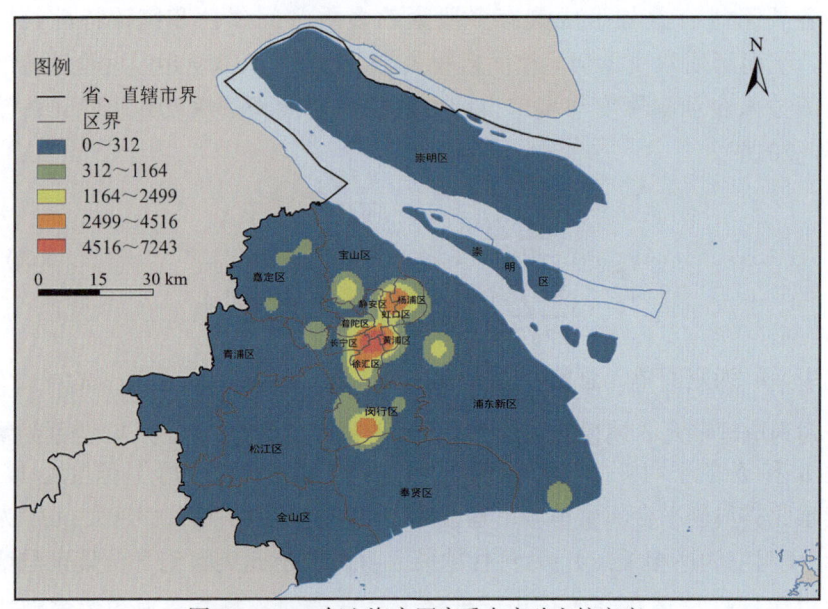

图 8-5　2012 年上海市国家重点实验室核密度

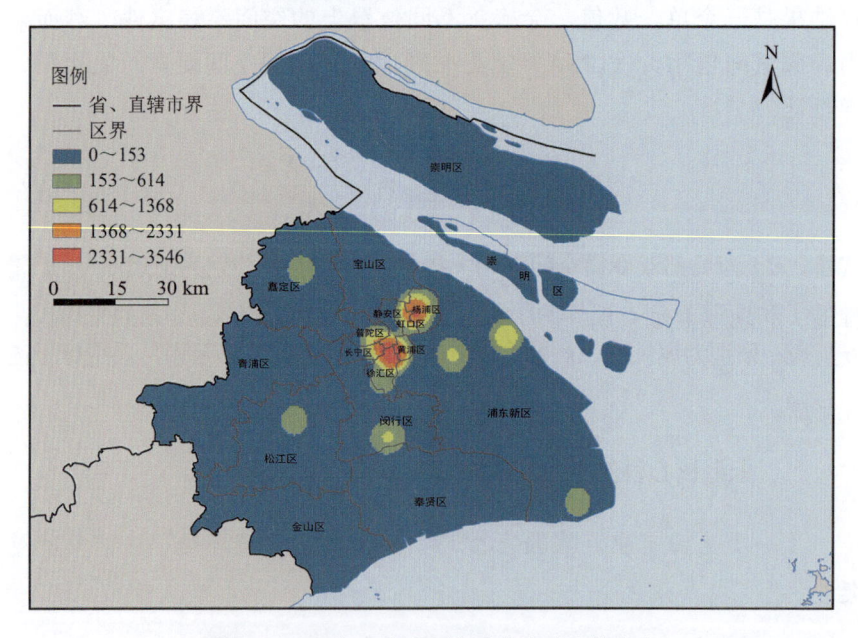

图 8-6　2019 年上海市国家重点实验室核密度

除上海中心城区外，上海市重点实验的分布在各区呈现片状集聚的空间形态，以嘉定区中部、南部，宝山区南部和浦东新区南部最为显著，呈现明显的距离衰减性，即距离中心城区越远的区域越难形成集聚的空间结构。

作为上海最核心地段的黄浦区，是上海绝对的中心之一，交通发达，路网通畅，出行方便，商业建设完善，汇聚顶流商业中心，拥有顶级医疗资源，上海最高档的住宅地区和最繁华的商业在此集聚，吸引了大量人才；徐汇区拥有浓厚的文化底蕴，其拥有的徐家汇更是改革开放的产物，同时拥有优越的教育资源，大力培育扶持电子信息、生物医药保健品等新兴产业；长宁区属于后起之秀，借助虹桥这一交通枢纽迅速发展，拥有上海最成熟的现代化商务区，外国领事馆、500 强企业等林立，对外籍人才拥有强大的吸引力；静安区拥有便利的交通和海派文化的底蕴，并且完整保留了老上海文化的精髓，加上全力推进"全球服务商计划"，从而形成全球影响力的高端服务业集群。杨浦区见证了上海百年来的发展历程，破旧立新，从老工业区转变为现在的宜居新貌，通过科技创新引领，动能转换加持，发展迅猛，同时引入新兴企业，吸引了各方投资，相比于其他地区更是积极建设国家重点实验室以提升区域影响力；闵行区交通方便，是上海对外交通枢纽，是外来精英的聚集地，据统计，闵行区人口仅次于浦东，并且有上海高校作为依托，也成为重点实验室选址的先决条件，形成"单核环绕"格局。

浦东新区西北部出现的单核圈层结构主要位于上海市张江高科园区，上海张江高科技园区作为浦东新区乃至上海的创新型产业集聚发展的重要基地，被定位为打造具有全球影响力的科技创新中心核心功能区，张江在主要由外高桥、金桥、康桥、南汇工业园和临港地区组成的由北向南的创新大网络中处于创新集群的地理与地位上的双重中心地位。张江高科技园区位于北部（包括外高桥、金桥）及南部（包括康桥、南江工业园和临港地区）创新集聚园区的中间，拥有与这些周边创新平台地理上的联结便捷性。同时，张江高科技园区依托金桥和外高桥自贸区制度创新优势，综合利用各个园区不同的产业集群优势，有重点有计划地推进张江高科技园区甚至是整个上海浦东创新大网络的高技术制造业和专业服务的协调融合发展，可见，张江高科技园区与其他成员之间紧密的相互依存关系构成了其在整个创新网络的中心地位。张江高科技园区正是借助其在网络中的双重中心地位，与其他成员之间具有频繁而密切的联系，从而形成以中心为主导型的创新网络结构。

相比 2012 年（图 8-5），2019 年上海国家重点实验室呈现"多核多区，单核环绕"的多中心圈层结构，且各圈层之间相互独立的空间结构，且在浦东新区出现双中心圈层结构，分别位于张江高科园区与张江城市副中心。

张江城市副中心建设有序推进，交通基础设施加快建设，高品质公共服务、地标性城市建筑等加快布局，产城融合程度进一步提升。交通体系更加高效便捷，龙东高架路主线竣工并通车，金科路改建工程开工建设，13号线（张江段）已投入使用，机场联络线（张江站）启动建设。教育、医疗、商业等功能配套日趋完善，上海科技大学附属学校建成招生，上海市质子重离子医院、上海国际医学中心等建成投用。城市活力日益凸显，张江科学城地标性建筑"科学之门"开工建设，张江科学会堂加快推进，张江科学城书房、未来公园等功能逐渐完善，张江戏剧谷启动全年演出。生态环境更加优美，川杨河两岸绿地、张江中南区门户等生态景观项目已基本建成，张江技创公园景观得到提升，张江主题公园对外开放，提供城市化的公共休闲空间。上海市浦东新区产业发展战略提出"全面增强科技创新竞争力"。优化创新创业生态。强化科技金融支撑，打造"产融创新走廊"，推进陆家嘴金融城与张江科学城"双城辉映"，构建覆盖科技企业全生命周期的金融服务体系，促进金融资源与科技产业的深度融合。

（二）上海市高校及科研院所呈"多核多区、单核环绕"格局

上海市高校及科研院所呈现"多核多区、单核环绕"的时空分布格局，与2019年上海市重点实验室分布基本一致（图8-7）。上海市高校科研院所集聚的主要核心位于黄浦区、普陀区、静安区、长宁区、徐汇区、杨浦区等上海市的中心城区。闵行区、松江区、宝山区、浦东新区、嘉定区、奉贤区等外围区域内形成了上海市科研院所集聚的多个次核心点，围绕中心城区的核心呈现圈层结构。位于上海市中心城区的主核心区域集聚有多校区高校92处，占据整个上海市多校区高校的42.79%；拥有科研院所125处，占据整个上海市科研院所的54.59%；其中上海市4所985高校均于主核心区建设了校区。主要次核心位于闵行区，闵行区拥有18处多校区高校和20所科研院所，占整个上海市的8.56%。具有多个次核心的浦东新区拥有35所多校区高校和41处科研院所，占据整个上海市高校和科研院所的17.12%，即浦东新区的高校和科研院所数量和所占比例高于闵行区，但由于浦东新区的高校和科研院所的位置更为分散，浦东新区的高校和科研院所集聚密度低于闵行区。

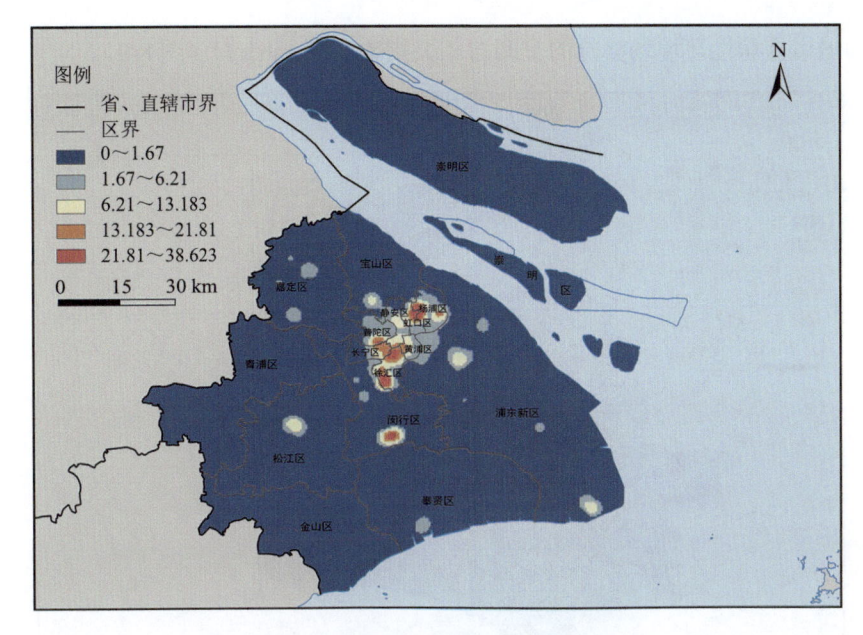

图 8-7　上海市高校及科研院所核密度

（三）上海市高新技术企业形成多中心圈层结构并沿主干道蔓延

上海市高新技术企业形成由中心城区向外围城区扩散的多中心圈层结构，且沿交通干线呈现连片蔓延的空间形态，上海市中心城区高新技术产业集聚又形成以普陀区为密度核心区向外围逐渐扩散的圈层结构，同时具有两个次中心圈层，分别位于浦东新区与闵行区（图 8-8）。其中密度核心区的集聚中心横向往浦东新区张江高科产业园、纵向往徐汇区漕河泾新兴技术开发区扩散，内圈层包含上海市普陀区，纵向顺着地铁 7 号线、1 号线向南北方向蔓延，而闵行区次中心圈层结构整体与普陀区中心圈层结构相对孤立，通过地铁 1 号线与密度中心相连。外围圈层沿着地铁 2 号线横向与浦东新区张江高科产业园相互连接，纵向沿着地铁 15 号线、地铁 9 号线分别蔓延至闵行区与松江区，上海市高新技术企业集聚总体上呈现连片蔓延的空间形态。

三、上海市典型科创平台集聚度与城市便利设施耦合性分析

基于上述对上海核心科创平台的格局分析，选取典型科创平台分析其集聚度，结合城市宜居性环境场势能的关联程度，在 ArcGIS 10.2 软件中获得科创平台集聚度与城市宜居性场势能叠加栅格图层，在 GeoDa 1.4.6 软件中以高新技术产业集聚度和城市宜居性环境场势能为变量获得科创平台集聚度

与城市宜居性环境场势能的空间自相关指数（Moran's *I*）（图 8-9）。

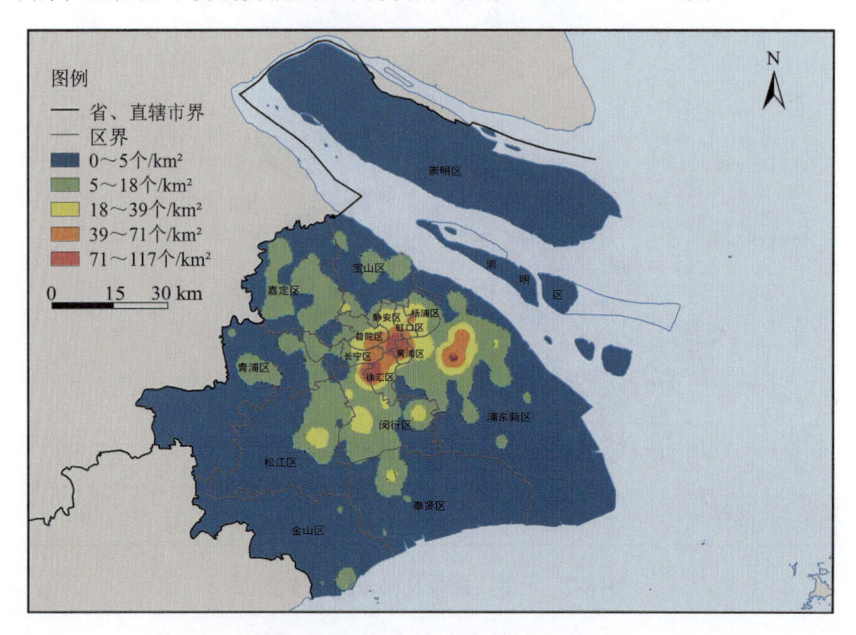

图 8-8　上海市高新技术企业核密度

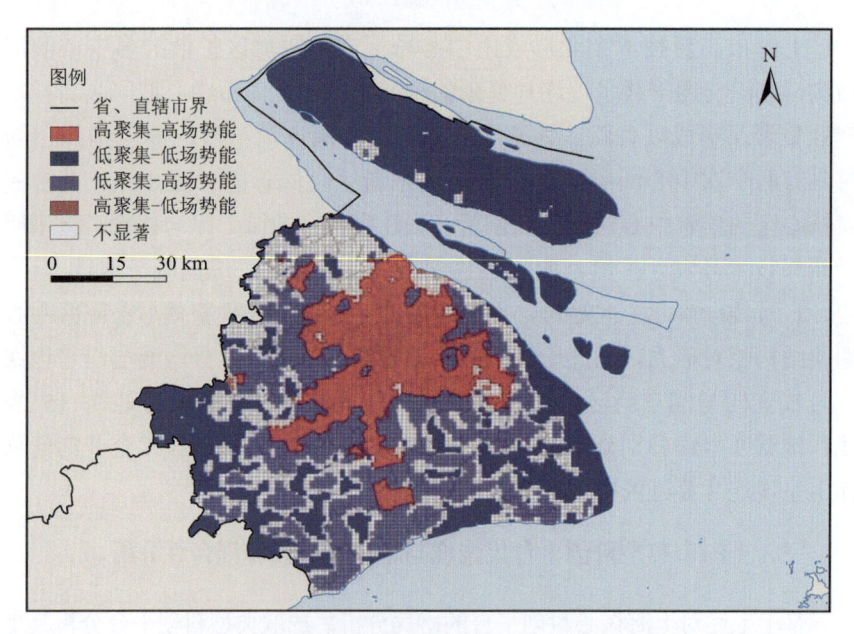

图 8-9　科创平台集聚度与城市宜居性耦合格局

从耦合格局图中可以看到上海市典型科创平台集聚度与城市宜居性环境场耦合度存在集聚区，整体看以高新技术企业为代表的科创平台集聚度与城市宜居性环境场势能的空间耦合性较为一致。高集聚—高场势能值与低集聚—低场势能值是两类主要空间关联模式，低集聚—高场势能值分布于高集聚—高场势能值外围，高集聚—低场势能值几乎较少分布。高场势能值地区基本分布于城市宜居性环境场势能高值核心区，低集聚—低场势能值地区则分布于外围区，即双变量局部空间自相关结果具有城市宜居性环境场势能的高值指向性与外围圈层的低值指向性特征，而其他类型集聚区主要位于城市宜居性环境场势能高低值的过渡区。上海市城市宜居性环境场势能呈现单中心圈层结构，以中心城区所在区域为核心高值区，城市基础设施便捷性随着中心城区向外距离的增加使城市宜居性环境场势能呈现"高—低—次高—低"的圈层结构。

具体看，中心城区、松江新城、闵行紫竹工业园以及张江高科等承担上海市主要科创功能发展地区的城市基础设施便捷性均得到较好的配套，能够满足高新技术企业、重点科创平台及人才集聚的需求，但宝山、嘉定与江苏昆山接壤部分地区、松江奉贤南汇等地区的非建设用地部分为低集聚—高场势能地区，其中宝山、嘉定与昆山交界处的企业集聚度与宜居性耦合程度需得到关注，该地区为上海市先进制造业基地集中分布的重点地区，需要进一步强化高新技术企业的集聚性。在低—低集聚的地区中包括临港自贸区，表明临港自贸区暂未被较好的开发。总体而言，上海市重点科创平台与城市宜居特征耦合程度基本处于协调状态，但宝山、嘉定新城需要进一步提升对高新技术产业的吸引力，南汇新城等地区仍需强化基础设施便捷性的推进。

重点实验室集聚度与城市宜居性耦合格局图显示上海市重点实验室集聚度与城市宜居性环境场耦合度存在集聚区，整体看重点实验室集聚度与城市宜居性环境场势能的空间耦合性存在差异（图8-10）。高集聚—高场势能值与低集聚—低场势能值以及低集聚—高场势能是主要空间关联模式，大部分区域的耦合性不显著。其中低集聚—高场势能值分布于高集聚—高场势能值外围，没有高集聚—低势能值区域。高场势能值地区基本分布于城市宜居性环境场势能高值核心区，低集聚—低场势能值地区则分布于外围区，即双变量局部空间自相关结果具有城市宜居性环境场势能的高值指向性与外围圈层的低值指向性特征，这一特征与高新技术企业和城市宜居性耦合格局相似。而其他类型聚集区主要位于城市宜居性环境场势能高低值的过渡区。上海市城市宜居性环境场势能呈现单中心扩散结构，以中心城区所在区域为核心高值区，重点实验室随着中心城区向外距离的增加使城市宜居性环境场势能呈现"高—低"的扩散结构。

具体看，中心城区、嘉定、闵行等承担上海市主要科创功能发展地区的重点实验室均得到较好的配套，能够满足重点实验室、高新技术企业、重点科创平台及人才集聚的需求，但在宝山、江苏昆山接壤部分地区，松江奉贤南汇等地区为低集聚—高场势能地区，其中宝山、长宁部分区域的重点实验室与宜居性耦合程度需得到关注，该地区为上海市先进制造业基地集中分布的重点地区，需要进一步强化高新技术研发部门和实验室的集聚性。在低—低集聚的地区中包括崇明、青浦以及奉贤等区靠近上海边界的地区暂未被较好地开发。总体而言，上海市重点实验室与城市宜居特征耦合程度基本处于协调状态，但在市区边界地区需要进一步提升对重点实验室的吸引力和城市配套建设。

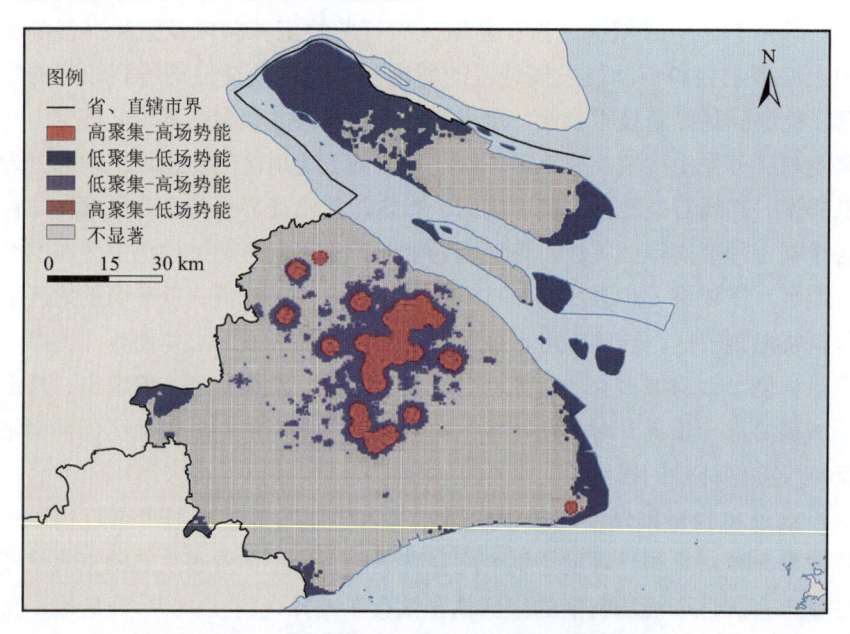

图 8-10 重点实验室集聚度与城市宜居性耦合格局

从高校科研机构集聚度与城市宜居性耦合格局图中可知上海市高校科研机构集聚度与城市宜居性环境场耦合度存在较大范围的集聚区，整体看高校科研平台集聚与城市宜居性环境场势能的空间耦合性较为一致（图 8-11）。高集聚—高场势能值与低集聚—高场势能值是两类主要空间关联模式，其中低集聚—高场势能值分布于高集聚—高场势能值外围。高场势能值地区基本分布于城市宜居性环境场势能高值核心区，低集聚—低场势能值地区则分布于外围区，即双变量局部空间自相关结果具有城市宜居性环境场势能的高值指向性与外围圈层的低值指向性特征，而其他类型聚集区主要位于城市宜居性环境场势能高低值的过渡区以及城市边界处。上海市城市宜居性环境场势能呈现单中心结构，以中心城区所在区域为核心高值区，城市基础设施便捷性随着中心城区向外距离的增加使城市宜居性环境场是能呈现"高—低"的扩散结构。

具体看，中心城区大学集聚区、松江大学城、闵行紫竹工业园上海交大片区、奉贤海湾大学城等以高校为依托的科研机构承担上海市主要科创功能发展地区的城市基础设施便捷性均得到较好的配套，能够满足高新技术企业、重点科创平台及人才集聚的需求，但在高度耦合的区域外围围绕着低集聚－高势能地区，其中宝山、嘉定与昆山交界处的企业集聚度与宜居性耦合程度需得到关注。低—低集聚的地区分布较少。总体而言，上海市高校科研机构与城市宜居特征耦合程度基本处于协调状态，但嘉定、青浦、松江、金山等区域以及上海市边界处仍需强化城市宜居性政策的推进。

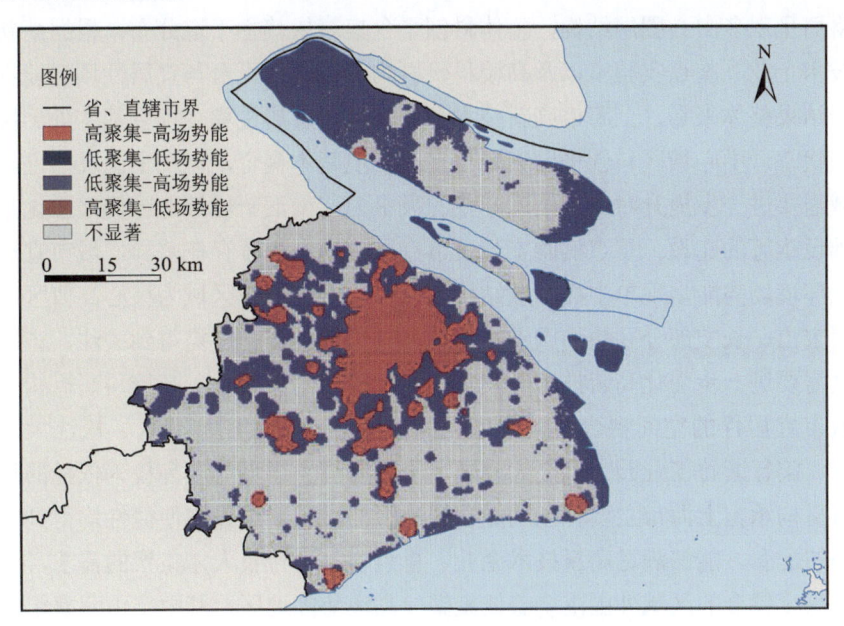

图 8-11 高校科研机构集聚度与城市宜居性耦合格局

第四节 本 章 小 结

一个对各类人才更具吸引力的科创平台除了资源和技术之外还需营造宜居宜业的社会生活环境。城市环境质量、基础公共设施、社区居住环境等宜居环境因素越来越成为科创平台集聚的重要影响因素。本章引入环境场势能概念，构建了以社区生活环境、基础设施环境、科创氛围环境以及创新要素环境为主的宜居性环境场势能因子，在核密度分析方法的基础上定量测度上海各类宜居性环境要素的空间分布特征，并整体分析了上海宜居性环境整体空间特征。随后采用双变量空间自相关研究判断上海市高新技术企业集聚度，最后结合城市宜居性环境分析，分析上海核心科创平台集聚与城市宜居性环境的耦合程度、空间相关性及空间分异。

研究结果显示，上海城市宜居性环境整体呈现由中心城区向外围城区扩散的空间集聚模式。其中科创氛围与创新要素呈现多中心模式，而核心集聚区的基础设施以及社区居住等基础性环境要素集聚度更高，科创宜居性环境集聚度较低。上海核心科创平台整体呈现多中心模式，其中上海市重点实验室空间集聚呈现"一核多区，单核环绕"的模式，并与新型产业区位分布基本耦合；上海市高校及科研院所呈"多核多区、单核环绕"格局，与上海市重点实验室分布格局基本一致；上海市高新技术企业空间格局呈现多中心圈层结构，整体科创平台集聚依赖主干道分布。根据高新技术企业、重点实验室以及高校科研机构三类科创平台与宜居性场势能耦合结果整体来看，上海市高新技术企业与城市宜居性耦合程度基本处于协调状态，中心城区科创平台集聚与宜居环境基本耦合，但在宝山及嘉定新城需要进一步提升对高新技术产业的吸引力，南汇新城等地区仍需强化基础设施等的建设；重点实验室与城市宜居性耦合程度存在差异，城市宜居性环境场势能呈现单中心扩散结构，以中心城区所在区域为核心高值区，而宝山、长宁部分区域的重点实验室与宜居性耦合程度需得到关注，该地区需要进一步强化高新技术研发部门和实验室的集聚性；高校科研机构与城市宜居性的空间耦合协调程度较高，中心城区大学集聚区、松江大学城、闵行紫竹工业园上海交大片区、奉贤海湾大学城等以高校为依托的科研机构承担上海市主要科创功能发展地区的城市基础设施便捷性均得到较好的配套，能够满足高新技术企业、重点科创平台及人才集聚的需求，但在高度耦合的区域外围围绕着低集聚—高场势能地区，其中宝山、嘉定与昆山交界处的企业集聚度与宜居性耦合程度需得到关注。

第九章 上海科创中心的建设路径

上海作为国际经济、金融、航运和贸易中心,将"建设卓越的全球城市"作为城市发展规划的重点和目标。从自由贸易试验区到科技创新中心,上海在建设科创中心的道路上不断探索。但与其他全球城市相比,上海在融入全球科技创新网络方面仍任重道远。同时,前面部分的研究表明上海科创中心城市建设还面临科创资源配置效率不高、宜居性科创环境建设不完善等内循环障碍。因此要建成接轨全球创新网络发展的科创中心,上海必须打破国内国际创新双循环的壁垒,以创新示范区为载体提升上海的核心竞争力。

第一节 科创中心建设路径的锁定

萨斯基娅·萨森(Saskia Sassen)在20世纪90年代提出了全球城市的概念,并分析了全球城市存在的重要意义。尽管城市的面貌大多相似,但全球城市在专业分工上有很大的不同。作为跨国公司的所在地,全球城市不仅是地理位置上的中心,还与经济和社会带的跨区域网络相关(胡以志,2009)。起初,全球城市强调对以金融资本为主的国际枢纽的控制功能和服务功能。但金融危机对以纽约为代表的全球城市的经济实力、对外影响力甚至社会结构等方面造成了巨大的影响(盛垒等,2015)。金融危机后,全球城市的科技创新及其产业化的功能逐渐进入人们的视线。2009年纽约发布多样化城市项目,随后伦敦、东京等全球城市相继提出建设全球科技创新中心的规划。以科技创新推动全球城市建设已然成为城市发展的必然趋势。

为顺应新发展趋势,我国也积极建设科技创新中心城市,"十四五"规划明确指出要着力打造北京、上海、粤港澳大湾区三个具有国际影响力的国际科技创新中心。京津冀、长三角和珠三角城市群根据自身发展实际形成了不同的科创中心建设路径。首先,北京作为全国科技创新中心建设的主要载体,政府在其运作模式中发挥了突出作用,形成了以重大基础问题研究为主要突破口的科技创新人才驱动模式(图9-1)。政府通过资源统筹调配、强有力的财政支撑，以区域内高校和科研院所为依托，大规模集聚全国乃至全球顶尖科技创新人才，进行重大基础科学问题攻关。同时将基础研究知识外溢，与产业发展、金融服务等方面深度结合，培养一批掌握高端核心科技的企业，实现知识到产品的转化。

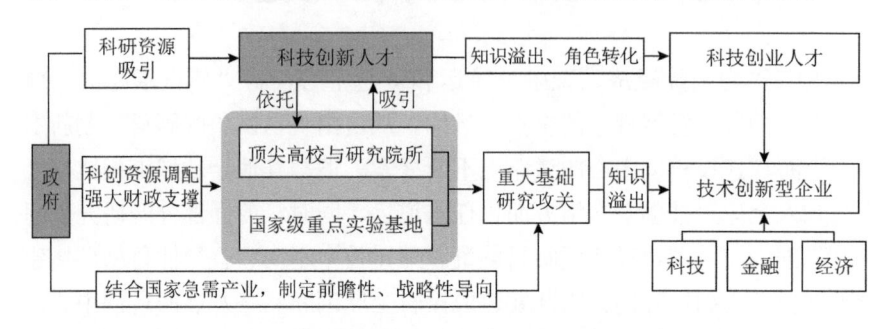

图 9-1　北京市创新系统作用路径

对比之下，深圳作为粤港澳大湾区科创建设的核心城市，科技创业人才发挥关键带动作用，创新系统以科技创业人才为核心形成以市场为主导的科技创业驱动型创新生态（图 9-2），政府以服务者、监督者和向导角色围绕科技创业人才需求制定导向型、服务型政策，以宽松的制度环境和活跃的创新氛围吸引科技创业人才大量集聚，把控基本产业结构导向并搭建科技创新人才集聚载体。

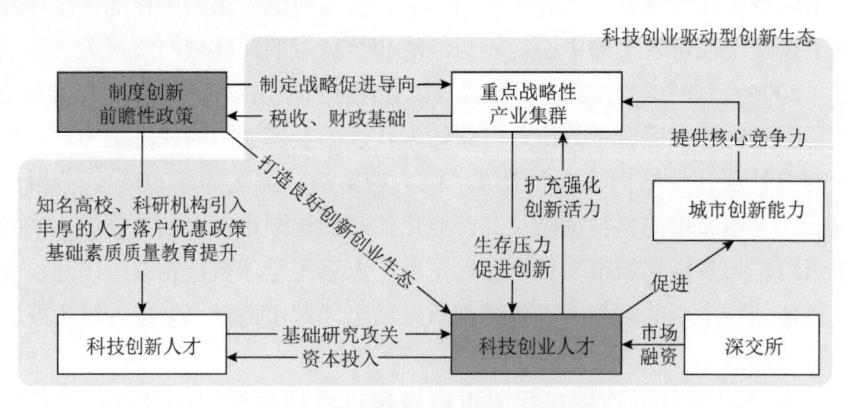

图 9-2　深圳市创新系统作用路径

不同于北京、深圳，上海以建成全球城市为使命，"国家队、国际队、民营队"协同创新。《上海市城市总体规划（2017—2035 年）》明确将"迈向卓越的全球城市"作为未来城市发展的目标。与此同时，《面向未来 30 年的上海》也将发展重点放在了建立全球城市上。作为国家经济中心，上海积极承担全国改革开放排头兵、科学发展先行者的历史使命；作为国内国际双循环的节点与跳板，上海积极融入全球创新网络；作为我国科技创新主阵地，上海积极强化企业创新主体地位，推动企业尤其是外资企业先进技术的引入和溢出。除金融、贸易、航运和经济中心之外，上海正打造的全球科技创新中心被视为其城市建设的第五个重点，并在科研基础、制度政策以及空间布局等层面形成了独具上海特色的建设路径。

第二节 融入全球科技创新网络的上海市科创中心战略

全球创新网络（Global Innovation Networks，GIN）最初指的是在经济全球化的背景下创新企业在高度开放性的全球价值网络中寻求可用资源的一种创新模式。随着经济全球化和科技创新国际化的发展，这种模式已然成为企业开放的普遍趋势。科创中心也随着企业开放主动或被动卷入全球创新网络，没有科技创新中心可以孤立存在，都必然与其他科技创新中心产生国际联系。因而，要实现科创中心的可持续发展就必须通过加强与其他国家的交流合作，将人类文明的有益成果加以利用并深入转化成科学技术。但创新企业或国家科创中心在借助全球创新网络共享创新资源时，势必要考虑到不同区域和国家的创新环境。从有边界的创新到无边界的创新，全球范围内的创新资源共享必将受到各国经济、文化、法律、政治等因素影响，创新企业的内部系统和创新模式都需因地制宜做出改变。鉴于此，上海建设科技创新中心需基于自身发展需求与全球创新网络冲击的综合考虑，从科研基础、制度政策以及空间布局等层面作出调整以适合上海市城市功能定位的发展策略。

一、科研基础：全球科技创新网络下的产学研融合

创新人才是国家科技创新的必要条件。2012 年我国教育部和财政部联合发布的《关于实施高等学校创新能力提升计划的意见》明确指出要"以人才、学科、科研三位一体的创新能力提升为核心，充分利用高等学校已有的基础，汇聚社会多方资源，大力推进高等学校与高等学校、科研院所、行业企业、地方政府以及国际社会的深度融合"，2015 年发布的《国务院办公厅关于深化高等学校创新创业教育改革的实施意见》也明确指出目前高校缺乏创新创业教育理念，专业与实践存在脱节现象，这直接导致了创新成果转化程度不足。目前我国虽然在创新人才培养方面已取得了丰硕的成果，但无论从理论上还是实践上都缺乏企

业视角（李建忠，2013），企业作为创新主体的战略定位在科研领域的体现并不突出。

在培养创新人才方面，美国研究型大学的模式值得我们学习借鉴。一方面，美国模式更注重提升学生跨学科研究能力与实践能力，并积极开展创业教育，搭建创新学习平台，以促进创新成果产业化（吴雪萍和袁李兰，2019）。与此同时，美国研究型大学创建的公司也致力于为国家技术创新提供核心动力，许多先进技术和仪器设备研发都起源于美国的研究型大学。另一方面，企业与研究型大学的合作相待而成。企业为大学提供外部资源和资金支持，重点资助市场前景良好产业的课题，将创新成果直接纳入产业链中，企业因此而受益（图 9-3），如普林斯顿大学在校内建立联合研究中心，让企业在研究的早期阶段直接参与讨论，这样既规避了创新成果无法投入产出的风险，更推动了解决实际社会问题所需要的创新技术的发展。像这样的"产—学—研"结合的科研培育模式在美国国家创新体系建设中也起到了重要的支撑作用。

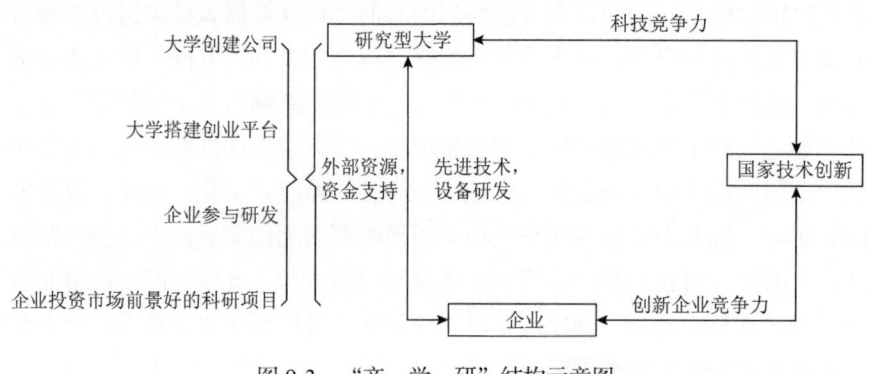

图 9-3 "产—学—研"结构示意图

基于此，要培育科技创新发展的科研基础必须要从人才培养入手，转化教学模式，提高跨学科课程设置，培养人才创新创业意识。同时要从制度和资金上鼓励"产—学—研"培养模式，整合资源以建立密切合作关系，政府提供政策和资金支持；企业提供实践平台和市场信息；高校提供理论基础和技术指导，输送人才形成良性循环。

二、制度政策：全球科技创新网络下的创新双循环

在有限全球化的后疫情时代，为限制中国高科技发展，以美国为首的西方国家利用其出口管制等武器，对我国企业和科研机构的制裁打压不断加码。虽然不论是生物医药、集成电路还是人工智能，上海的高新技术

产业在一定程度上已经成了全球资源配置枢纽。但要建成具有全球影响力的科技创新中心、成为全球创新网络的节点城市，上海除了关注创新资源之外还必须从创新网络的全球循环入手。

日本东京作为亚洲的全球城市和全球创新网络节点，其城市建设模式具有一定的参考价值。日本从制度入手，采取了国家、地方和企业三位一体的国家战略特区决策机制，为科技创新规划提供了制度保障。如图 9-4 所示，在日本的国家战略特区决策机制中，所有特区的规划建设由日本国家战略特区总部提出，经过特区会议讨论并由内阁大臣批准生效，其中特区会议包括国家、地方和企业三方代表。这种多重结构的管理机制为东京国际创新基地建设提供了高效保障。同时，东京抓住了自有企业的优势，快速布局海外投资，由单方面向海外技术转移逐渐转向双向流动，这直接为东京带来了与海外研发中心平等的决策权（春燕，2019）。基于以上分析，东京成为全球创新网络节点是其内部与外部共同努力的结果，以政策和管理制度为基础，以自有企业和优势技术为桥梁，主动融入海外研发布局，再将海外技术反馈到内部建设，最终形成了全球创新节点城市。这为中国内部创新网络的构建提供了思路。

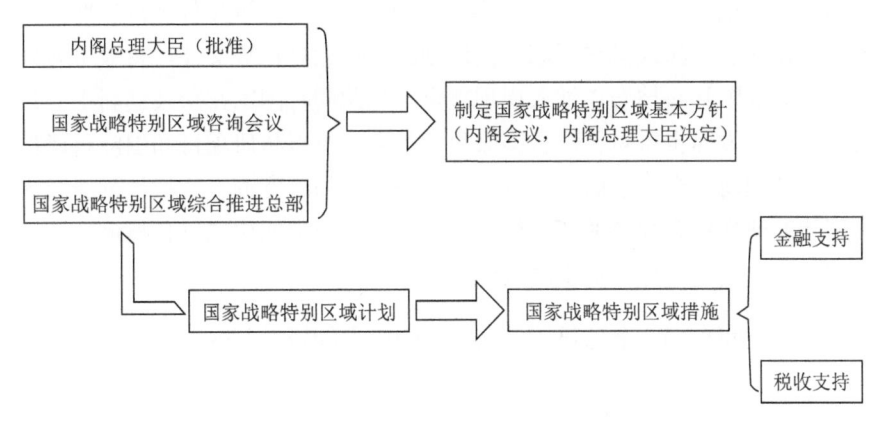

图 9-4　日本国家战略特区决策机制

然而，不同于日本，目前我国创新研究基础相对薄弱，原始创新和工程技术等领域的核心技术难题远未攻克，因而我国对全球科技创新的整体贡献还缺乏足够的竞争力。因此，要想把基础科学、技术科学和工程技术这三种创新网络要素联系起来构成循环就必须顺应全球创新网络，建设创新节点城市（图 9-5）。基于此，在自身创新技术所需的基础科学欠缺的情况下，利用国外的先进技术进行深入和再创新成为可以努力的方向。中国要建成完整的创新网络必须积极融入全球科技创新网络，积极鼓励全球范围的人才交流，引进国外科研成果并内化为已有的技术优势，最终产出工程技术（杨中楷等，2021）。此外，按照经济双循环的逻辑，要实现创新网络国内循环为主体，国内国际双向循环，就必须建设双循环的节点城市。

```
┌──────────┐    ┌──────────┐    ┌──────────┐
│  基础科学 │──→ │  技术科学 │──→ │  工程技术 │
└──────────┘    └──────────┘    └──────────┘
                                              国内
┌──────────┐    ┌──────────┐    ┌──────────┐
│  基础科学 │──→ │  技术科学 │──→ │  工程技术 │
└──────────┘    └──────────┘    └──────────┘
                                              国外
```

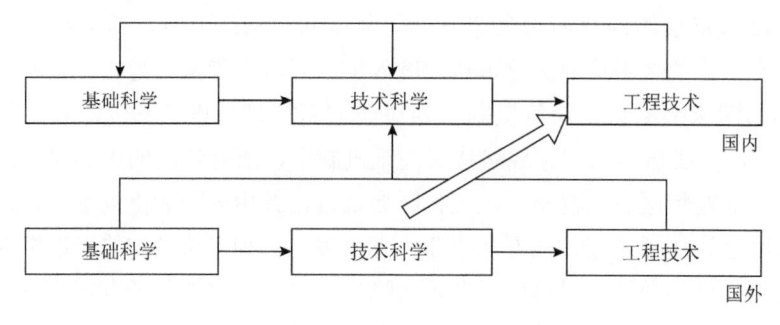

图 9-5　科技创新国内国际循环机制

综上，上海应以制度创新保障科技创新，在从宏观管理层面为科技创新双循环提供指引的同时，积极鼓励国际科技合作，吸引包括创新人才、跨国公司、跨国科研项目等在内的全球创新资源，保证以技术科学为核心的科技创新知识供应链的完整。为此，上海市发布《上海市建设具有全球影响力的科技创新中心"十四五"规划》、科技部发布《科技部关于推进外籍科学家深入参与国家科技计划的指导意见》等文件，将吸引海外人才和鼓励国际科技合作纳入规划重点。与此同时国家在科技创新中心建设资金投入方面也重点关注了国家科学基金、重点科研项目和国际科研机构等科技创新平台。然而，在世界政治经济格局深度调整、科技创新成为大国战略博弈重要战场的新形势下，上海应进一步加快完善科技创新体制机制，为建成全球城市提供制度保障。

三、空间布局：全球科技创新网络中自主创新示范区

在全球经济发展的新格局下，产业升级能成为驱动城市发展的关键引擎。科技创新作为推动产业能级提升的核心，将为城市发展提供持久动力。科技创新空间应运而生。科技创新空间是以研究开发等生产手段为主导的聚集科技创新产业活动的空间场所。科技创新空间的规划和建设起源于 1951 年美国斯坦福大学创办的斯坦福工业园。世界范围内的科技创新空间建设从 20 世纪 50 年代开始到 21 世纪高速发展，大致经历了由斯坦福工业园为代表的生产研发集合模式到以美国硅谷为代表的高科技园区模式再到日本筑波科学城为代表的科学城区模式（陈亚斌和刘曦婷，2019）。受到城市转型、产业升级等因素驱动，科技创新空间在世界范围

内有了新的发展，高密度城市建成区正成为科技创新企业区位选择的新趋势，如英国伦敦东区、纽约硅巷、旧金山地区等。据统计，2010~2013年旧金山设有办事处的科技公司总量增长了 40%；而伦敦东区的"硅环岛"则成为欧洲成长最快的科技枢纽。这些地区的共同特征是具备了科创活动需要的三大要素：一是由创新主体、科技平台及服务平台构成的创新经济要素；二是由公共、私人及与大都市区连接的物理空间要素；三是强化个体、企业等行为体之间的线上和线下的网络联系要素（陈亚斌和刘曦婷，2019）。而在空间布局上，位于城市中心的科创空间倾向于以汽车社会以前的城市设计为原则，注重步行空间及公共交往空间，此外，还强调混合功能开发以及与城市服务配套的紧密连接。

上海在借鉴全球科技创新空间建设路径的基础上结合自身实际，由点到面，形成了独具特色的科技创新示范区发展路径。从产业园区到现在的张江科技城，上海的科技创新空间已经产生了辐射带动作用。1992 年上海张江高科技园成立，为了进一步建设具有国际竞争力的高科技园，2002~2005 年张江高科技园提高了对研发、孵化和创新功能的建设投入。2011 年，经国务院批准，上海张江国家自主创新示范区成为国家第三个自主创新示范区，赋予了张江深化改革、先行先试的使命，使得张江高新区成为上海科创中心建设的关键和核心。2020 年 1 月上海市人民代表大会通过《上海市推进科技创新中心建设条例》，明确指出要将张江国家自主创新示范区建成高新技术产业和战略性新兴产业集聚发展的示范区。此外，张江国家自主创新示范区还以建成科学特征明显、科技要素集聚、环境人文生态、充满创新活力的国际一流科学城作为重点。截至 2022 年张江创新示范区共拥有 1700 余家研发机构、300 余家公共服务平台、近 7 万家科技创新型企业其中高新技术企业 3982 家、从业人员 220 万人左右、有效发明专利 5.91 万件。当下，张江已经形成生物医药、信息技术、节能环保、高端装备制造、新材料、新能源、新能源汽车、文化科技融合产业和现代服务业等 9 大产业集群。2012 年数据显示，示范区管理范围内第二、第三产业销售总收入 1.88 万亿元，增加值 3300 亿元，出口额 575 亿美元，税收 980 亿元，有效期发明专利 22000 余件（占上海市拥有量的三分之二以上）。

基于此，上海市在未来建设科技创新中心的过程中，首先要积极建设国家重大科技基础设施，引导集聚高水平的高等院校、科研机构和企业研发中心，吸引全球高层次人才创新创业。由科技创新产区到科技创新城区，上海必须具备科技创新发展所需的基础设施和科研环境。其次，在互联网时代，新一代的创新研发已经无法在单一领域完成，跨学科创新活动模式已经成为必然趋势。因此，要建立可持续的创新示范区必须顺应创新活动模式的改变，上海市需要进一步提高创新示范区的自主管理权限，简化创新建设项目审批制度，推动科技创新建设机构的多学科交叉前沿研究。

第三节　上海科创中心的核心节点及其空间孕育机制

从全国范围来看，快速城镇化导致了国内经济发展面临较大的下行压力。不论是土地、资源、环境等生产要素还是人口容量都表现出了张力不足的问题。集约发展、高科技含量发展、高附加值发展已经成为城市可持续发展的必经之路。作为国家经济中心、长江经济带龙头以及"一带一路"重要节点的上海，也不例外地面临上述张力不足的问题。在经济转型升级的关键时期，如何集中各类创新资源要素实现新旧增长动力转换、如何将科技创新成果内化为高技术含量、高附加值的产业已成为上海今后一段时间所面临的重要课题。作为创新活动的载体，土地配置无疑会在上海经济转型升级中发挥重要的作用。因而，上海建设具有全球影响力的科技创新中心除了顺应全球创新网络提高自身科技竞争力之外还需要从创新空间孕育机制方面入手。上海需以建成宜居型创新城市为整体目标，抓住张江科技城的优势，提高创新活动的空间辐射能力，在产城融合的趋势下创新空间孕育机制需关注土地资源集约节约利用，消除功能边界，增加政策性租赁住房配置，建设宜居创新城。

一、围绕产业集聚形成三个张江"一心一城多园"空间载体

1991年3月，漕河泾新兴技术产业开发区经国务院批准成为全国首批国家高新区之一。1992年始，上海陆续将知识经济集聚的区域纳入上海市级高新区，先后成立了张江高科技园、金桥园等高科技园区。同年7月，张江高科技园出台《张江高科技园区土地调整结构规划》，将园区划分为高科技产业研究区与开发生产紧密结合产业区、科技产业出口加工区、科研教育以及居住生活区，形成了以厂区集合为主的空间特征。2006年3月，经国务院批准，上海各高科技园整体更名为"上海张江高新技术产业开发区"，2011年1月，国务院批复同意支持上海张江高新技术产业开发区建设国家自主创新示范区。随着上海科技创新示范区建设步伐的加快，张江高新区从1园、2园、6园、8园、12园、18园发展到目

前的 22 园，总面积 531 平方公里，覆盖全市 16 个行政区。自此，张江高新区已经逐渐成为上海科创中心建设的核心区域。

目前，上海科技创新建设正围绕着"三个张江"的"一核一城多园"模式展开。其中"一核"指的是张江综合性国家科学中心，是上海科创中心建设的关键举措和核心任务。张江综合性国家科学中心不仅以张江地区为核心承载区，同时也面向全市作总体布局。其建设的主要目的是提升科技创新策源能力，发挥上海优势，代表国家在更高层次上参与全球科技竞争与合作。其建设的重要内容包括国家实验室、国家重大科技基础设施、高水平科研机构以及未来的大科学计划等。"一城"即张江科学城，是张江综合性国家科学中心的核心承载区，也是张江示范区的核心园。张江科学城位于上海市中心城东南部，浦东新区的中心位置，其规划范围北至龙东大道、东至外环—沪芦高速、南至下盐公路、西至罗山路—沪奉高速，是浦东新区中部南北创新走廊与上海东西城市发展主轴的交会节点。"多园"即张江示范区的 22 个分园，这些园区分布在全市各区，包括嘉定园、临港园、闵行园、漕河泾园、松江园、徐汇园等，都是科创资源的主要集聚地和科创中心的重要承载区。

张江综合性国家科学中心、张江科学城、张江示范区都是上海科创资源的重要承载区域，三者相互依存、联动发展。首先，"三个张江"在体制机制上是整合联动发展的关系。上海科创办就是很好的例子，实现了"三个张江"的机构职能整合，并形成了"四合一"管理模式。其次，"三个张江"在政策上联动。张江科学城先行先试部分政策，在政策执行过程中进行有益尝试，抓好政策落实，并对落实中遇到的新情况新问题，及时研究、提出对策、积极化解，待成熟后向具备条件的园区推广。最后，"三个张江"在产业联动上发挥着重要示范作用，围绕"张江研发+上海制造"，建立园区之间产业转移承接机制。目前，上海正在推动张江与奉贤、金山等园区在生物医药领域的产业联动。

二、集约节约土地资源，消除土地利用边界

土地是形成和调整产业结构的基本载体，土地配置方式直接影响着区域的经济发展格局。在我国，城镇土地属于国家所有。随着城市化进程的快速推进，有偿性的国有建设用地使用造成了低效的土地利用。早在 1990 年，我国就开始针对土地供给进行了一系列宏观调控，调整了土地增值税，对土地开发转让和交易的增值收益进行了规范（马军杰等，2019）。但在上海，高密度的经济生产组织和人口偏好为城市土地的承载

力增加了压力，同时也影响着城市空间的有效利用和经济增长。目前，上海正面临着城市转型的挑战。

为了减缓土地承载压力，上海城市建设的重点也出现了向郊区转移的趋势。纵观世界上其他全球城市创新空间建设过程，从产区到城区的建设都经历了由交通导向的低密度布局到产城融合的多功能高密度布局的过程。目前上海以张江科技城为主的创新科技区也在逐渐向产城融合靠拢。当前位于上海近郊的众多产业园区已经成为了创新活动和产业结构转型的主体。因此完善有利于创新活动的用地制度，形成高效的创新生态空间具有非常重要的意义。然而，我国目前正处于快速城镇化的阶段，城市发展高度依赖于向外扩张，大量土地的占用，投机式的土地交易以及各类市场化的建设活动不仅造成了土地的闲置和浪费，也引发了一系列经济、社会和环境问题。创新产业园选址聚焦于房价相对低廉的郊区，尽管提供了就业机会，但较长的通勤时间和单一的产业园结构不仅导致一部分人才流失，而且造成了大量的资源浪费。对地方政府来说，土地公有制度使得一些地方政府得以依靠出让土地使用权获得的收入来维持地方财政支出，无论是划拨用地还是用地出让，都无法做到土地节约集约。公共建筑及部分观赏性建筑对土地的过度占用也在一定程度上影响了土地利用的效率。

为推进土地节约集约利用，2017 年上海市人民政府办公厅印发了符合上海市城乡规划和土地利用规划的适用于工业、研发用地的《上海市加快推进具有全球影响力科技创新中心建设的规划土地政策实施办法》（简称《实施办法》）。《实施办法》提出了科技中心建设的土地政策要以加快推进优化科研创新空间格局，保障国家科学中心和重大科技基础设施建设，支持产业园区转型建设科研创新功能承载区，提升科技研发和实体产业能级等为实施重点。此外，《实施办法》指出，支持园区平台建设并持有标准厂房、通用类研发等物业，用于研发中心、研发公共服务平台、开放式创新平台、众创空间等新型服务平台，孵化扶持科技研发机构和企业创新创业发展。如新增标准厂房类工业用地、通用类研发用地出让给园区平台，可按照产业项目类工业和研发用地供地方式供应；标准厂房类工业用地出让价格不得低于相同地段工业用地基准地价的 70%，通用类研发用地出让价格不得低于相同地段产业项目类研发用地基准地价的 70%。此外，还鼓励园区平台采用先租后售方式提供产业用房，并支持园区平台收购企业节余工业用地，用于建设标准厂房、通用类研发物业，收购企业节余土地纳入土地交易市场实施，土地收购价格可以在原出让价格基础上，增加适当的财务成本和管理费用，原则上不得高于上一年度区域内的产业项目类工业用地平均价格。

此外，对于已有土地的整合和土地结构的规划也是上海建设科技创新中心要解决的问题。除了从政策顶层布局入手之外，还要不断优化城市整体用地结构和布局，打破区域间各自为政的局面，加强区域之间的相互协作，避免重复设置和土地浪费。第一，建立完善的土地评估体系，简化土地分类管理，推广综合用地，鼓励复合用地建设。第二，提升创新产业园区内部的配套设施建设，在保证创新活动可持续发展的前提下提升产业区的"城市"功能。第三，打破严格划分功能区域的土地利用模式，消除用地边界，集聚创新产业和居民用地。

三、增加租赁住房供应，建设宜居创新城

科技创新人才引进和巩固必须要解决住房问题。随着房地产市场快速发展，我国的创新城市都面临着房价上涨及住房可支付性恶化的问题。这直接导致了创新型企业、创业公司以及创新人才的外迁。上海不断上涨的房价一定程度上影响了城市创新竞争力。随着上海周边城市创新能力的发展，越来越多的创新人才在选择居住城市的时候会把"宜居性"作为重要指标。这与强调以人为本，凸显人在城市建设、规划和管理中的主体地位（张文忠，2016）的宜居城市建设理论不谋而合。因而，城市的基础设施建设、土地配置模式和公共服务配置都需要把人当作服务对象，充分考虑居民的需求和行为活动特征。

要想吸引创新人才集聚，就需要重点考虑创新人才的需求和活动规律，而政策性人才住房首当其冲。当下，全球范围内不少城市已经从住房上入手，吸引创新人才集聚。美国波士顿就主张推进国际人才公寓建设，重点以出租的形式面向高科技研发和生产的人才。此外，有着适宜住房和优良生活品质的杭州在吸引创新人才方面表现良好，但政策性人才住房覆盖面仍非常小。其次，完善产业园区的租赁住房政策和服务配套设施是建设创新中心的重点。创新人才的年龄相对偏小，对生活服务存在依赖，且大多属于时间高敏感型，因而创新人才的住房保障需要配套服务业进行。2017年出台的《上海市加快推进具有全球影响力科技创新中心建设的规划土地政策实施办法》中明确指出要增加产业园区、科研创新聚集区和周边地区的租赁住房供应，筹措供应市场化租赁住房用地，支持园区平台在产业园区内集中建设单位租赁房，满足科技研发和创新创业人才的居住需求，促进职住平衡。此外，《上海市加快推进具有全球影响力科技创新中

心建设的规划土地政策实施办法》还支持各类科研机构和实体产业企业通过土地市场取得研发和工业用地。截至 2017 年，张江新增住宅建筑面积约 920 万 m^2，其中 890 万 m^2（超九成）将用于租赁住宅。"只租不售"新住宅用地的增加将在很大程度上缓解张江人才住房压力。

基于此，城区内部建设需要关注公共服务品质、交通枢纽地位及人居环境品质。首先，在公共服务品质方面，在有力地保障多样化住房供应的基础上，建设一批服务新城、辐射区域、特色明显的教育、医疗、文化、体育等高能级设施和优质资源，打造通勤时间 15 分钟以内的社区生活圈，最终实现公共服务优质均衡普惠；其次，在交通枢纽地位方面，要形成支撑 30-45-60 出行目标的综合交通体系基本框架，也就是说 30 分钟实现内部通勤及联系周边中心镇，45 分钟到达近沪城市、中心城和相邻新城，60 分钟衔接国际级枢纽；最后，在人居环境品质方面，形成优于中心城的绿色生态格局，骨干河道两侧和主要湖泊周边基本实现公共空间贯通，确立绿色低碳、数字智慧、安全韧性的空间治理新模式，从而实现现代化治理能力全面提升。

第四节 本章小结

在有限全球化的后疫情时代，科技创新作为全球经济新的增长点，已然成为国家和区域间竞争的重要支点。全球城市作为全球创新的策源地和集聚地，在全球科技创新争夺战中至关重要。为顺应新发展趋势，我国积极建设科技创新中心城市，"十四五"规划明确指出要着力打造北京、上海、粤港澳大湾区三个具有国际影响力的国际科技创新中心。不同于北京、深圳，上海以建成全球城市为使命，形成了独具上海特色的科创中心建设路径。

一方面，上海积极融入全球科技创新网络，不断提高自身科技竞争力。在夯实科研基础方面，上海积极借鉴美国研究型大学的模式，形成了人才、学科、科研三位一体的培养模式；在制度及政策制定方面，上海积极效法东京，从制度入手，在宏观管理层面为科技创新双循环提供指引的同时，积极鼓励国际科技合作，吸引包括创新人才、跨国公司、跨国科研项目等在内的全球创新资源，保证以技术科学为核心的科技创新知识供应链的完整；在空间布局方面，上海在借鉴全球科技创新空间建设路径的基础上结合自身实际，由点到面，形成了独具特色的科技创新示范区发展路径。

另一方面，上海从创新空间孕育机制入手，形成三个张江的"一心一城多园"空间载体布局。在整合已有土地和规划土地结构的基础上，为推进土地节约集约利用，上海市积极优化科研创新空间格局，保障国家科学中心和重大科技基础设施建设，支持产业园区转型，建设科研创新功能承载区，不断提升科技研发和实体产业能级。此外，为吸引创新人才集聚，在充分考虑创新人才的需求和活动规律的基础上，上海城区内部建设积极关注公共服务品质、交通枢纽地位及人居环境品质，加速建成宜居创新城。

第十章 人才与宜居驱动全球科创中心成长的上海进路

面对百年未有之大变局,科技创新是其中一个关键变量。国家赋予上海建设具有全球影响力的科技创新中心的重大使命。上海市作为全国最大的经济中心城市,积极响应伟大号召,立足国内放眼全球实施创新驱动发展战略。近年来,上海市锐意进取,不断提高城市核心竞争力,在全球科技创新中心建设方面成绩斐然。同时根据我们的研究,上海在科技创新人才吸引、科创平台建设和宜居环境构建等方面已经做出了不少努力,上海的科技创新成果在全球范围也存在一定的竞争力。但在新形势下,上海要想当好全国改革开放排头兵、科学发展先行者,就须从人才集聚战略、空间布局和空间规划等方面入手,结合创新链的多重耦合布局,加速推进全球科技创新中心建设。

第一节 提升上海集聚全球科创人才的路径

创新驱动本质上是人才驱动,立足新发展阶段、贯彻新发展理念、构建新发展格局、推动高质量发展,必须把人才资源开发放在最优先位置,大力建设战略人才力量,着力夯实创新发展人才基础。推动上海建设全球科创中心,提升其在全国乃至全球范围内的影响力和辐射力,其核心和主线就在于提高人才竞争力。上海集聚全球科创人才需要着力优化全球人才引进政策、加大创新创业扶持力度并不断完善人才公共服务体系等,以期加快上海科创城市建设进程。

一、优化全球人才引进政策,提升顶尖人才吸引力度

中国发展需要世界人才的参与,我国要结合新形势加强人才国际交流,坚持全球视野、世界一流水平,着力引进那些能为我所用的顶尖人才,使更多全球智慧资源、创新要素为我所用。首先,拓宽人才引进渠道。通过加强与纽约、硅谷、伦敦等全球主要科创城市的交流与合作,搭建创新要素共享交流平台,建立国际科技合作联盟及国际科技产业合作园

区，吸引全球人才入驻上海；通过设立创新创业国际化发展基金，开展国际研发合作，鼓励企业、研发机构等建立海外研发中心，吸引并集聚更多海外优秀人才（汪怿，2018）。其次，实施更加开放的人才引进政策。通过完善外籍人才在签证、居留许可等出入境方面的政策，为外籍人才留沪开通绿色通道；通过建立海外人才积分评估机制，简化学历证明及雇佣流程等，对海外人才的居留及就业程序适当简化。最后，提高人才的福利待遇。通过优化完善创新创业人才尤其是海外顶尖人才的政策激励，提高留学生的创业资助及融资服务等提升上海国际人才吸引力，增加上海海外人才储备。

二、加大创新创业扶持力度，推进创新基础设施建设

创新创业是支持经济高质量发展的重要动力，有利于增加社会投资，创造更多就业和财富，并且带动其他相关产业发展。在当前复杂的国内外形势下，创新创业是驱动经济增长、应对外部压力的重要途径。为激活创新活力，我国应积极坚持问题导向，着力解决多年困扰、反映强烈的突出问题。首先，拓宽创新企业融资渠道。通过对创新企业给予财政补贴、对为创新企业贷款提供金融服务的机构予以奖励等，鼓励发展科技金融，加快重点产业和行业的孵化平台建设进程。其次，加大创新人才扶持力度。通过给予优秀人才科研项目启动资金、放宽优秀人才承担课题项目、开展区域科技专项资助等措施，为创新人才提供资金支持；通过营造开放包容的创新文化氛围、打造良好营商环境、完善创新创业风险投资等营造良好人才发展环境。最后，加快创新基础设施建设。通过推进科技基础设施、产业技术创新基础设施等创新基础设施的建设进程，完善创新创业活动的配套服务设施，推动创新服务互融互通，实现创新资源共享共通，从而为创新人才提供便捷的创新服务环境。

三、完善人才公共服务体系，强化人才激励保障机制

完善人才服务保障体系，应将后续服务作为可持续引智的保障。在创业环境不断变化的新形势下，不仅要努力提供基本层面的生活、生产、科研等配套服务，更需提升服务层次，完善服务机制，建立起一系列具有人文关怀的激励留人制度。首先，营造宜居城市环境，提升人才服务水平。通过完善人才在住房、医疗保险、子女教育、交通出行、文化生活等方面的配套设施，提升各类服务的便利度和可获得性，为海内外人才提供高品质的生活环境。其次，完善人才评价机制，健全人才激励机制。通过完善人才评审标准、促进评审方式多元化及加强对评审工作的监督指导等

推进人才评价机制趋于健全；通过提高人才工资待遇、提供良好工作环境及畅通人才晋升渠道等推进人才激励机制趋于健全。最后，完善人才保障机制，维护人才合法权益。通过逐步完善人才的各项福利制度、加大人才继续教育投入力度、妥善安置引进人才家属等建立健全人才保障机制；通过推进法治软环境建设、完善知识产权服务体系、搭建人才维权服务平台等切实维护人才的合法权益。

第二节 打造多链深度融合的空间布局

科技创新是提高社会生产力水平的根本，也是提高供给体系质量的根本。在城市经济发展中，科技创新的根本目标是不断增强产业创造新价值的能力。而这一能力受到企业、人才和技术等的多主体配合、多环节参与的影响。对于产业来说，空间关系、企业关系、供需关系以及价值联系共同构成了内在链接模式。对于人才来说，工作机会、科研组织以及不同区位的人才集聚程度都直接影响了创新活动中技术环节的走向。对于企业来说，创造价值的过程包含了设计、生产、销售以及辅助增值活动。鉴于实现创新知识产业化的复杂链接机制，实现产业、人才和创新深度融合的空间布局就显得尤为重要。

一、科技创新链接机制

在全球价值链背景下，一个国家在全球价值链中的位置攀升过程是一个产业链和创新链螺旋式推进的过程，即产业链的提升带动创新链的提升、创新链的提升带动产业链的升级。要实现具有全球影响力的经济的高质量发展，中国必须在全球创新链中起到引领作用（张其仔和许明，2020）。从一开始的利用低成本优势参与全球产业分工到如今参与和引领全球创新链的方式，中国已经构建出了相对完整的科技产业链。但在动荡变革的当今，经济全球化遭遇逆流，保护主义、单边主义上升，世界经济低迷，国际贸易和投资大幅萎缩，国际经济、科技、文化、安全、政治等格局都在发生深刻调整。这直接影响着全球产业分工布局以及全球创新链、产业链和价值链的布局。基于此，中国的创新发展模式必须要从吸收再创新转向自主创新，而要完成这种转变就必须从创新链接机制入手，探讨各环节的发展目标，实现创新模式的重构。

首先，在产业价值分割的过程中形成了产业链。企业要生存和发展，必须为企业的股东和包括员工、顾客、供货商等在内的其他利益相关者创造价值。因而，产业链的形成首先是由社会分工引起的。产业链本身受市场供需关系、技术经济和时空布局关系的影响，有着结构和价值两方面的属性。在产业链各个环节之间还存在着产品和服务的相互交换以及信息的反馈。在每个产业环节中，技术决定了产品种类、市场结构和竞争优势，从而直接影响了各个环节的价值回报。

其次，技术链的完备是产业链形成的必要条件，而各环节总体上劳动密集、资本密集或知识密集的不同技术特征，决定了产业链上的核心环节和价值分布。与此同时产业链各个环节的需求也拉动了技术变化过程。比如，不可再生资源的成本提高会加速替代能源的研发和运用。在决策过程中，每个环节的经营管理涉及到资金、资源和人才分配，不同环节也会产生不同程度的价值回报，具有更高收益的环节会吸引更多的企业和人才参与，从而改变市场结构、加速更新换代。

最后，伴随着经济全球化，技术链、产业链和人才链相互影响并融入创新源头环节，实现了创新成果转化并创造价值，全球创新链最终得以形成（图 10-1）。在空间上，全球创新链逐渐呈现出多中心多节点的全球创新网络布局。各行为体试图通过全球范围内的有效布局，整合世界创新要素，在空间维度上实现全球创新。伴随着创新要素的全球流动，科技创新的链接机制也走上了全球化的道路，并在结构上产生了深刻变化，即以跨国公司为载体的全球价值链的形成。不同国家和地区通过产业链能够迅速地参与全球产业分工，并获得经济利益。以发达国家为先，跨国公司总部逐渐将经济资源的全球配置转向技术资源的配置，并在空间组织形式上倾向于多国分离，形成了全球价值链的分布变化（杨波和邓智团，2016）。

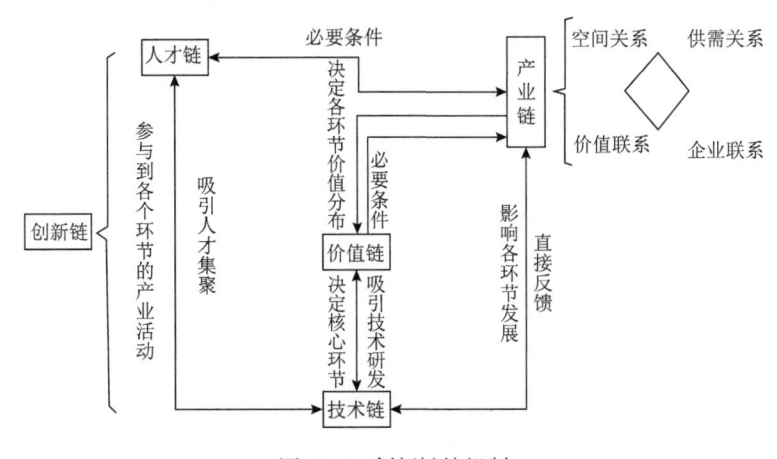

图 10-1　创新链接机制

二、多链耦合，加速创新升级

随着经济全球化的不断深入，要素流动改变了全球经济运行的趋势。全球创新链成为要素市场全球资源配置的引领。如上所述，创新链接机制不是单一的线性链条而是产业链、技术链、人才链、价值链的有机整合过程。从科研人员研发推广到产品制造再到商品流通，创新链条上的每个节点都有成本和收益，也都存在需要攻克的难关。而上海作为国家经济中心，在产业链、技术链、人才链以及价值链整合方面具有独特的优势，因而也具备成为全球科技创新网络节点城市的潜力。

在技术链方面，中国正在遭遇较为激烈的科技围堵和封锁，加快突破"卡脖子"技术，上海肩负着重要的历史使命。在技术突破方面，上海已经取得了较为卓越的成绩。截至 2019 年，上海科学家在脑科学、基因与蛋白质、量子、纳米、精准医疗等前沿领域取得了具有国际影响力的成果。《自然》杂志评选的 2019 年度全球十大科学论文中，两篇入选的中国论文全部出自上海。同时上海在近年来承接和实施了 800 多项国家科技重大专项以及科技创新 2030 重大项目，并围绕集成电路、生物医药和人工智能这三大核心技术产业实施了重大攻关任务。此外，根据 2014 年的数据，上海的外资研发中心已经达到了 381 家，其中有 30 多家是全球研发中心，有 15 家为亚太区研发中心。通用电气、霍尼韦尔、陶氏化学等研发中心在业务能力和规模上已经与欧美国家并驾齐驱。然而，在可预见的未来，西方国家对中国的科技封锁不仅不会削弱，反而可能会不断加强。对中国的科技围剿已然从国防科技封锁逐渐转向新兴技术和基础技术等全方位围剿。上海代表国家参与全球竞争合作风正时济、任重道远。

在产业链方面，上海应用好国家政策，进一步激活企业的活力，发挥国有企业的"稳链"、民营企业的"畅链"以及隐形冠军企业的"护链"作用。上海科技产业发展至今，集成电路、生物医药等重点创新产业已经产生了全球影响力。截至 2019 年，集成电路产业累计总投入超过 3000 亿元，超过 600 家企业承担了国家 50%的重大专项，产业规模大约是全国的 20%。仅 2019 年，上海市集成电路全行业收入达到 1706.56 亿元，同比增长 17.65%。就生物医药而言，2019 年上海生物医药产业经济总量约 3833 亿元，比 2018 年增长 11.6%。然而，在中美科技战和新冠疫情的双重冲击下，上海市制造业受到了重创，尤其是与国际贸易相关的产业链中的中小企业步履艰难，上海工业产业链面临着重重挑战。因而，面对全球产业链的结构性重构，上海需形成产业链集群，既做到全球化水平分工，又实现垂直整合的生产关系，进而提高全球产业链抗风险的能力。

在人才链方面，后疫情时代上海必须坚持发展新理念，大力实施人才引领发展战略，构建人才工作新格局，聚天下英才而用之，推动上海经济社会高质量发展和可持续发展，引领长三角一体化达到更高水平。健康、强大的人才生态系统所构建的人才链是链接创新链、技术链和产业链，实现三链良性互动的关键。上海在创新人才引进、培养、激励和管理方面针对留学生落户、海外人才居住、科学技术奖励等出台了一系列政策和制度，并取得了显著成果。根据《上海科技创新中心建设报告 2019》，上海市专家平台集聚了 45 万全球高层次科学家，其中外国专家 24 万名，海外华人 5 万名，上海专家 6 万名，国内其他省市专家 10 万名。然而，疫情后全球经济增长乏力，民族主义引才政策升级，人力资本要素流动受阻，国际人才流动也将呈现日趋复杂的趋势。面对国内外形势变化，上海应当贯彻落实十九届五中全会精神，将《关于新时代上海实施人才引领发展战略的若干意见》落实落细，继续坚持创新和开放，促进人才政策协同与区域融合发展。

三、多种创新链要素协同考虑的空间布局

首先，上海应构建协同创新平台，改进创新要素配置模式。当前，上海创新资源的非均衡分布正制约着上海城市创新空间的拓展、创新活动的运行和创新人才的集聚。根据《上海市城市总体规划（2017—2035年）》对建设全球城市主要功能承载区的规划描述以及《上海市科创地图》中对于创新要素的空间分布指引来看，上海市在城市整体规划方面已经开始关注创新链各环节要素的空间布局（屠启宇等，2020）。并且将科技创新空间类型细化为五个大类：园区与孵化器、研发平台、众创空间、创意产业集聚区和科技金融相关服务平台。然而，根据这个分类将上海的创新空间进行密度分析发现创新要素在上海呈现非均衡分布，张江以及整个主城区是创新要素具有绝对优势的集聚区；嘉定、松江新城、医学城、临港、枫泾、青浦新城等地也是创新要素较为集中的区域；但临港自贸区新片区、长三角一体化示范区的创新要素集聚程度存在明显差异，崇明地区几乎无创新要素集聚。因此，上海应切实提高创新要素配置效率，充分释放创新要素配置潜能。

其次，上海在考虑创新要素空间规划时应考虑创新链各环节而不是单一建筑区的选址问题。创新要素集聚区多与高等院校和科研院所分布高

度相关，这种空间布局的产生本身受到了产业链和技术链各环节的影响。尽管在《上海市科创地图》中对创新要素的空间布局规划做出了细化和规划指引，但创新发展本身具有自己的空间特性和时效性。不同规模的创新空间有着不同的空间组织和发展规律，大的创新城区需要配合城市其他功能的空间分布调整内部布局。不同产业的创新空间有着不同的空间集聚特征，如生物医药产业基地除了考虑技术环节布局和企业供需关系之外还要关注周边生态环境。不同发展阶段创新空间选址偏好的侧重点也有所不同，如在缺乏基础技术支持的再创新阶段，就要最大限度地靠近科研平台和搭建创新人才宜居环境。因此考虑多种创新链环节侧重点的分类，上海市应推动分区引导创新要素空间布局，建设创新城市。

最后，上海基础功能布局要逐步转型成适合创新发展的高效、集约、绿色的空间体系。创新城市的规划建设不仅仅是创新要素的空间集聚，还是以创新驱动的城市整体功能相互协调的规划假设。因此为了建设全球创新网络节点城市和具有全球影响力的科技创新中心，《上海市城市总体规划（2017—2035年）》对上海空间体系规划进行了细化，首先是要依托交通运输网络培育形成多级多类发展轴线，推动近沪地区（90分钟通勤范围）及周边同城化都市圈的协同发展，积极完善区域功能网络，加强基础设施统筹，推动区域生态环境共建共治，形成多维度的区域协同治理机制，引领长三角城市群一体化发展。其次，要在郊区构建新的城镇圈，保证郊区城区功能一体化的城乡发展。并依托多模式公共交通网络，形成圈内交通出行30~40分钟。对于郊区创新要素来说，这也为创新区域发展提供了功能保障。将中心城周边的虹桥、川沙、宝山、闵行4个片区共同纳入主城区统一管理，以作为全球城市功能的主要承载区。

第三节　全面构建契合科创中心成长的空间规划体系

面对城市发展的复杂性，固守规划编制审批、用地管理许可等传统规划管理模式尤为不合时宜。为此，党的十八届三中全会首次使用了"空间规划体系"这一概念。随后2015年中共中央 国务院发布《生态文明体制改革总体方案》，明确提出要"构建以空间治理和空间结构优化为主要内容，全国统一、相互衔接、分级管理的空间规划体系，着力解决空间性规划重叠冲突、部门职责交叉重复、地方规划朝令夕改等问题"。自此，传统的城乡规划逐渐向空间治理转型，空间治理从本质上已经不再是描绘土地利用蓝图，而是要在摸清城市发展规律的前提下突出城市未来的发展核心，通过综合的政策框架为城市成长提供相契合的空间布局指引（张勤等，2018）。作为肩负面向世界、推动长三角地区一体化和长江经济带发展重任的上海更是将空间规划和空间治理体系的构建与完善纳入"十四五"规划，以实现治理体系与治理能力的现代化。

一、布局多层级创新中心

为了服务世界科技强国建设、建成全球创新枢纽，可持续发展的内生型科创布局和有机、复合、多样化的城市空间体系必不可少。上海科创中心建设从一开始就注意到了多级布局的顶层设计，在制度政策的保障下自主发展，统筹布局，形成了不同侧重点的多层级功能承载区域。

首先，在长江经济带，形成了以上海为中心的长三角地区总体空间格局。该空间格局以长三角科创合作重要城市为节点，依托沪杭科创走廊、沪宁科创走廊、沪苏浙皖科创走廊以及沿海科创走廊圈层辐射。其中节点城市以发展程度划分为三级（图 10-2）：长三角科创合作重要节点城市、上海大都市圈科创协同重要节点城市、其他重要节点城市。长三角科创合作重要节点城市指的是南京、杭州、合肥；上海大都市圈科创协同重要节点城市包括苏州、无锡、常州、南通、宁波、舟山、嘉兴、湖州。长三角科创辐射以紧密程度划分为四个圈层，即核心区、紧邻圈、辐射圈、合作圈。核心区以上海市域为地理范围，紧邻圈指临近上海市域的地区，辐射圈为上海大都市区其他区域，合作圈为长三角其他区域。四条走廊包括沪杭（G60）科创走廊、沪宁科创走廊、沪苏浙皖科创走廊和沿海科创走廊（屠启宇等，2020），依托沿线交通干线和城镇化空间基础引导相关科技创新活动发展。

其次，在上海市市域范围内，根据《上海市城市总体规划（2017—2035 年）》，科技创新空间总体格局将在现在发展轴线的基础上形成东西协同发展带，由东向西，从长三角协同发展走向全球开放创新，串联市域重要科技创新区域（图 10-3）。与此同时规划中还将张江科学城、中央活动区和虹桥商务区作为空间布局的核心，以张江科学城为首的核心驱动，与中央活动区和虹桥商务区一起构成上海科技创新中心发展的驱动核心力量。除了张江科学城带动的核心区域之外，西部协同创新发展区、东部开放创新发展区、崇明世界级生态岛战略储备区也将加入科技创新空

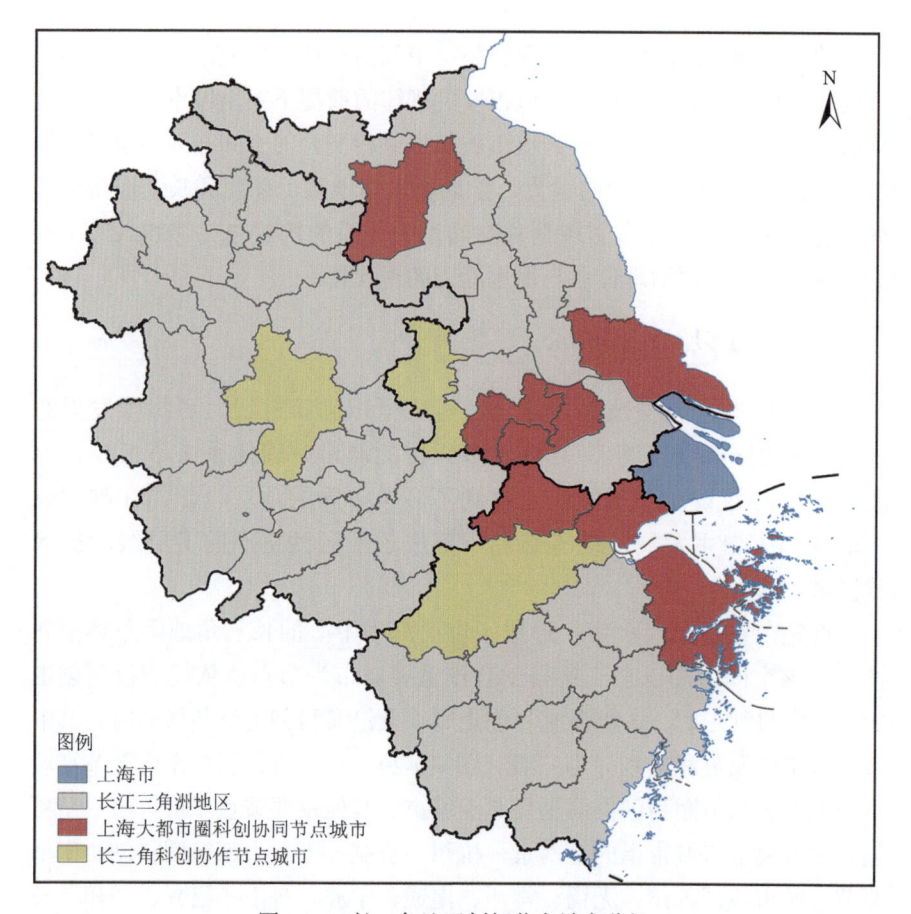

图 10-2　长三角地区创新节点城市分级

间布局的重点发展区域，最终形成覆盖全上海市域、不同分工的多极发展网络。其中，西部协同创新发展区以长三角生态绿色一体化示范区、东部开放创新发展区以中国（上海）自由贸易试验区临港新片区、崇明世界级生态岛战略储备区以东滩生态创新示范区分别作为各自重点承载区。

再次，就张江科学城而言，张江已经在一定程度上完成了从产区到城区的跨越。在创新产业方面，生物医药、集成电路和人工智能三大产业形成了集聚效应，配合大科学装置，高校以及科研机构形成了相对完整的科创生态布局。

最后，得益于多级布局的顶层设计，上海充分发挥了其作为中心城市的优势，并充分利用在长三角地区和长江经济带的带动作用。联通国内创新技术区域，整合资源，共享创新产业发展经验，构建具有国际竞争力和自主创新能力的创新生态环境。仅 2019 年上海专利申请量高达 17.4 万件，比 2014 年翻了一番；战略性新兴产业增加值达到 6133.2 亿元，6 年增长 77.6%。

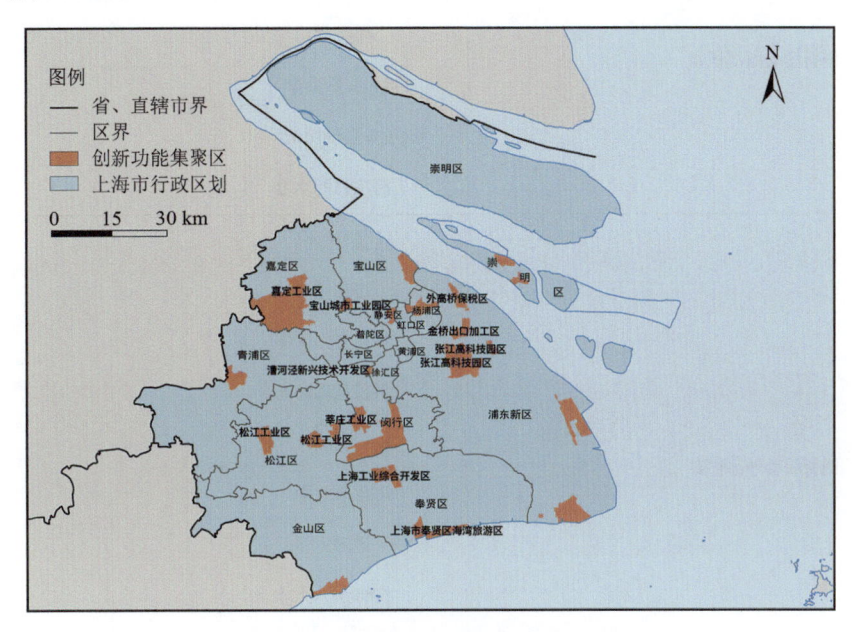

图 10-3　上海市域科技创新总体布局规划

数据来源：上海市域科技创新布局规划图，上海市城市总体规划（2017—2035）

二、聚焦科创中心的系统性，实现空间多元治理

首先，在科技创新中心空间治理的过程中，相关规则和机制必须保证有效链接，以确保各种组织机构和参与主体有效聚集更多要素资源。一方面，科技创新活动的多元性和系统性决定了科创空间治理必须实现协同。就科技创新活动本身而言，其包含了多种创新知识积累、转化和产出的过程（表 10-1）；就科技创新中心的功能而言，其涵盖理论研究、基础应用研究、商品开发、商业化应用等多个环节；就科技创新中心建设而言，其包含多种组织机构的参与，它的运行也需要不同类型的主体共同参与配合（Roy，1994）。另一方面，放松政府调控并实现自主治理需要协同。通常，传统意义上的区域空间治理主要由政府进行调控，但创新空间的独特聚合方式和创新活动的多元化特性导致创新中心建设不能按照传统的空间规划模式进行。再加上创新要素的时效性和流动性远远高于其他产业集聚区，创新空间的治理需要提升自主性和高效性。

表 10-1　创新活动积累方式

创新活动内部积累	研发和研发-发展学习
	通过测试进行学习
	生产学习
	通过失败而学习
	通过垂直使用来学习
	跨项目的学习
创新活动外部积累	供应商
	潜在用户
	横向合作伙伴
	科技基础设施
	文献
	竞争对手
	逆向工程
	收购/引入人才
	基于客户的原型实验
	维修/故障查找

整理自：Roy Rothwell. 1994. Towards the fifth-generation innovation process. International Marketing Review, 11(1): 7-31.

其次，要建设完善的空间治理模式必须从评判机制入手，多方考虑各参与要素的意见，适当下放创新示范园区内部的空间规划权力。目前城市规划对于空间布局的管理实施基本处于"能建"或"不能建"的评判中，把创新空间建设放在城市规划的整体环境中会导致多方决策的不统一。城乡建设、地形地势、自然灾害、经济布局和人口统筹等一系列问题都会导致不同侧重点的决策。如果单纯地将空间规划作为城市空间治理的唯一出发点会导致创新空间建设束手束脚，并且缺乏动态性。为此，上海在城市规划方面很早就提倡"两规合一"，即城市总体规划和土地利用规划结合，而《上海市城市总体规划（2017—2035 年）》则是在城市主功能区规划的基础上更加完善规划模式的尝试。从"两规合一"到多元的统一规划，上海市除了要明确城市发展目标之外还要细化风险等级（张勤等，2018），增加空间治理弹性，建立更加细致的控制标准并明确部门分工，发挥全面的空间治理职能。

三、以落地实施为导向，科技助力构建空间管理系统

构建可持续的空间治理体系必须以落地实施为导向，通过政府间的协商划定统一治理措施，保障重大创新载体的空间管理合理运行，给创新成果留下转化空间。上海科技创新中心建设不是一个城市的建设，而是以上海为节点带动长三角地区科技创新发展，建立全球科技创新节点城市的过程。因此，对于空间治理来说，仅关注上海市域内是远远不够的。中央政府调控再加上层层地方政府的管控，不可避免地会造成一定的理念断层和监管漏洞。尽管政策条例逐渐明确，政府职能逐渐细化，但上下各级政府以及平行政府之间的治理诉求差异依然不可避免。政府作为空间规划的主体，政府各部门之间的关系直接影响了资源配置和区域联系。有研究者在对杭州城西大走廊的行政架构的研究中证实了这一点。横跨西湖、余杭和临安三个行政区的大走廊拥有复杂的行政主体和管理框架。尽管该地区在创新资源投放、基础设施建设以及环境保护问题上一定程度消除了行政边界的限制，但地方政府为了自身辖区的经济发展，也采取了一些地方保护主义策略（潘蓉等，2019）。不仅限制科技创新空间的高效发展外，还导致了管理政策缺乏合理的实施措施。

除了空间规划模式的改变和管理体制的调整之外，从政策理念走向具体实施还需要借助"数字化"这一创新工具。随着创新科技在城市发展各个层面的利用，上海作为中国科技创新核心城市也要率先步入数字时代。根据2019年《上海科技创新中心建设报告》，上海依托互联网、云计算、大数据等技术，不断提升城市的精细化管理水平。目前上海的城市运行管理和应急处置系统已经接入了包括基础设施、公共安全、公共管理、生态环境等领域的30个部门和单位，一定程度上实现了城市互通管理。《2020上海市智慧城市发展水平评估报告》指出，尽管受到了新冠疫情影响，2020年上海信息服务业收入首次突破1万亿元，五年增幅达七成。此外，上海市共有300多家大型企业接入工业互联网，建成了上百个智能工厂，一定程度上表明目前智慧城市建设已经体现在经济效益上。

第四节 本章小结

面对百年未有之大变局中深刻和严峻的局势变化，国家赋予上海建设具有全球影响力的科技创新中心的重大使命。上海市作为全国最大的经济中心城市，积极响应伟大号召，立足国内放眼全球实施创新驱动发展战略。新形势下，上海要想当好全国改革开放排头兵、科学发展先行者，就必须从人才战略、空间布局和空间规划等方面入手，结合创新链的多重耦合布局，加速建成全球科技创新中心。

在人才战略方面，上海集聚全球科创人才需要不断在优化全球人才引进政策、加大创新创业扶持力度并不断完善人才公共服务体系、强化人才激励保障机制等方面下功夫，以期顶尖人才能为我所用，从而加快上海科创城市建设进程。在空间布局方面，上海应积极推动产业链、技术链、人才链、价值链的有机整合，以期在全球创新链中起到引领作用。为此，上海基础功能布局要逐步转型成适合创新发展的高效、集约、绿色的空间体系。在空间规划方面，上海应在进一步推动多层级创新中心布局的基础上，聚焦科创中心的系统性，以落地实施为导向，借科技之力构建空间管理系统，实现治理体系与治理能力的现代化。

参 考 文 献

白俊红, 蒋伏心. 2015. 协同创新、空间关联与区域创新绩效. 经济研究, 50(7): 174-187.

卞松保, 柳卸林. 2011. 国家实验室的模式、分类和比较——基于美国、德国和中国的创新发展实践研究. 管理学报, 8(4): 567-576.

蔡丽茹, 杜志威, 袁奇峰. 2020. 我国创新平台时空演变特征及影响因素. 世界地理研究, 29(5): 939-951.

蔡建明, 薛凤旋. 2002. 界定世界城市的形成——以上海为例. 国外城市规划, (5): 16-24.

曹根榕, 顾朝林, 张乔扬. 2019. 基于 poi 数据的中心城区"三生空间"识别及格局分析: 以上海市中心城区为例. 城市规划学刊, (2): 44-53.

曹威麟, 姚静静, 余玲玲, 等. 2015. 我国人才集聚与三次产业集聚关系研究. 科研管理, 36(12): 172-179.

曹雄飞, 霍萍, 余玲玲. 2017. 高科技人才集聚与高技术产业集聚互动关系研究. 科学学研究, 35(11): 1631-1638.

漕河泾开发区. 2021. 园区简介. [2021-06-21]. https://chj.shlingang.com/chj/yqgk/yqgl/.

陈爱琳. 2018. 2017 年上海集成电路产业发展状况. 集成电路应用, 35(10): 36-42.

陈波, 侯雪言. 2017. 公共文化空间与文化参与: 基于文化场景理论的实证研究. 湖南社会科学, (2): 168-174.

陈波. 2019. 基于场景理论的城市街区公共文化空间维度分析. 江汉论坛, (12): 128-134.

陈浮, 陈海燕, 朱振华, 等. 2000. 城市人居环境与满意度评价研究. 人文地理, (4): 20-23, 9.

陈红喜. 2009. 基于三螺旋理论的政产学研合作模式与机制研究. 科技进步与对策, 26(24): 6-8.

陈洪玮, 王欢欢. 2020. 创新平台发展对区域创新能力的溢出效应研究. 科学学与科学技术管理, 41(3): 32-46.

陈杰, 刘佐菁, 陈敏, 等. 2018. 人才环境感知对海外高层次人才流动意愿的影响实证——以广东省为例. 科技管理研究, 38(1): 163-169.

陈婧, 史培军. 2005. 土地利用功能分类探讨. 北京师范大学学报(自然科学版), (5): 536-540.

陈良文, 杨开忠. 2008. 集聚与分散: 新经济地理学模型与城市内部空间结构、外部规模经济效应的整合研究. 经济学(季刊), (1): 53-70.

陈强, 刘笑. 2015. 城市三螺旋创新体系测度——基于上海和东京的对比研究. 中国科技论坛, (9): 17-23.

陈雯. 2018. 以更高质量视角认识长三角区域一体化. 新华日报, [2018-06-19].

陈亚斌, 刘曦婷. 2019. 新时代科创空间的发展趋势与规划策略研究. 中国城市规划学会、重庆市人民政府. 活力城乡 美好人居——2019 中国城市规划年会论文集(7

城市设计. 中国城市规划学会、重庆市人民政府: 中国城市规划学会, 8.

陈宇. 2012. 人员分类与教育分类的变迁. 中国职业教育观察, (1): 6.

程燕林, 李晓轩, 宋邱惠. 2021. 高科技人才吸引和稳定的职场舒适物策略. 科学研究, 1-17.

池仁勇, 虞晓芬, 李正卫. 2004. 我国东西部地区技术创新效率差异及其原因分析. 中国软科学, (8): 128-131, 127.

楚天骄. 2015. 上海建设全球科技创新中心的目标与政策体系. 科学发展, (3): 61-66.

春燕. 2019. 全球创新网络节点城市建设——东京案例. 科学管理研究, 37(6): 156-165.

丛海彬, 邹德玲, 蒋天颖. 2015. 浙江省区域创新平台空间分布特征及其影响因素. 经济地理, 35(1): 112-118.

党艺, 余建辉, 张文忠. 2020. 环境类邻避设施对北京市住宅价格影响研究——以大型垃圾处理设施为例. 地理研究, 39(8): 1769-1781.

邓智团. 2016. 网络权变、产业升级与城市转型发展——供给侧结构性改革视角下上海传统产业的创新实践. 城市发展研究, 23(5): 105-112.

第一财经网. 2021. "十四五"上海三大产业倍增, 六大重点产业集群在这些领域. [2021-06-26]. https://news.sina.com.cn/o/2021-01-30/doc-ikftpnny2882982.shtml.

董鸣燕. 2015. 人才分类与高层次应用技术型人才界定. 世界教育信息, 28(24): 65-67.

董昕. 2001. 城市住宅区位及其影响因素分析. 城市规划, 2001(2): 33-39.

杜德斌, 何舜辉. 2016. 全球科技创新中心的内涵、功能与组织结构. 中国科技论坛, 32(2): 10-15.

杜德斌. 2015. 上海建设全球科技创新中心的战略路径. 科学发展, 8(1): 93-97.

杜兰英, 陈鑫. 2012. 政产学研用协同创新机理与模式研究——以中小企业为例. 科技进步与对策, 29(22): 103-107.

杜谦, 宋卫国. 2004. 科技人才定义及相关统计问题. 中国科技论坛, (5): 137-141.

杜勇宏. 2015. 基于三螺旋理论的创新生态系统. 中国流通经济, 29(1): 91-99.

段德忠, 杜德斌, 刘承良. 2015. 上海和北京城市创新空间结构的时空演化模式. 地理学报, 70(12): 1911-1925.

段学军, 虞孝感, 陆大道, 等. 2010. 克鲁格曼的新经济地理研究及其意义. 地理学报, 65(2): 131-138.

方创琳, 马海涛, 王振波, 等. 2014. 中国创新型城市建设的综合评估与空间格局分异. 地理学报, 69(4): 459-473.

方卫华. 2003. 创新研究的三螺旋模型: 概念、结构和公共政策含义. 自然辩证法研究, (11): 69-72, 78.

方远平, 谢蔓. 2012. 创新要素的空间分布及其对区域创新产出的影响. 经济地理, 32(9): 8-14.

付丙海, 谢富纪, 韩雨卿, 等. 2015. 上海市青年科技人才培养链研究. 中国科技论坛, (12): 138-142.

傅建球, 张瑜. 2010. 产学研合作创新平台建设研究. 工业技术经济, 29(5): 35-38.

葛雅青. 2020. 中国国际人才集聚对区域创新的影响. 科技管理研究, 40(6): 32-41.

古恒宇, 沈体雁. 2021. 中国高学历人才的空间演化特征及驱动因素. 地理学报, 76(2): 326-340.

顾朝林, 孙樱. 1999. 经济全球化与中国国际性城市建设. 城市规划汇刊, (3): 1-6

关兴良, 方创琳, 周敏, 等. 2012. 武汉城市群城镇用地空间扩展时空特征分析. 自然资源学报, 27(9): 1447-1459.

郭金花, 郭淑芬, 郭檬楠. 2021. 城市科技型人才集聚的时空特征及影响因素——基于285个城市的经验数据. 中国科技论坛, (6): 139-148.

郭树东, 关忠良, 肖永青. 2004. 以企业为主体的国家创新系统的构建研究. 中国软科学, (6): 103-105, 6.

郭小婷. 2020. 创新平台的集聚效应及其对区域企业技术进步的溢出研究. 征信, 38(5): 87-92.

国家统计局. 2012. 中国人才资源统计报告—2010. 北京: 中国统计出版社.

国务院. 1986. 国务院关于上海市城市总体规划方案的批复(国函〔1986〕145号). [1986-10-12]. http://www.gov.cn/zhengce/content/2012/07/06/content6042.htm.

国务院. 2015. 国务院关于印发《中国制造2025》的通知(国发〔2015〕28号). [2015-05-08]. http://www.gov.cn/xinwen/2015-05/19/content_2864538.htm.

国务院. 2016. 国务院关于印发上海系统推进全面创新改革试验加快建设具有全球影响力科技创新中心方案的通知(国发〔2016〕23号). [2016-04-12]. http://www.gov.cn/zhengce/content/2016-04/15/content_5064434.htm.

何宪, 熊亮. 2019. 金融中心形成和金融人才聚集. 经济理论与经济管理, (9): 18-29.

何小勤, 谷人旭. 2014. 上海转型发展与政产学研协同创新研究. 科技管理研究, 34(22): 63-67.

胡彬. 2017. 战略导向、内生转型与城市功能拓展——以上海参与"一带一路"战略为例. 城市观察, (2): 10-25.

胡彬. 2015. 生产网络、新型空间形式与全球城市崛起: 亚太路径之比较与启示. 经济管理, 37(1): 22-32.

胡彬, 万道侠. 2017. 产业集聚如何影响制造业企业的技术创新模式——兼论企业"创新惰性"的形成原因. 财经研究, 43(11): 30-43.

胡军燕, 钟玲, 修佳钰. 2022. 众创空间集聚对区域创新能力的影响. 统计与决策, 38(8): 174-178.

胡曙虹, 黄丽, 杜德斌. 2016. 全球科技创新中心建构的实践: 基于三螺旋和创新生态系统视角的分析: 以硅谷为例. 上海经济研究, 35(3): 21-28.

胡亚丹, 徐建华, 李治洪. 2017. 上海市休闲农业布局及影响因素分析. 长江流域资源与环境, 26(12): 2023-2031.

胡以志. 2009. 全球化与全球城市: 对话萨斯基娅·萨森教授. 国际城市规划, 24(3): 112-114.

扈万泰, 王力国, 舒沐晖. 2016. 城乡规划编制中的"三生空间"划定思考. 城市规划, 40(5): 21-26.

黄瓴, 王婷. 2021. 重庆渝中区山城步道品质提升规划: 基于场景理论的山地城市街巷更新研究. 北京规划建设, (1): 36-41.

黄梅, 吴国蔚. 2009. 人才生态环境综合评价体系研究. 科技管理研究, 29(1): 62-65.

黄宁生. 2005. 加强科技创新平台建设提升广东自主创新能力. 广东科技, (10): 101-102.

吉维. 2019. 上海高层次人才政策效果研究. 上海: 上海交通大学.

纪慰华. 2021. 伦敦科技金融政策体系对上海建设全球科创中心的启示. 上海城市管理, 30(3): 50-55.

姜乾之. 2020. 构建全球人才流动与集聚的新范式. 探索与争鸣, 36(5): 142-148.
姜炎鹏, 陈囿桦, 马仁锋. 2021. 全球城市的研究脉络、理论论争与前沿领域. 人文地理, 36(5): 4-14.
姜炎鹏, 王腾飞, 陈明星, 等. 2019. 全球城市研究热点与进展. 世界地理研究, 28(1): 40-46.
姜炎鹏, 王鑫静, 马仁锋. 2021. 创新人才集聚的理论探索——全球人才流动的城市选择视角. 地理科学, 41(10): 1802-1811.
蒋磊, 管仁初. 2020. 基于多目标进化算法的人才质量模糊综合评价系统设计. 吉林大学学报(工学版), 50(5): 1856-1861.
焦华富, 吕祯婷. 2010. 芜湖市城市居住区位研究. 地理科学, 30(3): 336-342.
克里斯托夫·弗里曼. 2008. 技术政策与经济绩效: 日本国家创新系统的经验. 南京: 东南大学出版社.
孔祥浩, 许赞, 苏州. 2012. 政产学研协同创新"四轮驱动"结构与机制研究. 科技进步与对策, 29(22): 15-18.
黎静. 2021. 锚定全球科创新枢纽 合肥奋楫扬帆再出发. 合肥日报. [2021-01-17(A03)].
李春涛, 宋敏. 2010. 中国制造业企业的创新活动: 所有制和CEO激励的作用. 经济研究, 45(5): 55-67.
李锋, 叶亚平, 宋博文, 等. 2011. 城市生态用地的空间结构及其生态系统服务动态演变. 生态学报, 31(19): 5623-5631.
李宏彬, 李杏, 姚先国, 等. 2009. 企业家的创业与创新精神对中国经济增长的影响. 经济研究, 44(10): 99-108.
李家华, 卢旭东. 2010. 把创新创业教育融入高校人才培养体系. 中国高等教育, (12): 9-11.
李建忠. 2013. 基于CSSCI期刊的我国创新人才研究调查. 科技促进发展, (1): 79-83.
李健, 鲁亚洲. 2019. 京津冀创新能力预测与影响因素研究. 科技进步与对策, 36(12): 37-45.
李婧, 谭清美, 白俊红. 2009. 中国区域创新效率及其影响因素. 中国人口·资源与环境, 19(6): 142-147.
李丽萍, 郭宝华. 2006. 关于宜居城市的理论探讨. 城市发展研究, (2): 76-80.
李敏, 郭群群, 雷育胜. 2019. 科技人才集聚与战略性新兴产业集聚的空间交互效应研究. 科技进步与对策, 36(22): 67-73.
李茜雯. 2011. 高新技术企业创新能力对经营绩效的影响研究. 合肥: 安徽大学.
李倩, 张文忠, 余建辉, 等. 2012. 北京不同收入家庭的居住隔离状态研究. 地理科学进展, 31(6): 693-700.
李秋颖, 方创琳, 王少剑. 2016. 中国省级国土空间利用质量评价: 基于"三生"空间视角. 地域研究与开发, 35(5): 163-169.
李天籽, 陆铭俊. 2022. 城市人力资本与企业创新. 东北师大学报(哲学社会科学版), (3): 115-123.
李王鸣, 叶信岳, 孙于. 1999. 城市人居环境评价——以杭州城市为例. 经济地理, (2): 39-44.
李文贵, 余明桂. 2015. 民营化企业的股权结构与企业创新. 管理世界, (4): 112-125.
李晓群. 1998. 高等工程教育人才质量评价机制. 上海高教研究, (4): 43-48.

李晓妍, 钟永恒, 刘佳, 等. 2021. 英国综合性国家科学中心的建设实践与启示. 科学管理研究, 39(6): 139-145.

李妍, 李秋. 2018. 舒适物理论视角下特色小镇规划建设路径与对策. 邢台学院学报, 33(2): 91-94.

李燕萍, 李洋. 2018. 科技企业孵化器与众创空间的空间特征及影响因素比较. 中国科技论坛, 34(8): 49-57.

李宜馨. 2020. 新时代人才分类与人才发展领导力方略探要. 领导科学, 36(1): 5-14.

李迎成, 朱凯. 2022. 创新空间的尺度差异及规划响应. 国际城市规划, 37(2): 1-6.

李永周, 阳静宁, 田雪枫. 2016. 科技创业人才的孵化网络嵌入、创业效能感与创业绩效关系研究. 科学学与科学技术管理, 37(9): 169-180.

李玉香, 刘军. 2009. 人才环境感知对研发人才工作绩效、工作嵌入的影响研究——以深圳227家高新技术企业为例. 软科学, 23(8): 110-114.

李贞, 陈晨. 2020. 省际人口返迁的新状况及返迁后的居住区位选择——基于"固定时距"迁移数据的分析. 人口与发展, 26(4): 2-13.

李政, 陆寅宏. 2014. 国有企业真的缺乏创新能力吗——基于上市公司所有权性质与创新绩效的实证分析与比较. 经济理论与经济管理, (2): 27-38.

梁积江. 2020. 以科技创新催生新发展动能. 人民日报, 2020(1).

梁莱歆, 金杨, 赵娜. 2010. 基于企业生命周期的R&D投入与企业绩效关系研究——来自上市公司经验数据. 科学学与科学技术管理, 31(12): 11-17, 35.

林坦, 杨超, 李蕾. 2019. 丝路城市网络与上海提升全球城市能级. 科学发展, (6): 59-65.

林学军. 2010. 基于三重螺旋创新理论模型的创新体系研究. 广州: 暨南大学.

刘波, 赵继敏. 2012. 世界城市住房保障政策比较研究. 国际城市规划, 27(1): 16-20.

刘和旺, 郑世林, 王宇锋. 2015. 所有制类型、技术创新与企业绩效. 中国软科学, (3): 28-40.

刘恒怡, 宋晓薇. 2018. 基于金融支持视角的全球科创中心建设路径研究. 科学管理研究, 36(4): 101-104.

刘怀宽, 杨忍, 薛德升. 2018. 新世纪以来中德世界城市全球化模式对比分析. 人文地理, 33(2): 50-59.

刘继来, 刘彦随, 李裕瑞. 2017. 中国"三生空间"分类评价与时空格局分析. 地理学报, 72(7): 1290-1304.

刘江会, 董雯. 2016. 国内主要城市"竞合关系"对上海建设全球城市的影响. 城市发展研究, 23(6): 74-81.

刘亮. 2017. 区域协同背景下长三角科技创新协同发展战略思路研究. 上海经济, (4): 75-81.

刘清, 李宏. 2018. 世界科创中心建设的经验与启示. 智库理论与实践, 3(4): 89-93.

刘旺, 张文忠. 2006. 城市居民居住区位选择微观机制的实证研究——以万科青青家园为例. 经济地理, (5): 802-805.

刘望保, 闫小培, 曹小曙, 等. 2006. 住房制度改革背景下广州市居民居住偏好研究. 地域研究与开发, (6): 37-42.

刘璇, 张向前. 2015. 适应创新驱动的中国科技人才与经济增长关系研究. 经济问题探索, (10): 61-67.

刘彦随, 陈聪, 李玉恒. 2014. 中国新型城镇化村镇建设格局研究. 地域研究与开发,

33(6): 1-6.
刘燕. 2016. 论"三生空间"的逻辑结构、制衡机制和发展原则. 湖北社会科学, (3): 5-9.
刘晔, 沈建法, 刘于琪. 2013. 西方高端人才跨国流动研究述评. 人文地理, 28(2): 7-12.
刘晔, 徐楦钫, 马海涛. 2021. 中国城市人力资本水平与人口集聚对创新产出的影响. 地理科学, 41(6): 923-932.
陆立军, 郑小碧. 2008. 区域创新平台的企业参与机制研究. 科研管理, 29(2): 122-127.
罗守贵, 王爱民, 高汝熹. 2009. 高级人才空间流动因素分析及建立反区域筛选机制的意义. 地理科学, 29(6): 779-786.
吕拉昌. 2017. 创新地理学. 北京: 科学出版社, 1-406.
马海涛, 张芳芳. 2019. 人才跨国流动的动力与影响研究评述. 经济地理, 39(2): 40-47.
马剑平, 赵国亮. 2015. 北京与世界城市的发展差距研究——以伦敦、纽约和东京城市对比. 学术论坛, 38(1): 130-135.
马军杰, 郭梦珂, 卢锐. 2019. 促进上海全球科技创新中心建设的用地制度完善研究. 科技与经济, 32(2): 31-35.
马凌. 2015. 城市舒适物视角下的城市发展: 一个新的研究范式和政策框架. 山东社会科学, (2): 13-20.
马仁锋, 王美, 张文忠, 等. 2015. 临港石化集聚对城镇人居环境影响的居民感知——宁波镇海案例. 地理研究, 34(4): 729-739.
马勇, 罗守贵, 周天瑜, 等. 2013. 上海生物医药产业集群研发-服务联动创新研究. 科技进步与对策, 30(13): 72-77.
孟祺. 2018. 金融支持与全球科创中心建设: 国际经验与启示. 科学管理研究, 36(3): 106-109.
倪鹏飞, 李清彬, 李超. 2012. 中国城市幸福感的空间差异及影响因素. 财贸经济, (5): 9-17.
宁越敏, 查志强. 1999. 大都市人居环境评价和优化研究——以上海市为例. 城市规划, (6): 14-19, 63.
牛冲槐, 接民, 张敏, 等. 2006. 人才聚集效应及其评判. 中国软科学, (4): 118-123.
潘蓉, 倪彬, 江佳遥, 等. 2019. 府际关系视角下城市空间规划治理能力提升策略探索—杭州城西科创大走廊空间规划管理研究. 中国城市规划学会、重庆市人民政府. 活力城乡 美好人居—2019 中国城市规划年会论文集(12 城乡治理与政策研究)中国城市规划学会、重庆市人民政府: 中国城市规划学会, 10.
裴玲玲. 2018. 科技人才集聚与高技术产业发展的互动关系. 科学学研究, 36(5): 813-824.
钱智, 史晓琛. 2020. 上海科技创新中心建设成效与对策. 科学发展, (1): 5-17.
清华大学中国科技政策研究中心. 2018. 《中国人工智能发展报告 2018》英文版发布会暨高端国际对话在清华举办. [2018-09-27]. http://dbwn6.cn/eA8Bx.
饶扬德. 2008. 基于企业可持续成长的创新平台研究. 软科学, 22(9): 128-132.
上海市发改委. 2015. 上海市人民政府关于加快建设具有全球影响力的科技创新中心的意见. [2015-05-27]. http://fgw.sh.gov.cn/xgwj/20150524/0025-20121.html.
上海市规划和自然资源局. 2010. 上海市城市规划管理技术规定. [2010-12-20]. http://hd.ghzyj.sh.gov.cn/2009/zcfg/cxgh/202008/P020200828544459579969.pdf.
上海市规划和自然资源局. 2017. 关于《张江科学城建设规划》(征求意见稿). [2017-05-18]. http://ghzyj.sh.gov.cn/ghgs/20200110/0032-719773.html.

上海市人民政府. 2016. 市政府关于印发《上海市科技创新"十三五"规划》的通知. [2016-08-16]. http://www.shanghai.gov.cn/nw2/nw2314/nw2319/nw12344/u26aw48459.html.

上海市人民政府. 2017. 上海市人民政府办公厅印发《关于本市推动新一代人工智能发展的实施意见》的通知. [2017-11-20]. https://www.shanghai.gov.cn/nw41435/20200823/0001-41435_54186.html.

上海市人民政府. 2020. 上海市人民政府关于印发《上海市推进农业高质量发展行动方案(2021-2025 年)》的通知(沪府〔2020〕84 号). [2020-12-25]. https://www.shanghai.gov.cn/nw12344/20210112/0123cc48b40f403d8b787032cea9d194.html.

上海市人民政府. 2021. 上海市城市总体规划(2017-2035)报告. [2021-06-07]. http://ghzyj.sh.gov.cn.

上海市人民政府. 2021. 上海市人民政府办公厅关于印发《上海市先进制造业发展"十四五"规划》的通知(沪府办发〔2021〕12 号). [2021-07-05]. https://www.shanghai.gov.cn/nw12344/20210714/0a62ea7944d34f968ccbc49eec47dbca.html.

上海市张江科学城建设管理办公室. 2021. 张江科学城. [2021-06-21]. http://www.pudong.gov.cn/shpd/gwh/023004/023004001/.

沈能, 赵增耀. 2014. 集聚动态外部性与企业创新能力. 科研管理, 35(4): 1-9.

沈云慈. 2014. 基于人才分类和大学功能定位的教学服务型大学探析. 浙江树人大学学报(人文社会科学版), 14(3): 99-103.

盛垒, 洪娜, 黄亮, 等. 2015. 从资本驱动到创新驱动——纽约全球科创中心的崛起及对上海的启示. 城市发展研究, 22(10): 92-101.

盛维, 陈恭, 江育恒. 2018. 全球城市核心功能演变及其对上海的启示. 科学发展, (5): 46-53.

施鸣炜. 2007. 居民住宅区位决策行为实证研究. 杭州: 浙江工业大学.

石忆邵, 范胤翡, 范华, 等. 2021. 产业用地的国际国内比较分析. 北京: 中国建筑工业出版社.

石忆邵, 吴婕, 周蕾, 等. 2017. 国内外大都市生态用地变化特征及影响因素研究. 北京: 中国建筑工业出版社.

舒松, 余柏蒗, 吴健平, 等. 2011. 基于夜间灯光数据的城市建成区提取方法评价与应用. 遥感技术与应用, 26(2): 169-176.

宋鸿, 张培利. 2010. 城市人才吸引力的影响因素及提升对策. 湖北社会科学, (2): 43-45.

宋娇娇, 孟溦. 2020. 上海科技创新政策演变与启示——基于 1978—2018 年 779 份政策文本的分析. 中国科技论坛, (7): 14-23.

苏伟. 2018. 高质量人才的四个标准. 大众日报, 2018-04-04.

孙庆, 王宏起. 2010. 地方科技创新平台体系及运行机制研究. 中国科技论坛, 26(3): 18-21.

唐承丽, 郭夏爽, 周国华, 等. 2020. 长江中游城市群创新平台空间分布及其影响因素分析. 地理科学进展, 39(4): 531-541.

滕堂伟, 葛冬亚, 胡森林. 2018. 上海企业孵化器空间布局演化及区位影响因子. 世界地理研究, 27(4): 118-126.

屠启宇, 程鹏, 陈晨. 2020. 面向中长期的上海科技创新空间布局总体思路. 世界科学, (S1): 45-49.

万道侠, 胡彬. 2018. 产业集聚、金融发展与企业的"创新惰性". 产业经济研究, (1):

28-38.

汪怿. 2018. 上海吸引全球创新创业人才的问题与对策. 科学发展, 11(4): 5-14.

王丹, 彭颖, 柴慧. 2018. 提升上海全球城市科技创新服务功能研究. 科学发展, (8): 5-16.

王德华, 刘戒骄. 2015. 国家创新系统中政府作用分析. 经济与管理研究, 36(4): 31-38.

王红领, 李稻葵, 冯俊新. 2006. FDI与自主研发: 基于行业数据的经验研究. 经济研究, (2): 44-56.

王康, 李逸飞, 李静, 等. 2019. 孵化器何以促进企业创新？——来自中关村海淀科技园的微观证据. 管理世界, 35(11): 102-118.

王坤, 曹燕, 于洁. 2011. 新疆技术创新产出的专利分析. 科技管理研究, 31(17): 80-84.

王满, 左洪振, 陈少华, 等. 2021. 区域旅游产业集聚与旅游经济的脱钩效应实证研究——以湖南省为例. 南方农机, 52(13): 27-28, 55.

王茂军, 张学霞, 栾维新. 2003. 大连城市居住环境评价构造与空间分析. 地理科学, (1): 87-94.

王宁. 2014. 舒适物、休闲城市与产业升级. // 马惠娣, 魏翔. 中国休闲研究学术报告2013. 北京: 旅游教育出版社.

王顺. 2004. 我国城市人才环境综合评价指标体系研究. 中国软科学, (3): 148-151.

王腾飞, 谷人旭, 马仁锋. 2019. 长江三角洲城市创新关联演化特征及其影响因素研究. 西南民族大学学报(人文社科版), 40(12): 121-128.

王文成, 隋苑. 2022. 生产性服务业和高技术产业协同集聚对区域创新效率的空间效应研究. 管理学报, 19(5): 696-704.

王颖, 刘学良, 魏旭红, 等. 2018. 区域空间规划的方法和实践初探：从"三生空间"到"三区三线". 城市规划学刊, (4): 65-74.

王铮, 马翠芳, 王莹, 等. 2003. 区域间知识溢出的空间认识. 地理学报, 70(5): 773-780.

王知桂, 陈家敏. 2021. 人口集聚、人才集聚与区域技术创新——基于空间效应和空间衰减边界的视角. 调研世界, (11): 34-41.

温锋华, 张常明. 2020. 粤港澳大湾区与美国旧金山湾区创新生态比较研究. 城市观察, (2): 39-46.

文芳. 2009. 企业生命周期对R&D投资影响的实证研究. 经济经纬, (6): 86-89.

魏守华, 王英茹, 汤丹宁. 2013. 产学研合作对中国高技术产业创新绩效的影响[J]. 经济管理, 35(5): 19-30.

吴滨, 李平, 朱光. 2018. 科创中心与金融中心互动典型模式研究. 中国科技论坛, (11): 26-34.

吴冠岑, 牛星, 田伟利. 2016. 我国特大型城市的城市更新机制探讨: 全球城市经验比较与借鉴. 中国软科学, (9): 88-98.

吴良镛. 2001. 人居环境科学导论. 北京: 中国建筑工业出版社.

吴敏. 2006. 基于三螺旋模型理论的区域创新系统研究. 中国科技论坛, 22(1): 36-40.

吴箐, 程金屏, 钟式玉, 等. 2013. 基于不同主体的城镇人居环境要素需求特征——以广州市新塘镇为例. 地理研究, 32(2): 307-316.

吴瑞君, 卿石松, 陈丽梅. 2015. 上海归国科技创新人才调查报告. 科学发展, (4): 82-87.

吴雪萍, 袁李兰. 2019. 美国研究型大学研究生创新人才培养的基础、经验及其启示. 高等教育研究, 40(6): 102-109.

吴延兵. 2014. 不同所有制企业技术创新能力考察. 产业经济研究, (2): 53-64.

吴燕, 邵一希, 张群. 2020. 迈向城市品质时代——新时代国土空间治理语境下的上海城市有机更新. 城乡规划, (5): 73-81.

吴勇毅. 2018. 2018 世界人工智能大会 AI 赋能新时代. 上海信息化, (9): 10-16.

吴志斌, 姜照君. 2015. 可参观性的空间生产与乡村舒适物的耦合关系——以"最美乡村"为主线. 现代经济探讨, (11): 73-77.

武晓静. 2017. 中国上市高新技术企业总部的时空分布及影响因素. 上海: 华东师范大学.

武永祥, 黄丽平, 张园. 2014. 基于宜居性特征的城市居民居住区位选择的结构方程模型. 经济地理, 34(10): 62-69.

向云波, 张勇, 袁开国, 等. 2011. 湘江流域县域发展水平的综合评价及特征分析. 经济地理, 31(7): 1088-1093.

肖意. 2012. 2035 年跻身世界创新型城市先进行列. 深圳特区报, 2012-08-03(A01).

肖忠意, 林琳. 2019. 企业金融化、生命周期与持续性创新——基于行业分类的实证研究. 财经研究, 45(8): 43-57.

谢家平, 孔詠炜, 张为四. 2017. 科创平台的网络特征、运行治理与发展策略——以中关村、张江园科技创新实践为例. 经济管理, 39(5): 36-49.

谢启姣, 刘进华, 胡道华. 2016. 武汉城市扩张对热场时空演变的影响. 地理研究, 35(7): 1259-1272.

谢子远, 吴丽娟. 2017. 产业集聚水平与中国工业企业创新效率——基于 20 个工业行业 2000-2012 年面板数据的实证研究. 科研管理, 38(1): 91-99.

新华社. 2019. 中共中央 国务院印发《长江三角洲区域一体化发展规划纲要》. [2019-12-01]. http://www.gov.cn/zhengce/2019/12/01/content_5457442.htm.

新华社. 2021. 上海发布 3200 亿元专项信贷方案, 支持企业加大创新投入. [2021-01-22.]. http://www.gov.cn/xinwen/2021/01/22/content_5582005.htm.

新华网. 2019. 全球科创中心建设"上海方案"浮出水面. [2019-05-22]. http://www.xinhuanet.com/money/2019-05/22/c_1124525976.htm.

新浪网. 2003. 胡锦涛在全国人才工作会议上发表重要讲话. [2003-12-21]. http://news.sina.com.cn/c/2003-12-21/08071393728s.shtml.

熊和平, 杨伊君, 周靓. 2016. 政府补助对不同生命周期企业 R&D 的影响. 科学学与科学技术管理, 37(9): 3-15.

徐茜, 张体勤. 2010. 基于城市环境的人才集聚研究. 中国人口·资源与环境, 20(9): 171-174.

徐庆东. 2005. 新形势下的人才分类. 前沿, 27(11): 212-213.

徐晓丹, 柳卸林. 2019. 北京市建设国家实验室的基础与对策研究. 科技进步与对策, 36(19): 41-49.

徐绪松, 李慧. 2008. 基于企业成长的创新平台构筑. 科技进步与对策, 25(8): 42-45.

许玲玲, 杨筝, 刘放. 2021. 高新技术企业认定、税收优惠与企业技术创新——市场化水平的调节作用. 管理评论, 33(2): 130-141.

许强, 杨艳. 2010. 公共科技创新平台运行机理研究. 科学学与科学技术管理, 31(12): 56-61.

许学国, 桂美增, 张嘉琳. 2021. 多维距离下科创中心辐射效应对区域创新绩效的影响——以长三角地区为例. 科技进步与对策, 38(10): 56-64.

许泽宁, 高晓路. 2016. 基于电子地图兴趣点的城市建成区边界识别方法. 地理学报, 71(6): 928-939.

闫金玲, 冉启英. 2021. 环境宜居、人力资本与城市创新. 现代经济探讨, (2): 19-25.

阎力婷, 周文娜, 陈星. 2021. 基于功能视角的上海中央活动区发展评价及提升思路. 上海城市规划, (2): 89-95.

阳立高, 韩峰, 杨华峰, 等. 2014. 发达国家高层次创新型人才开发经验及启示. 科技进步与对策, 31(8): 140-144.

杨波, 邓智团. 2016. 全球创新链、链接机制与上海全球科创中心建设研究. 上海城市规划, (6): 11-16.

杨进, 李广, 杨雪. 2021. 何以坚守——基于勒温"场动力理论"谈乡村教师流失的规避. 杭州师范大学学报(社会科学版), 43(2): 114-121.

杨培雷. 2003. 全球性城市形成机制、结构与功能特征探析——兼谈上海世界性城市建设中的几个问题. 外国经济与管理, 25(2): 18-23.

杨清可, 段学军, 王磊, 等. 2018. 基于"三生空间"的土地利用转型与生态环境效应——以长江三角洲核心区为例. 地理科学, 38(1): 97-106.

杨亚琴, 王丹. 2005. 国际大都市现代服务业集群发展的比较研究——以纽约、伦敦、东京为例的分析. 世界经济研究, (1): 61-66.

杨亚琴, 王丹. 1999. 国际大都市现代服务业集群发展的比较研究. 世界经济研究.

杨永春, 谭一洺, 黄幸, 等. 2012. 基于文化价值观的中国城市居民住房选择——以成都市为例. 地理学报, 67(6): 841-852.

杨中楷, 高继平, 梁永霞. 2021. 构建科技创新"双循环"新发展格局. 中国科学院院刊, 36(5): 544-551.

姚桃桃, 王磊. 2019. 基于灰色关联模型的青岛港城关联效应研究. 青岛大学学报(自然科学版), 32(1): 125-130.

姚威, 李恒. 2018. "一带一路"共建国家人才分布与交流开发战略——基于65共建国人才质量和投资存量的分析. 清华大学教育研究, 39(4): 64-72.

姚永玲, 董月, 王韫涵. 2012. 北京和首尔全球城市网络联系能级及其动力因素比较. 经济地理, 32(8): 36-42.

叶东晖. 2021. 聚焦产业链强化上海高端产业引领功能. 科学发展, (4): 15-24.

叶晓倩, 陈伟. 2019. 我国城市对科技创新人才的综合吸引力研究——基于舒适物理论的评价指标体系构建与实证. 科学学研究, 37(8): 1375-1384.

尹德挺, 史毅. 2016. 人口分布、增长极与世界级城市群孵化. 人口研究, 40(6): 87-98.

余冬筠, 金祥荣. 2014. 创新主体的创新效率区域比较研究. 科研管理, 35: 51-57.

余晓芳. 2016. 基于三重螺旋的中国区域创新能力聚类分析研究. 合肥: 安徽财经大学.

余泳泽. 2011. 创新要素集聚、政府支持与科技创新效率——基于省域数据的空间面板计量分析. 经济评论, (2): 93-101.

俞陶然. 2020. 上海: 今年"创新资金"支持企业数翻番. 解放日报, 2020-4-15.

袁祥飞, 郭虹程, 刘彦平. 2022. 谁对孵化绩效影响更大?城市、孵化器与企业比较. 科研管理, 43(1): 89-97.

查奇芬. 2002. 人才环境综合评价体系的研究. 技术经济, (11): 20-21.

曾国屏, 苟尤钊, 刘磊. 2002. 从"创新系统"到"创新生态系统". 科学学研究, 2013, 31(1): 4-12.

詹绍文, 王敏, 王晓飞. 2020. 文化产业集群要素特征、成长路径及案例分析——以场景理论为视角. 江汉学术, 39(1): 5-16.

詹璇, 林爱文, 孙铖, 等. 2016. 武汉市公共交通网络中心性及其与银行网点的空间耦合性研究. 地理科学进展, 35(9): 1155-1166.

湛东升, 张文忠, 余建辉, 等. 2016. 基于客观评价的北京城市宜居性空间特征及机制. 地域研究与开发, 35(4): 68-73, 98.

张波. 2018. 国内高端人才研究：理论视角与最新进展. 科学学研究, 36(8): 1414-1420.

张成思, 张步昙. 2016. 中国实业投资率下降之谜：经济金融化视角. 经济研究, 51(12): 32-46.

张来武. 2011. 科技创新驱动经济发展方式转变. 中国软科学, (12): 1-5.

张龙鹏, 邓昕. 2021. 基础研究发展与企业技术创新——基于国家重点实验室建设的视角. 南方经济, (3): 73-88

张其仔, 许明. 2020. 中国参与全球价值链与创新链、产业链的协同升级. 改革, (6): 58-70.

张勤, 潘蓉, 郭崇文. 2018. 空间治理导向下的空间规划编制方法初探——以《杭州城西科创大走廊空间总体规划》为例. 中国城市规划学会、杭州市人民政府. 共享与品质—2018 中国城市规划年会论文集(12 城乡治理与政策研究). 中国城市规划学会、杭州市人民政府：中国城市规划学会, 9.

张泉. 2021. 强化国家战略科技力量 打造世界一流创新生态. [2021-01-21]. http://www.gov.cn/xinwen/2021/01/21/content_5581514.htm.

张文忠, 谌丽, 杨翌朝. 2013. 人居环境演变研究进展. 地理科学进展, 32(5): 710-721.

张文忠, 李业锦. 2006. 北京城市居民消费区位偏好与决策行为分析. 地理学报, (10): 1037-1045.

张文忠, 刘旺, 李业锦. 2003. 北京城市内部居住空间分布与居民居住区位偏好. 地理研究, (6): 751-759.

张文忠. 2001. 城市居民住宅区位选择的因子分析. 地理科学进展, (3): 267-274.

张文忠. 2007. 城市内部居住环境评价的指标体系和方法. 地理科学, (1): 17-23.

张文忠. 2016. 宜居城市建设的核心框架. 地理研究, 35(2): 205-213.

张小蒂, 王永齐. 2010. 企业家显现与产业集聚：金融市场的联结效应. 中国工业经济, (5): 59-67.

张秀萍, 卢小君, 黄晓颖. 2016. 基于三螺旋理论的区域协同创新网络结构分析. 中国科技论坛, 32(11): 82-88.

张延伟, 裴颖, 葛全胜. 2016. 基于 BDI 决策的居住空间宜居性分析——以大连沙河口区为例. 地理研究, 35(12): 2227-2237.

张银银, 邓玲. 2013. 创新驱动传统产业向战略性新兴产业转型升级：机理与路径. 经济体制改革, (5): 97-101.

张振刚, 景诗龙. 2008. 我国产业集群共性技术创新平台模式比较研究——基于政府作用的视角. 科技进步与对策, 25(7): 79-82.

张振刚, 尚希磊. 2020. 旧金山湾区创新生态系统构建对粤港澳大湾区建设的启示. 科技管理研究, 40(5): 1-5.

赵晶, 徐建华, 梅安新, 等. 2004. 上海市土地利用结构和形态演变的信息熵与分维分析. 地理研究, (2): 137-146.

赵娟娟. 2018. 知识工作者. 城市与区域规划研究, 10(1): 12-25.
赵士英, 洪晓楠. 2001. 显性知识与隐性知识的辩证关系. 自然辩证法研究, (10): 20-23, 33.
赵霄伟, 杨白冰. 2021. 顶级"全球城市"构建现代产业体系的国际经验及启示. 经济学家, (2): 120-128.
赵艳艳. 2021. 全国人大代表陈力: 加快 5G 新基建 推进长三角高质量一体化发展. [2021-10-03]. https://economy.gmw.cn/2021-03/10/content_34675572.htm.
郑巧英, 王辉耀, 李正风. 2014. 全球科技人才流动形式、发展动态及对我国的启示. 科技进步与对策, 31(13): 150-154.
郑思齐, 符育明, 刘洪玉. 2005. 城市居民对居住区位的偏好: 支付意愿梯度模型的估计. 地理科学进展, (1): 97-104.
郑鑫. 2019. 上海人工智能发展与领军力量培育. 科学发展, (4): 14-25.
中共中央, 国务院. 2019. 长江三角洲区域一体化发展规划纲要. [2019-12-01]. http://www.gov.cn/zhengce/2019-12/01/content_5457442.htm.
中国侨网. 2021. 纽约市人口约 3 成为移民来自中国的移民数量第二多. [2021-4-21]. http://www.chinanews.com/hr/2021/04-21/9459992.shtml.
周黎安, 罗凯. 2005. 企业规模与创新: 来自中国省级水平的经验证据. 经济学(季刊), (2): 623-638.
周立群, 邓路. 2009. 企业所有权性质与研发效率——基于随机前沿函数的高技术产业实证研究. 当代经济科学, 31(4): 70-75, 126.
周素红, 陈菲, 戴颖宜. 2019. 面向内涵式发展的品质空间规划体系构建. 城市规划, 43(10): 13-21.
周素红, 刘玉兰. 2010. 转型期广州城市居民居住与就业地区位选择的空间关系及其变迁. 地理学报, 65(2): 191-201.
周泰云. 2020. 创新政策与企业研发投入: 来自中国上市公司的证据. 技术经济, 39(9): 170-180.
周振华. 2020. 全球城市的理论涵义及实践性. 上海经济研究, (4): 99-108.
朱晶, 卓鸿俊, 张志宏, 等. 2020. 北京与上海集成电路产业比较分析及对北京集成电路产业发展的建议. 中国集成电路, 29(Z4): 8-13.
朱军文, 徐卉. 2014. 海外归国高层次人才质量与分布变迁研究. 科技进步与对策, 31(14): 144-148.
朱筱. 2019. 建设"长三角科技创新圈"落实区域一体化战略. [2019-01-29]. https://www.sohu.com/a/292075471_123877.
朱英明. 2003. 产业集聚研究述评. 经济评论, (3): 117-121.
朱有为, 徐康宁. 2006. 中国高技术产业研发效率的实证研究. 中国工业经济, (11): 38-45.
庄涛, 吴洪, 胡春. 2015. 高技术产业产学研合作创新效率及其影响因素研究——基于三螺旋视角. 财贸研究, 26(1): 55-60.
庄子银. 2005. 企业家精神、持续技术创新和长期经济增长的微观机制. 世界经济, (12): 32-43, 80.
邹俊, 张亚军. 2020. 上海人工智能产业发展的成效、短板与对策. 科学发展, (8): 33-39.
邹磊. 2018. 上海加强与"一带一路"共建国家科技创新合作研究. 科学发展, (3): 62-70.
Abdel H A, Tolba M, Soliman S. 2010. Environment, health, and sustainable development.

In Advances in People-Environmental Studies. Cambridge, MA: Hogrefe Publishing, 111-125.

Abrahamson M. 2004. Global Cities. New York: Oxford University Press.

Acs Z, Varga A. 2005. Entrepreneurship, agglomeration and technological change. Small business economics, 24(3): 323-334.

Ahmed N, El-Halafawy A, Amin A. 2019. A critical review of urban livability. European Journal of Sustainable Development, 8(1), 165.

Alexa D, Graham C. 2011. The spatial context of transport disadvantage, social exclusion and well-being. Journal of Transport Geography, 19(6): 1130-1137.

Alonso W. 1964. Location and Land Use: Toward a General Theory of Land Rent. Cambridge, MA: Harvard University Press.

Amin A, Thrift N. 1992. Neo-Marshallian Nodes in Global Networks. International Journal of Urban and Regional Research, 16(4): 571-587.

Amin A, Thrift N. 2000. What Kind of Economic Theory for What Kind of Economic Geography? Antipode, 32(1): 4-9.

Anselin L, Varga A, Acs Z. 1997. Local geographic spillovers between university research and high technology innovations. Journal of urban economics, 42(3): 422-448.

Audretsch D, Thurik R, Verheul I, et al. 2002. Understanding entrepreneurship across countries and over time. Entrepreneurship: Determinants and policy in a European-US comparison. Springer, Boston, MA, 1-10.

Bathelt H, Malmberg A, Maskell P. 2004. Clusters and knowledge: local buzz, global pipelines and the process of knowledge creation. Progress in Human Geography, 28(1): 31-56.

Beaverstock J V, Hall S. 2012. Competing for talent: global mobility, immigration and the City of London's labour market. Cambridge Journal of Regions, Economy and Society, 5(2): 271-288.

Beaverstock J V, Smith R G, Taylor P J. 1999. A roster of world cities. Cities, 16(6): 445-458.

Beerepoot N. 2008. Diffusion of knowledge and skills through labour markets: Evidence from the furniture cluster in Metro Cebu (the Philippines). Entrepreneurship and regional development, 20(1): 67-88.

Blair J. 1998. Quality of life and economic development policy. Economic Development Review, 16(1): 50.

Braun E, Kavaratzis M, Zenker S. 2013. My city – my brand: the different roles of residents in place branding. Journal of Place Management and Development, 6(1): 18-28.

Brown L, Moore E. 1970. The Intra-Urban Migration Process: A Perspective. Geografiska Annaler: Series B, Human Geography, 52(1): 1-13.

Camagni R. 1991. Innovation Networks: Spatial Perspectives. London: Belhaven Press.

Carlino G, Kerr W. 2015. Chapter 6 - Agglomeration and Innovation. Berlin: Elsevier.

Castells M. 1992. The Informational City: Economic Restructuring and Urban Development. Hoboken, NJ: Wiley-Blackwell.

Castells M. 2011. The Rise of the Network Society. New York: John wiley & sons.

Clark T. 2004. The city as an entertainment machine. Research in Urban Sociology, 6(6): 357-378.

Collings D, Mellahi K. 2009. Strategic talent management: A review and research agenda. Human resource management review, 19(4): 304-313.

Cusumano M, Gawer A, Yoffie D. 2019. The business of platforms: Strategy in the age of digital competition, innovation, and power. New York: Harper Business.

Darchen S, Tremblay D. 2010. What Attracts and Retains Knowledge Workers/Students: The Quality of Place or Career Opportunities? Cities, 27(4): 225-233.

Davila T, Eptein M, Shelton R. 2006. Making innovation work: how to manage it, measure it, and profit from it. New York: Pearson Press.

Dear M, Scott A. 1981. Urbanization and Urban Planning in Capitalist Society. London: Routledge.

Deloitte. 2016. Global cities, global talent London's rising soft power. [2016-02-10]. https://www2.deloitte.com/content/dam/Deloitte/uk/Documents/Growth/deloitte-uk-global-cities-global-talent-2016.pdf.

Derudder B, Taylor P. 2016. Change in the world city network, 2000-2012. The Professional Geographer, 68(4): 624-637.

Desrochers P. 2001. Local Diversity, Human Creativity, and Technological Innovation. Growth and Change, 32(2): 369-394.

Dick E, Marinel S. 2016. How do spatial characteristics influence well-being and mental health? Comparing the effect of objective and subjective characteristics at different spatial scales. Travel Behaviour and Society, 5: 56-67.

Docquier F, Machado J. 2016. Global competition for attracting talents and the world economy. World Economy, 39(4SI): 530-542.

Docquier F, Rapoport H. 2012. Globalization, brain drain, and development. Journal of Economic Literature, 50(3): 681-730.

Ducruet C. 2006. Port-city relationships in Europe and Asia. Journal of International Logistics and Trade, 4(2): 13-35.

Ducruet C, Notteboom T. 2012. The worldwide maritime network of container shipping: spatial structure and regional dynamics. Global networks, 12(3): 395-423.

Dul J, Ceylan C, Jaspers F. 2011. Knowledge workers' creativity and the role of the physical work environment. Human Resource Management, 50(6): 715-734.

Eisenmann T. 2008. Managing Proprietary and Shared Platforms. California Management Review, 50(4): 31-53.

Esmaeilpoorarabi N, Yigitcanlar T, Guaralda M. 2016. Towards an urban quality framework: determining critical measures for different geographical scales to attract and retain talent in cities. International Journal of Knowledge-Based Development, 7(3): 290-312.

Evangelista R, Sandven T, Sirilli G, et al. 1998. Measuring innovation in European industry. International Journal of the Economics of Business, 5(3): 311-333.

Feldman M, Audretsch D. 1999. Innovation in cities: Science-based diversity, specialization and localized competition. European Economic Review, 43(2): 409-429.

Fernandez R, Castilla E, 2000. Moore P. Social Capital at Work: Networks and Employment at a Phone Center. American Journal of Sociology, 105(5): 1288-1356.

Florida R. 2002a. Bohemia and economic geography. Journal of economic geography, 2(1): 55-71.

Florida R. 2002b. The Economic Geography of Talent. Annals of the Association of American Geographers, 92(4): 743-755.

Florida R. 2003. The rise of the creative class: and how it's transforming work, leisure, community, and everyday life. Basic Books, New York.

Freidman T. 2005. The world is flat. New York: Farrar, Straus and Giroux.

French K. A. 1962. Programmatic Approach to Studying the Industrial Environment and Mental Health1. Journal of Social Issues, 18(3): 1-47.

Friedmann J, Wolff G. 1982. World city formation. International Journal of Urban and Regional Research, 6(3): 309-344.

Friedmann J. 1986. The world city hypothesis. Development and Change, 17(1): 69-83.

Fujita K. 1991. A world city and flexible specialization: Restructuring of the Tokyo metropolis. International Journal of Urban & Regional Research, 15(2): 269-284.

Fujita M, Thisse J. 2002. Economics of Agglomeration: Cities, Industrial Location, and Regional Growth. Cambridge: Cambridge University Press.

Geddes P. 1915. Cities in Evolution. London: Williams.

Gehl J. 2013. Cities for people. Washington D. C. : Island Press.

Gehringer A. 2013. Growth, productivity and capital accumulation: The effects of financial liberalization in the case of European integration. International Review of Economics & Finance, 25: 291-309.

Glaeser E L, Kolko J, Saiz A. 2001. Consumer City. Journal of Economic Geography, 1(1): 27-50.

Glaeser E L. 1998. Are cities dying? Journal of Economic Perspectives, 12(2): 139-160.

Glaeser E L. 1999. Learning in Cities. Journal of Urban Economics, 46(2): 254-277.

Godfrey B J, Zhou Y. 1999. Ranking world cities. Urban Geography, 20(3): 268-281.

Gong P, Li X C, Zhang W. 2019. 40-Year(1978-2017) human settlement changes in China reflected by impervious surfaces from satellite remote sensing. Science Bulletin, 64.

Gottlieb P D. 1995. Residential Amenities, Firm Location and Economic. Urban Studies, 32(9): 1413-1436.

Gottmann J, Richard O. 1992. Global Financial Integration: The End of Geography. The Geographical Journal, 159: 101.

Graham D, Spence N. 1997. Competition for metropolitan resources: The 'crowding out'of London's manufacturing industry?. Environment and Planning A, 29(3): 459-484.

Gu H Y, Francisco R, Liu Y, et al. 2021. Geography of talent in China during 2000-2015: An eigenvector spatial filtering negative binomial approach. Chinese Geographical Science, 297-312.

Guimera R, Mossa S, Turtschi A, et al. 2005. The worldwide air transportation network: Anomalous centrality, community structure, and cities' global roles. Proceedings of the National Academy of Sciences, 102(22): 7794-7799.

Hall P. 1984. The World Cities. London: Weidenfeld & Nicolson.

Harmaakorpi V. 2006. Regional Development Platform Method (RDPM) as a tool for regional innovation policy. European Planning Studies, 14(8): 1085-1104.

Hatuka T, Rosen Z I, Birnhack M, et al. 2018. The Political Premises of Contemporary Urban Concepts: The Global City, the Sustainable City, the Resilient City, the Creative City, and the Smart City. Planning Theory & Practice, 19(2): 160-179.

Hoyle B S. 1989. The port-city interface: Trends, problems and examples. Geoforum, 20(4): 429-435.

Hu X, Yang C. 2019. Institutional change and divergent economic resilience: Path development of two resource-depleted cities in China. Urban Studies, 56(16): 3466-3485.

Huff J O, Clark W. 1978. Cumulative Stress and Cumulative Inertia: A Behavioral Model of the Decision to Move. Environment and Planning A, 10(10): 1101-1119.

Iredale R. 2000. Migration policies for the highly skilled in the asia-pacific region. International Migration Review, 34(3): 882-906.

Jacobs J. 1961. The Death and life of Great American Cities. New York: Vintage.

Jaffe A B, Trajtenberg M, Henderson R. 1993. Geographic Localization of Knowledge Spillovers as Evidenced by Patent Citations. Quarterly Journal Of Economics, 108(3): 577-598.

Jones A. 2002. The 'global city' misconceived: The myth of 'global management' in transnational service firms. Geoforum, 33(3): 335-350.

Jordan L P. 2017. Introduction: understanding migrants' economic precarity in global cities. Urban Geography, 38(10): 1455-1458.

Jung B M. 2011. Economic contribution of ports to the local economies in Korea. The Asian Journal of Shipping and Logistics, 27(1): 1-30.

Källtorp O, Elander I, Ericsson O, et al. 1997. Cities in transformation-transformation in cities. Social and Symbolic Change of Urban Space. Avebury, Aldershot.

Kearney. 2021. 2021 Global Cities Report. [2021-8-25]. https://www.kearney.com/global-cities/2021.

King K A. 2017. The talent climate. Journal of Organizational Effectiveness: People and Performance, 4(4): 298-314.

Krugman P. 1991. Increasing Returns and Economic Geography. Journal of Political Economy, 99(3), 483-499.

Lawton P, Murphy E, Redmond D. 2013. Residential Preferences of the 'creative class'? Cities, 31(4): 47-56.

Lee S W, Ducruet C. 2009. Spatial glocalization in Asia-Pacific hub port cities: a comparison of Hong Kong and Singapore. Urban Geography, 30(2): 162-184.

Leonard D, Sensiper S. 1998. The role of tacit knowledge in group innovation. California management review, 40(3): 112-132.

Lewin K. 1943. Defining the 'field at a given time.'. Psychological Review, 50(3): 292-310.

Lin C, Lin P, Song F. 2010. Property rights protection and corporate R&D: Evidence from China. Journal of Development Economics, 93(1): 49-62.

Ling C, Dale A. 2011. Nature, place and the creative class: Three Canadian case studies.

Landscape and Urban Planning, 99(3): 239-247.
Lloyd R, Clark T N. 2001. The City as an Entertainment Machine. Critical Perspectives on Urban Redevelopment, 3(6): 357-378.
Lu H, Yue A, Chen H, et al. 2018. Could smog pollution lead to the migration of local skilled workers? Evidence from the Jing-Jin-Ji region in China. Resources, Conservation and Recycling, 130: 177-187.
Lucas J. 1988. On the mechanics of economic development. Journal of monetary economics, 22(1): 3-42.
Luong H, Moshirian F, Nguyen L, et al. 2017. How do foreign institutional investors enhance firm innovation? Journal of Financial and Quantitative Analysis, 52(4): 1449-1490.
MacDougall G. 1960. The benefits and costs of private investment from abroad: a theoretical approach. The Economic Record, (36): 13-35.
Malecki E. 1991. Technology and Economic Development: The Dynamics of Local, Regional, and National Change. New York: Longman Scientific & Technical.
Marceau J. 2008. Introduction. Innovation, 10(2-3): 136-145.
Markusen A. 1996. Sticky Places in Slippery Space: A Typology of Industrial Districts. Economic Geography, 72(3): 293-313.
May J, Wills J, Datta K, et al. 2007. Keeping London working. Transactions of the Institute of British Geographers, 32(2): 151-167.
Mayor of London. 2021a. The London Plan 2021.
Mayor of London. 2021b. Central Activities Zone Supplement Planning Guidance.
Moodysson J. 2008. Principles and practices of knowledge creation: On the organization of "buzz" and "pipelines" in life science communities. Economic Geography, 84(4): 449-469.
Musterd S. 2006. Segregation, Urban Space and the Resurgent City. Urban studies (Edinburgh, Scotland), 43(8): 1325-1340.
Neal Z. 2013. Brute force and sorting processes. Urban Studies, 50(6): 1277-1291.
Niedomysl T, Hansen H K. 2010. What Matters More for the Decision to Move: Jobs Versus Amenities. Environment and planning. A, 42(7): 1636-1649.
OECD. 2018. How immigrants contribute to developing countries' economic. Paris: OECD Publishing.
Palmer L. 2003. The war for talent. The RUSI Journal, 148(2): 62-68.
Peck J. 2005. Struggling with the Creative Class. International Journal of Urban and Regional Research, 29(4): 740-770.
Peixoto J. 2001. Migration and policies in the European Union: Highly skilled mobility, free movement of labour and recognition of diplomas. International Migration, 39(1): 33-61.
Persky J, Wiewel W. 1994. The growing localness of the global city. Economic Geography, 70(2): 129-143.
Poon J, Shang Q. 2014. Are creative workers happier in Chinese cities? The influence of work, lifestyle, and amenities on urban well-being. Urban Geography, 35(4): 567-585.
Prashker J, Shiftan Y, Hershkovitch S P. 2008. Residential choice location, gender and the commute trip to work in Tel Aviv. Journal of transport geography, 16(5): 332-341.
Quigley J. 1998. Urban Diversity and Economic Growth. Journal of Economic Perspectives,

12(2): 127-138.

Robinson J, Doel M, Hubbard P. 2002. Global and world cities. International Journal of Urban and Regional Research, 2(3): 531-554.

Romer P. 1990. Endogenous technological change. Journal of political economy, 98: S71-S102.

Romer P. 1996. Why, Indeed, in America? Theory, History, and the Origins of Modern Economic Growth. The American Economic Review, 86(2): 202-206.

Roy R. 1994. Towards the Fifth-generation Innovation Process. International Marketing Review, 11(1): 7-31.

Sarra A, Nissi E. 2020. A Spatial Composite Indicator for Human and Ecosystem Well-Being in the Italian Urban Areas. Soc Indic Res, 148: 353-377.

Sassen S. 1991. The Global City. New Jersey: Princeton University Press, 3-15.

Sassen S. 1991. The Global City: New York, London, Tokyo. New Jersey: Princeton University Press.

Sassen S. 2001. The Global City: New York, London, Tokyo. New Jersey: Princeton University Press.

Sassen S. 2018. The globalization and development reader//Sassen S (ed.) Cities in a World Economy. CA: SAGE.

Schmitz H, Nadvi K. 1999. Clustering and Industrialization: Introduction. World Development, 27(9): 1503-1514.

Schultz T. 1961. Investment in human capital. The American economic review, 51(1): 1-17.

Song H, Zhang M, Wang R. 2016. Amenities and spatial talent distribution: Evidence from the chinese IT industry. Cambridge Journal of Regions Economy and Society, 9(3): 517-533.

Taylor P J, Catalano G, Walker D R F. 2002. Measurement of the world city network. Urban studies, 39(13): 2367-2376.

Taylor P J, Derudder B. 2004. World City Network. London: Rout-ledge.

Taylor P J. 2001. Specification of the world city network. Geographical Analysis, 33(2): 181-194.

Thomas R, Eisenmann G, Marshall Van Alstyne. 2009. Opening Platforms: How, When and Why?. Edward Elgar Publishing.

Tomaney J, Bradley D. 2007. The economic role of mobile professional and creative workers and their housing and residential preferences. Town Planning Review, 78(4): 511-530.

Tseng Y. 2011. Shanghai rush: skilled migrants in a fantasy city. Journal of Ethnic and Migration Studies, 37(5): 765-784.

Ullman E. 1954. Amenity as a factor in regional growth. Geographical Review, 44(1): 119-132.

Ulrich D, Smallwood N. 2012. What is talent? Leader to leader, 2012(63): 55-61.

Van Ham M, Uesugi M, Tammaru T, et al. 2020. Changing occupational structures and residential segregation in New York, London and Tokyo. Nature human behaviour, 4(11): 1124-1134.

Van Oort F, Weterings A, Verlinde H. 2003. Residential Amenities of Knowledge Workers and the Location of ICT‐FIrms in the Netherlands. Tijdschrift voor economische en

sociale geografie, 94(4): 516-523.
Verdich M. 2010. Creative Migration? The attraction and retention of the 'creative class' in Launceston, Tasmania. Australian Geographer, 41(1): 129-140.
Verginer L, Riccaboni M. 2021. Talent goes to global cities: The world network of scientists' mobility. Research Policy, 50(1): 104127.
Visser E, Atzema O. 2008. With or without clusters: Facilitating innovation through a differentiated and combined network approach. European Planning Studies, 16(9): 1169-1188.
Wang J, Su M, Chen B, et al. 2011. A comparative study of Beijing and three global cities: A perspective on urban livability. Frontiers of Earth Science, 5: 323-329.
Watson A, Beaverstock J V. 2014. World city network research at a theo- retical impasse. Tijdschrift voor Economische en Sociale Geo- grafie, 105(4): 412-426.
Weng Q, James C. 2010. HR environment and regional attraction: An empirical study of industrial clusters in China. Australian Journal of Management, 35(3): 245-263.
Wickramaarachchi N, Butt A. 2014. Motivations for retention and mobility: Pathways of skilled migrants in regional Victoria, Australia. Rural Society, 23(2): 188-197.
Williams A. 2007. International labour migration and tacit knowledge transactions: A multi-level perspective. Global Networks—A Journal of Transnational Affairs, 7(1): 29-50.
World Bank. 2019. Doing Business 2019.
Yao L, Li X, Zheng R, et al. 2022. The Impact of Air Pollution Perception on Urban Settlement Intentions of Young Talent in China: International Journal of Environmental Research and Public Health, 19.
Yigitcanlar T, Baum S, Horton S. 2007. Attracting and Retaining Knowledge Workers in Knowledge Cities. Journal of Knowledge Management, 11(5): 6-17.
Yigitcanlar T, Connor K, Westerman C. 2008. The Making of Knowledge Cities: Melbourne's Knowledge-Based Urban Development Experience. Cities, 25(2): 63-72.
Yigitcanlar T, Lönnqvist A. 2013. Benchmarking Knowledge-Based Urban Development Performance . Cities, 31(4): 357-369.
Yigitcanlar T, Velibeyoglu K, Fernandez C. 2008. Rising knowledge cities: the role of urban knowledge precincts. Journal of Knowledge Management, 12(5): 8-20.

附 录

附录一 政 策 目 录

附表 1-1 上海全球科创中心建设相关政策文件汇编

政策层级	名称	发文号
中央	国务院印发《上海系统推进全面创新改革试验 加快建设具有全球影响力的科技创新中心方案》的通知	国发〔2016〕23 号
	国务院关于印发"十三五"国家科技创新规划的通知	国发〔2016〕43 号
	国务院关于上海市浦东新区开展"一业一证"改革试点大幅降低行业准入成本总体方案的批复	国函〔2020〕155 号
	中国人民银行、中国银行保险监督管理委员会、中国证券监督管理委员会等关于进一步加快推进上海国际金融中心建设和金融支持长三角一体化发展的意见	银发〔2020〕46 号
	科技部关于印发《长三角科技创新共同体建设发展规划》的通知	国科发规〔2020〕352 号
	科技部、国家发展改革委、工业和信息化部等关于印发《长三角 G60 科创走廊建设方案》的通知	国科发规〔2020〕287 号
	科技部、国家发展改革委、教育部等关于印发《加强"从 0 到 1"基础研究工作方案》的通知	国科发基〔2020〕46 号
	最高人民法院印发《关于为设立科创板并试点注册制改革提供司法保障的若干意见》的通知	法发〔2019〕17 号
	中共中央、国务院印发《粤港澳大湾区发展规划纲要》	
	中共中央 国务院印发《长江三角洲区域一体化发展规划纲要》	
长三角	上海市教育委员会、上海市发展和改革委员会、上海市经济和信息化委员会、上海市科学技术委员会关于重点支持长三角集成电路设计与制造协同创新中心建设的通知	沪教委科〔2013〕87 号
	长三角生态绿色一体化发展示范区执行委员会、中国人民银行上海总部、中国人民银行南京分行等关于在长三角生态绿色一体化发展示范区深化落实金融支持政策推进先行先试的若干举措	示范区执委会发〔2020〕3 号
	上海市人民政府、江苏省人民政府、浙江省人民政府印发《关于支持长三角生态绿色一体化发展示范区高质量发展的若干政策措施》的通知	沪府规〔2020〕12 号

续表

政策层级	名称	发文号
长三角	上海市贯彻《长江三角洲区域一体化发展规划纲要》实施方案	
	江苏省人民代表大会常务委员会关于支持和保障长三角地区更高质量一体化发展的决定	江苏省人大常委会公告第8号
	上海市人民代表大会常务委员会关于支持和保障长三角地区更高质量一体化发展的决定	上海市人民代表大会常务委员会公告第12号
	中共浙江省委、浙江省人民政府关于印发《浙江省推进长江三角洲区域一体化发展行动方案》的通知	
	安徽省人民代表大会常务委员会关于支持和保障长三角地区更高质量一体化发展的决定	
上海	中共上海市委、上海市人民政府关于加快建设具有全球影响力的科技创新中心的意见	
	上海市科学技术委员会、上海市经济和信息化委员会关于印发《上海市科技小巨人工程实施办法》的通知（2015修订）	沪科合〔2015〕8号
	上海市人民政府办公厅关于转发市规划国土资源局制订的《上海市加快推进具有全球影响力科技创新中心建设的规划土地政策实施办法（试行）》的通知	沪府办〔2015〕69号
	上海市人力资源和社会保障局、上海市外国专家局、上海市公安局关于印发《关于服务具有全球影响力的科技创新中心建设实施更加开放的海外人才引进政策的实施办法（试行）》的通知	沪人社外发〔2015〕35号
	上海市人民政府办公厅转发市经济信息化委《关于上海加快发展智能制造助推全球科技创新中心建设的实施意见》的通知	沪府办发〔2015〕36号
	上海市人民政府办公厅印发《关于促进金融服务创新支持上海科创新中心建设的实施意见》的通知	沪府办发〔2015〕36号
	上海市人民政府办公厅关于印发《关于进一步加大财政支持力度加快建设具有全球影响力的科技创新中心的若干配套政策》的通知	沪府办〔2015〕84号
	上海市人力资源社会保障局等关于印发《关于服务具有全球影响力的科技创新中心建设实施更加开放的国内人才引进政策的实施办法》的通知	沪人社力发〔2015〕41号
	上海市人民政府办公厅关于印发《上海市鼓励外资研发中心发展的若干意见》的通知	沪府办发〔2015〕42号
	上海市人民政府办公厅关于印发《关于进一步促进科技成果转移转化的实施意见》的通知	沪府办发〔2015〕46号
	上海市经济信息化委、上海市财政局关于印发《上海市产业技术创新专项支持实施细则》的通知	沪经信技〔2015〕769号

续表

政策层级	名称	发文号
上海	上海市人力资源社会保障局关于印发《关于完善本市科技创新领域专业技术职称评聘工作的实施细则》的通知	沪人社专发〔2016〕2号
	上海市人民政府关于印发修订后的《鼓励留学人员来上海工作和创业的若干规定》的通知（2016）	沪府发〔2016〕8号
	上海市委、上海市政府关于加强知识产权运用和保护支撑科技创新中心建设的实施意见	
	上海市人民政府办公厅转发市科委等五部门修订的《关于进一步加快转制科研院所改革和发展的指导意见》的通知（2016）	沪府办发〔2016〕14号
	上海市人民政府关于深化完善"双特"政策支持临港地区新一轮发展的若干意见	沪审综〔2016〕60号
	上海市科委关于修订《上海市优秀科技创新人才培育计划管理办法》的通知（2016）	沪府发〔2016〕79号
	上海市人民政府关于印发《上海市大数据发展实施意见》的通知	
	上海市人民政府印发《关于全面建设杨浦国家大众创业万众创新示范基地的实施意见》的通知	沪府发〔2016〕95号
	中国人民银行上海总部关于进一步拓展自贸区跨境金融服务功能支持科技创新和实体经济的通知	银总部发〔2016〕122号
	上海市科学技术委员会、上海市财政局、上海市国家税务局等关于印发《上海市高新技术企业认定管理实施办法》的通知	沪科合〔2016〕22号
	上海市教育委员会关于进一步促进高校科技成果转移转化工作的指导意见	沪教委科〔2016〕81号
	上海市经济和信息化委员会关于印发《上海市关于促进云计算创新发展培育信息产业新业态的实施意见》的通知	沪经信软〔2017〕7号
	上海市科学技术委员会、上海市发展和改革委员会、上海市财政局关于印发《市级财政科技投入科技创新支撑类专项联动管理实施细则》的通知	沪科合〔2017〕3号
	上海市经济和信息化委员会关于印发《关于上海创新智能制造应用模式和机制的实施意见》的通知	沪经信装〔2017〕62号
	浦东新区人力资源和社会保障局关于印发《中国（上海）自由贸易试验区推荐外籍高层次人才申请在华永久居留的认定管理办法（试行）》的通知	浦人社〔2017〕23号
	上海市人民政府印发《关于本市进一步鼓励软件产业和集成电路产业发展的若干政策》的通知	沪府发〔2017〕23号
	上海市工商行政管理局关于服务自贸试验区和科技创新中心建设的若干意见	沪工商注〔2017〕111号

续表

政策层级	名称	发文号
上海	上海市人民政府印发《关于创新驱动发展巩固提升实体经济能级的若干意见》的通知	沪府发〔2017〕36号
	上海市科学技术委员会关于建设上海市软科学研究基地"上海市科技创新法治保障研究中心"的通知	沪科〔2017〕233号
	上海市科学技术委员会、上海市财政局关于印发《上海市科技创新计划专项资金管理办法》的通知	沪科合〔2017〕11号
	上海市人力资源和社会保障局、上海市外国专家局关于外籍高校毕业生来沪工作办理工作许可有关事项的通知	沪人社规〔2017〕25号
	上海市人民政府办公厅关于促进本市生物医药产业健康发展的实施意见	沪府办发〔2017〕51号
	上海市人民政府印发《关于推进上海美丽健康产业发展的若干意见》的通知	沪府发〔2017〕67号
	上海市人民政府印发《关于促进本市新兴行业加快发展完善新兴行业分类指导的意见》的通知	沪府发〔2017〕73号
	上海市人民政府关于批转市发展改革委、市财政局制订的《上海市战略性新兴产业发展专项资金管理办法》的通知（2017）	沪府发〔2017〕77号
	上海市人民政府关于进一步支持外资研发中心参与上海具有全球影响力的科技创新中心建设的若干意见	沪府发〔2017〕79号
	上海市人民政府办公厅关于印发《浦东新区"证照分离"改革试点深化实施方案》的通知	沪府办发〔2017〕62号
	上海市人民政府关于批转市发展改革委、市财政局制订的《上海市创业投资引导基金管理办法》的通知	沪府发〔2017〕81号
	上海市人民政府办公厅印发《关于本市推动新一代人工智能发展的实施意见》的通知	沪府办发〔2017〕66号
	上海市人民政府印发《关于全面建设徐汇国家大众创业万众创新示范基地的实施意见》的通知	沪府发〔2017〕83号
	上海市人民政府办公厅关于印发《上海市加快推进具有全球影响力科技创新中心建设的规划土地政策实施办法》的通知	沪府办〔2017〕69号
	上海市人力资源和社会保障局、上海市外国专家局关于本市外资研发中心聘用外籍人才来沪工作办理工作许可相关事宜的通知	沪人社规〔2017〕39号
	上海市人民政府办公厅关于本市推进研发与转化功能型平台建设的实施意见	沪府办规〔2018〕6号
	上海市教育委员会关于印发《上海高等学校创新人才培养机制推进一流本科建设试点方案》的通知	沪教委高〔2018〕14号
	上海市人民政府印发《关于本市统筹推进一流大学和一流学科建设实施意见》的通知	沪府发〔2018〕7号

续表

政策层级	名称	发文号
上海	上海市科学技术委员会、上海市发展和改革委员会、上海市经济和信息化委员会、上海市财政局关于印发《上海市研发与转化功能型平台管理办法（试行）》的通知	沪科规〔2018〕1号
	上海市科学技术委员会关于印发《上海市大型科学仪器设施共享服务评估与奖励办法实施细则》的通知	沪科规〔2018〕3号
	中共上海市委关于面向全球面向未来提升上海城市能级和核心竞争力的意见	
	上海市人民政府办公厅印发《关于本市积极推进供应链创新与应用的实施意见》的通知	沪府办发〔2018〕26号
	上海市人民政府关于印发《上海市加强质量认证体系建设促进全面质量管理的实施方案》的通知	沪府发〔2018〕38号
	上海市人民政府关于印发《上海市深化服务贸易创新发展试点实施方案》的通知	沪府规〔2018〕20号
	上海市人民政府关于加快本市高新技术企业发展的若干意见	沪府发〔2018〕40号
	上海市研发与转化功能型平台建设工作推进小组办公室、上海市科学技术委员会关于进一步开展研发与转化功能型平台培育和建设工作的通知	
	上海市人民政府印发《关于本市促进资源高效率配置推动产业高质量发展的若干意见》的通知	沪府发〔2018〕41号
	中国人民银行上海总部关于进一步加强民营企业和科技创新企业金融服务的实施意见	银总部发〔2018〕75号
	上海市科学技术委员会、上海市财政局关于印发《上海市科技创新券管理办法（试行）》的通知	沪科规〔2018〕8号
	上海市人民政府办公厅关于印发本市深化科技奖励制度改革实施方案的通知	沪府办规〔2018〕35号
	上海市科学技术委员会关于进一步深化科技体制机制改革增强科技创新中心策源能力的意见	
	国家税务总局上海市税务局关于全面落实税收优惠政策积极促进减税降费措施落地的通知	沪税函〔2019〕33号
	上海市科学技术委员会、上海市发展和改革委员会、上海市经济和信息化委员会等关于印发《关于促进新型研发机构创新发展的若干规定（试行）》的通知	沪科规〔2019〕3号
	上海市科学技术委员会、中共上海市委组织部、中共上海市委机构编制委员会办公室等关于印发《关于进一步扩大高校、科研院所、医疗卫生机构等科研事业单位科研活动自主权的实施办法（试行）》的通知	沪科规〔2019〕2号
	上海市人民政府关于促进上海创业投资持续健康高质量发展的若干意见	沪府规〔2019〕29号

续表

政策层级	名称	发文号
上海	上海市人民政府办公厅关于着力发挥资本市场作用促进本市科创企业高质量发展的实施意见	沪府办规〔2019〕11号
	上海银保监局关于上海银行业保险业进一步支持科创中心建设的指导意见	沪银保监发〔2019〕127号
	上海市科学技术委员会、上海市外国专家局关于支持中国（上海）自由贸易试验区临港新片区更加便利更加开放地引进外国人才的通知	
	中国（上海）自由贸易试验区临港新片区管理委员会关于印发《中国（上海）自由贸易试验区临港新片区集聚发展集成电路产业若干措施》的通知	
	中国（上海）自由贸易试验区临港新片区管理委员会关于印发《中国（上海）自由贸易试验区临港新片区集聚发展人工智能产业若干措施》的通知	
	中国（上海）自由贸易试验区临港新片区管理委员会关于印发《中国（上海）自由贸易试验区临港新片区集聚发展航空航天产业若干措施》的通知	
	中国（上海）自由贸易试验区临港新片区管理委员会关于印发《中国（上海）自由贸易试验区临港新片区促进产业发展若干政策》的通知	
	中国（上海）自由贸易试验区临港新片区管理委员会关于印发《中国（上海）自由贸易试验区临港新片区集聚发展生物医药产业若干措施》的通知	
	中国（上海）自由贸易试验区临港新片区支持人才发展若干措施	
	上海市经济信息化委关于贯彻"浦江之光"行动进一步促进金融机构服务科创企业的通知	沪经信企〔2019〕1104号
	上海市市场监督管理局关于延长《上海市市场监督管理局支持众创空间发展的意见》有效期的通知	沪市监规范〔2019〕12号
	上海市人民政府办公厅关于印发《加快推进上海金融科技中心建设实施方案》的通知	沪府办规〔2020〕1号
	上海市全面深化国际一流营商环境建设实施方案	沪委办〔2020〕1号
	上海市科学技术委员会关于全力支持科技企业抗疫情稳发展的通知	沪科〔2020〕32号
	上海市财政局、上海市金融工作局、中国银行保险监督管理委员会上海监管局关于印发《上海市2019—2021年科技型中小企业和小型微型企业信贷风险补偿办法》的通知	沪财发〔2020〕5号
	中国（上海）自由贸易试验区临港新片区管理委员会关于印发《中国（上海）自由贸易试验区临港新片区科技创新型平台管理办法（试行）》的通知	

续表

政策层级	名称	发文号
上海	中国（上海）自由贸易试验区临港新片区管理委员会关于印发《中国（上海）自由贸易试验区临港新片区高新产业和科技创新专项实施细则（2020版）》的通知	
	上海市商务委员会、上海市发展和改革委员会、上海市经济和信息化委员会印发《关于推进本市国家级经济技术开发区创新提升打造开放型经济新高地的实施意见》的通知	
	中国（上海）自由贸易试验区临港新片区管理委员会关于印发《中国（上海）自由贸易试验区临港新片区高新产业和科技创新服务业引导资金项目专项实施细则（2020版）》的通知	沪自贸临管委〔2020〕335号
	上海市人力资源和社会保障局、上海市财政局关于印发《上海市人力资源服务"伯乐"奖励计划实施办法（试行）》的通知	沪人社规〔2020〕10号
	中国（上海）自由贸易试验区临港新片区管理委员会关于印发《中国（上海）自由贸易试验区临港新片区软件和集成电路企业设计人员、核心团队专项奖励办法》的通知	沪自贸临管规范〔2020〕3号
	上海市人力资源和社会保障局关于做好优秀外籍高校毕业生来沪工作等有关事项的通知	沪人社规〔2020〕16号
	上海市人力资源和社会保障局关于进一步支持和鼓励本市事业单位科研人员创新创业的实施意见	沪人社规〔2020〕22号
	上海市科学技术委员会、上海市教育委员会、上海市财政局、国家税务总局上海市税务局关于印发《上海市科技创新创业载体管理办法（试行）》的通知	沪科规〔2020〕7号
	上海市科学技术委员会、上海市财政局、国家税务总局上海市税务局关于印发《上海市高新技术成果转化专项扶持资金管理办法》的通知	沪科规〔2020〕10号
	上海市科学技术委员会关于印发《上海市科技信用信息管理办法（试行）》的通知	沪科规〔2020〕9号
	上海市人力资源和社会保障局、上海市科学技术委员会关于印发《上海市浦江人才计划管理办法》的通知（2020修订）	沪人社规〔2020〕29号
	上海市科学技术委员会关于延长《上海市科技创新券管理办法（试行）》有效期的通知	沪科规〔2020〕12号
	上海市人民政府关于印发《鼓励留学人员来上海工作和创业的若干规定》的通知	沪府规〔2021〕1号
	上海市国民经济和社会发展第十四个五年规划和二〇三五年远景目标纲要	

续表

政策层级	名称	发文号
上海	中国（上海）自由贸易试验区临港新片区管理委员会关于印发《中国（上海）自由贸易试验区临港新片区支持总部经济发展若干措施》的通知	沪自贸临管委〔2021〕57号
	上海市人民政府办公厅关于印发《上海市加快新能源汽车产业发展实施计划（2021—2025年）》的通知	沪府办〔2021〕10号
	中国（上海）自由贸易试验区临港新片区管理委员会关于印发《中国（上海）自由贸易试验区临港新片区集成电路产业专项规划（2021—2025）》的通知	沪自贸临管委〔2021〕101号
	上海市科学技术委员会、上海市外国专家局关于持续完善外国人来华工作许可"不见面"审批（4.0版）大力吸引外国人才等有关事项的通知	
	上海市科学技术委员会关于印发《上海市科技型中小企业技术创新资金计划管理办法》的通知，上海市科学技术委员会	沪科规〔2021〕2号
	上海市人民政府办公厅关于促进本市生物医药产业高质量发展的若干意见	沪府办规〔2021〕5号
	上海市科学技术委员会、上海市财政局关于印发《上海市中央引导地方科技发展资金管理办法》的通知	沪科规〔2021〕5号

资料来源：根据北大法律信息网查询整理。

附录二 数 据 表

附表 2-1 上海市强势学科情况

学科	专业	学校	学科	专业	学校
医学	中药学	上海中医药大学	医学	儿科学	上海交通大学医学院、复旦大学
	人体解剖与组织胚胎学、病原生物学、病理学与病理生理学、内科学（心血管病、传染病、肾病）、神经病学、影像医学与核医学、外科学（普外、泌尿外、神外、骨外）、眼科学、耳鼻咽喉科学、肿瘤学、中西医结合基础、中西医结合临床	复旦大学		中医内科学、中医外科学	上海中医药大学
	内科学（血液病、消化系病、内分泌与代谢病）、外科学（整形）、口腔基础医学	上海交通大学医学院	理学	基础数学、应用数学、运筹学与控制论、理论物理、光学、物理化学、高分子化学与物理、生理学、神经生物学、遗传学	复旦大学

续表

学科	专业	学校	学科	专业	学校
理学	凝聚态物理	复旦大学、上海交通大学	工学	材料学	同济大学、上海交通大学
	自然地理学、生态学	华东师范大学		电路与系统、微电子学与固体电子学	复旦大学
	海洋地质	同济大学		城市规划与设计、岩土工程、结构工程、桥梁与隧道工程、道路与铁道工程、交通运输规划与管理、环境工程	同济大学
历史学	历史地理学	复旦大学		化学工程、生物化工、应用化学	华东理工大学
教育学	课程与教学论、教育史、基础心理学	华东师范大学		纺织工程、纺织化学与染整工程、服装设计与工程	东华大学
文学	汉语言文字学、中国古代文学、传播学	复旦大学	法学	政治学理论、国际关系	复旦大学
	英语语言文学、俄语语言文学	上海外国语大学	管理学	会计学	上海财经大学
农学	水产养殖	上海海洋大学		社会医学与卫生事业管理	复旦大学
工学	工程力学	同济大学、上海交通大学	经济学	政治经济学、世界经济、金融学、产业经济学	复旦大学
	生物医学工程、机械制造及其自动化、机械设计及理论、材料加工工程、动力机械及工程、制冷及低温工程、电磁场与微波技术、通信与信息系统、控制理论与控制工程、模式识别与智能系统、计算机软件与理论、船舶与海洋结构物设计制造	上海交通大学		经济思想史、财政学	上海财经大学
	机械电子工程、钢铁冶金	上海大学			

资料来源：https://wenku.baidu.com/view/0e1c194c2b160b4e767fcf40.html。

附表 2-2 上海市重点学科名单

第二批理工医类学科			第二批人文社会科学类学科	
学校	"重中之重"学科	第二批上海市重点学科	学校	学科
复旦大学	药学		华东师范大学	汉语言文字学
同济大学	海洋地质	机械设计及理论（含车辆工程）		中国哲学
	桥梁工程	材料学、岩土工程、结构工程、环境工程、建筑学（城市规划与设计、建筑设计及其理论）、道路与铁道工程		教育学（教育学原理、课程与教学论、教育史、学前教育学、特殊教育学）

续表

第二批理工医类学科			第二批人文社会科学类学科	
学校	"重中之重"学科	第二批上海市重点学科	学校	学科
华东师范大学	自然地理学	基础数学、电磁波谱学、生态学、神经科学		科学社会主义与国际共产主义运动
华东理工大学	化学工程	应用化学、生物化工、材料学	上海外国语大学	英语语言文学、俄罗斯语言文学、阿拉伯语言文学
东华大学	材料学	染整工程、纺织科学与工程（纺织工程、服装）	上海财经大学	会计学
上海大学	钢铁冶金	应用力学、通信与信息系统、机械电子工程		产业经济学
上海交通大学医学院	医学基因组学	发育生物学		金融学
	组织工程学	口腔颌面外科学、儿科学、消化内科学、普外科学	上海戏剧学院	戏剧戏曲学
上海中医药大学	中药学	中医外科学	华东政法学院	法学（国际法学、法律史）
上海理工大学		动力工程及工程热物理	上海师范大学	中国语言文学

资料来源：https://wenku.baidu.com/view/7dd503d5ec3a87c24128c42c.html.

附表 2-3 上海居住证积分紧缺人才目录

专业名称	所属类别	专业名称	所属类别	专业名称	所属类别
种子生产与经营、园艺技术、植物保护	农业技术类	老年服务与管理、社区康复、现代殡仪技术与管理	公共服务类	医用电子仪器与维护、设备安装技术、导弹维修	机电设备类
城市轨道交通车辆、城市轨道交通控制、城市轨道交通工程技术、城市轨道交通运营管理	城市轨道交通运输类	印刷技术、印刷图文信息处理、印刷设备及工艺、出版与电脑编辑艺术	包装印刷类	汽车检测与维修技术、汽车运用与维修	汽车类
航海技术、国际航运业务管理、轮机工程技术、船舶工程技术、船舶检验、航道工程技术、船机制造与维修、船舶舾装	水上运输类	发电厂及电力系统、电厂设备运行与维护、电厂热能动力装置、火电厂集控运行、电力系统继电保护与自动化、高压输配电线路施工运行与维护、输变电工程技术	电力技术类	计算机应用技术、计算机网络技术、计算机系统维护、计算机信息管理、软件技术、航空计算机技术与应用	计算机类
港口物流设备与自动控制	港口运输类	给排水工程技术	市政工程类	通信技术、计算机通信	通信类

专业名称	所属类别	专业名称	所属类别	专业名称	所属类别
民航运输、飞行技术、空中乘务、航空机电设备维修、航空电子设备维修、民航特种车辆维修、航空油料管理与应用、飞机制造技术、航空电子电气技术、飞机维修、飞机控制设备与仪表、航空发动机装配与试车	民航运输类	机械设计与制造、机械制造与自动化、数控技术、电机与电器、材料成型与控制技术、焊接技术及自动化、精密机械技术、医疗器械制造与维护、焊接质量检测技术、技工加工技术、飞行器制造工艺、药剂设备制造与维护	机械设计制造类	电子信息工程技术、应用电子技术、电子仪器仪表与维修、无线电技术、飞行器电子装配技术	电子信息类
音乐编演、舞蹈表演、影视表演	表演艺术类	生物制药技术	制药技术类	康复工程技术、医学影像技术、医疗仪器维修技术、临床工程技术	医学技术类
麻醉学	临床医学类	护理	护理类	服装设计与加工	纺织服装类
应用化工技术、有机化工生产技术、高聚物生产技术、化纤生产技术、精细化学品生产技术、石油化工生产技术、炼油技术、工业分析与检验、化工设备维修技术、涂装防护工艺、化工设备与机械	化工技术类	机电一体化技术、电气自动化技术、生产过程自动化技术、电力系统自动化技术、计算机控制技术、工业网络技术、检测技术及应用、理化测试及质检技术、液压与气动技术、包装自动化技术	自动化类		

资料来源：上海办积分网。

附表 2-4 2018 年各国 PCT 专利授权量   （单位：件）

国家	专利授权量	国家	专利授权量	国家	专利授权量	国家	专利授权量
中国	432147	印度尼西亚	6374	荷兰	1972	白俄罗斯	627
美国	307759	英国	5982	西班牙	1760	秘鲁	625
日本	194525	新加坡	5172	智利	1599	瑞士	614
韩国	119012	马来西亚	4287	挪威	1548	摩洛哥	600
俄罗斯	35774	以色列	4107	阿根廷	1525	沙特阿拉伯	569
加拿大	23499	泰国	3818	哥伦比亚	1271	芬兰	533
澳大利亚	17065	菲律宾	3435	奥地利	1189	捷克	512
德国	16367	伊朗	3367	瑞典	1063	阿联酋	451
印度	13908	波兰	2980	比利时	1019	突尼斯	451
法国	12249	土耳其	2882	尼日利亚	842	伊拉克	426
巴西	9966	乌克兰	2469	哈萨克斯坦	778	卢森堡	423
墨西哥	8921	越南	2219	埃及	690	罗马尼亚	363
意大利	6424	新西兰	2039	圣马力诺	686	丹麦	322

续表

国家	专利授权量	国家	专利授权量	国家	专利授权量	国家	专利授权量
巴基斯坦	265	斯洛伐克	109	马达加斯加	31	加纳	9
希腊	240	亚美尼亚	100	危地马拉	30	圣多美和普林西比	8
斯洛文尼亚	232	多米尼加共和国	95	布隆迪	28	圣文森特和格林纳丁斯	8
乌兹别克斯坦	219	古巴	93	摩纳哥	28	也门	8
斯里兰卡	212	立陶宛	92	肯尼亚	26	毛里求斯	7
苏丹	204	洪都拉斯	88	特立尼达和多巴哥	26	安哥拉	6
保加利亚	181	摩尔多瓦	79	克罗地亚	21	圭亚那	6
哥斯达黎加	168	蒙古国	76	冰岛	16	坦桑尼亚	6
约旦	167	葡萄牙	69	巴林	15	波黑	5
匈牙利	156	阿塞拜疆	64	爱沙尼亚	14	老挝	5
巴拿马	147	柬埔寨	56	阿尔巴尼亚	12	纳米比亚	4
孟加拉国	138	爱尔兰	52	黑山	11	乌干达	2
阿曼	136	拉脱维亚	51	塞舌尔	11	佛得角	1
格鲁吉亚	133	塞尔维亚	44	厄瓜多尔	10		
吉尔吉斯斯坦	110	叙利亚	37	埃塞俄比亚	10		

附表 2-5　上海各区主要高校及重点实验室名录

区域	高校	实验室	区域	高校	实验室
黄浦区	上海交通大学	上海市内分泌肿瘤重点实验室 上海市医学基因组学重点实验室 上海市组织工程研究重点实验室 上海市口腔医学重点实验室 上海市胃肿瘤重点实验室 上海市中医临床重点实验室（筹） 上海市地面交通工具空气动力与热环境模拟重点实验室（筹）	杨浦区	复旦大学 同济大学 上海财经大学 第二军医大学 上海海洋大学 上海理工大学 上海体育学院 上海电力大学	上海市药物（中药）代谢产物研究重点实验室 上海市免疫学研究重点实验室 上海市医学生物防护重点实验室 上海市细胞工程重点实验室 上海市信号转导与疾病研究重点实验室 上海市智能信息处理重点实验室 上海市现代应用数学重点实验室 上海市金融信息技术研究重点实验室 上海市现代光学系统重点实验室 上海市稀土功能材料重点实验室 上海市人类运动能力开发与保障重点实验室（筹）

续表

区域	高校	实验室	区域	高校	实验室
徐汇区	上海交通大学 复旦大学 华东理工大学 上海应用经济技术大学 上海音乐学院 上海师范大学 上海健康医学院 上海立信会计金融学院 上海商学院	上海市生殖医学重点实验室 上海市高血压重点实验室 上海市环境与儿童健康重点实验室 上海市医学图像处理与计算机辅助手术重点实验室 上海市骨科内植物重点实验室 上海市器官移植重点实验室 上海市声乐艺术重点实验室 上海市分子催化和功能材料重点实验室 上海市稀土功能材料重点实验室 上海市女性生殖内分泌相关疾病重点实验室 上海市功能性材料化学重点实验室 上海市小儿消化与营养重点实验室（筹） 上海市新药设计重点实验室（筹）	闵行区	华东师范大学 上海电机学院 上海交通大学 上海对外经贸大学	上海市脑功能基因组学重点实验室 上海市信息安全综合管理技术研究重点实验室 上海市高可信计算重点实验室 上海市数字媒体处理与传输重点实验室 上海市网络制造与企业信息化重点实验室 上海市磁共振重点实验室 上海市先进聚合物材料重点实验室 上海市绿色化学与化工过程绿色化重点实验室 上海市可扩展计算与系统重点实验室 上海市北斗导航与位置服务重点实验室（筹） 上海市肿瘤微环境与炎症重点实验室（筹） 上海市调控生物学重点实验室（筹） 上海市粒子物理和宇宙学重点实验室（筹）
长宁区	上海交通大学 上海对外经贸大学 华东政法大学 上海工程技术大学	上海市眼底病重点实验室 上海市胰腺疾病重点实验室 上海市妇科肿瘤重点实验室 上海市糖尿病重点实验室	宝山区	上海大学	上海市电站自动化技术重点实验室 上海市机械自动化及机器人重点实验室 上海市力学在能源工程中应用重点实验室 上海市激光制造与材料改性重点实验室 上海市复杂薄板结构数字化制造重点实验室 上海市电气绝缘与热老化重点实验室

续表

区域	高校	实验室	区域	高校	实验室
静安区	同济大学 上海大学 上海戏剧学院	上海市特种光纤与光接入网重点实验室 上海市金属功能材料开发应用重点实验室 上海市钢铁冶金新技术重点实验室	浦东新区	上海海关学院 上海戏剧学院 上海公安学院 复旦大学 上海中医药大学 上海海事大学 上海海洋大学	上海市复方中药重点实验室 上海市虚拟环境下的文艺创作重点实验室
普陀区	同济大学 华东师范大学 上海政法学院 上海工程技术大学	聚烯烃催化技术与高性能材料国家重点实验室 出版融合发展重点实验室 上海市智能电网需求响应重点实验室 上海市聚烯烃催化技术重点实验室 上海市脑功能基因组学重点实验室 上海市磁共振重点实验室	嘉定区	上海大学 同济大学	上海市星系与宇宙学半解析研究重点实验室
崇明区	上海外国语大学贤达经济人文学院	长江水环境教育部重点实验室崇明实验基地 崇明生态研究院	奉贤区	华东理工大学 上海师范大学 上海应用技术大学 上海商学院	—
青浦区	上海政法学院	—	金山区	华东理工大学	上海市卫生健康委化学伤害急危重病医学重点实验室
松江区	东华大学 上海外国语大学 上海对外经贸大学 华东政法大学 上海立信会计金融学院 上海工程技术大学 上海视觉艺术学院	纤维材料改性国家重点实验室 纺织面料技术教育部重点实验室 生态纺织教育部重点实验室 高性能纤维及制品教育部重点实验室 现代服装设计与技术教育部重点实验室 上海市轻质结构复合材料重点实验室 上海市眼底病重点实验室 上海市胰腺疾病重点实验室 数据科学与管理决策重点实验室 上海市集成电路关键工艺材料重点实验室 上海市资源植物功能基因组学重点实验室（筹）	虹口区	上海外国语大学 上海财经大学 上海外国语大学贤达经济人文学院 上海中医药大学 上海海事大学	上海市现场物证重点实验室 红外物理国家重点实验室

资料来源：根据各区官网、规划文件公布资料整理。